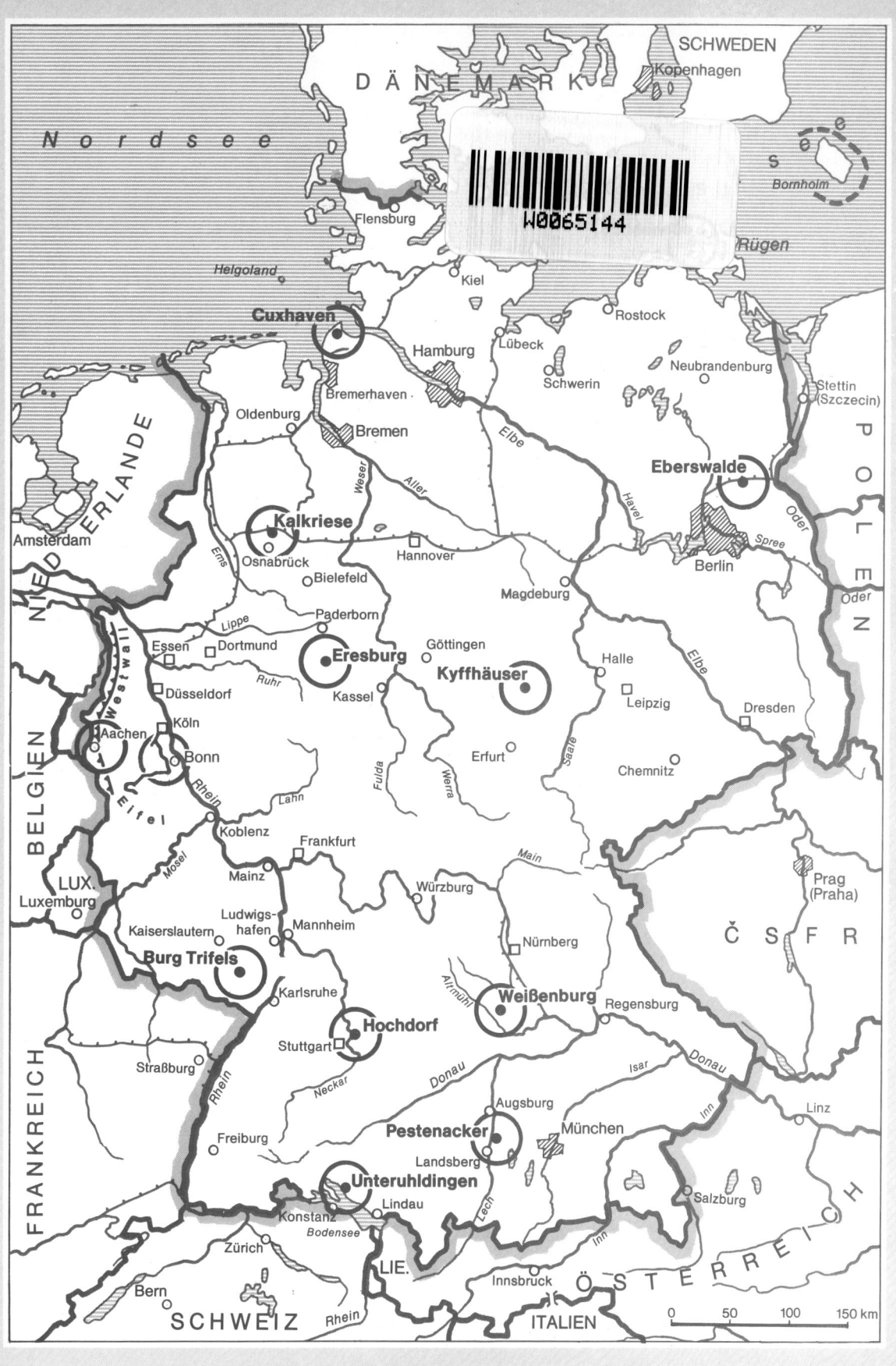

SCHWEDEN

Kopenhagen

W0065144

DÄNEMARK

Nordsee

Bornholm

Rügen

Flensburg

Helgoland

Kiel

Rostock

Neubrandenburg

Stettin (Szczecin)

Cuxhaven

Hamburg

Lübeck

Schwerin

Bremerhaven

NIEDERLANDE

Oldenburg

Bremen

Weser

Aller

Elbe

Havel

Eberswalde

Oder

Amsterdam

Ems

Kalkriese

Osnabrück

Hannover

Berlin

Spree

P O L E N

Oder

Bielefeld

Lippe

Paderborn

Magdeburg

Göttingen

Halle

Essen

Dortmund

Eresburg

Kyffhäuser

Leipzig

Dresden

Westwall

Ruhr

Düsseldorf

Kassel

BELGIEN

Köln

Aachen

Bonn

Eifel

Rhein

Lahn

Fulda

Werra

Erfurt

Chemnitz

Saale

Elbe

Koblenz

Frankfurt

LUX.

Luxemburg

Mosel

Mainz

Main

Würzburg

Prag (Praha)

Č S F R

Ludwigs-hafen

Mannheim

Nürnberg

FRANKREICH

Kaiserslautern

Burg Trifels

Karlsruhe

Weißenburg

Altmühl

Regensburg

Hochdorf

Stuttgart

Donau

Isar

Donau

Linz

Straßburg

Rhein

Neckar

Pestenacker

Augsburg

Inn

Freiburg

Landsberg

München

Lech

Unteruhldingen

Lindau

Salzburg

Konstanz

Bodensee

Zürich

LIE.

Ö S T E R R E I C H

Bern

SCHWEIZ

Rhein

Innsbruck

ITALIEN

0   50   100   150 km

Gisela Graichen
Hans Helmut Hillrichs
(Hrsg.)

C 14 – Vorstoß in die Vergangenheit

Gisela Graichen
Hans Helmut Hillrichs
(Hrsg.)

C 14
Vorstoß in die
Vergangenheit

Archäologische Entdeckungen
in Deutschland

C. Bertelsmann

1. Auflage
© C. Bertelsmann Verlag GmbH, 1992
Karten: Adolf Böhm
Satz: Uhl + Massopust, Aalen
Reproduktionen: Hofmiller, Linz
Druck und Bindung: Mohndruck, Gütersloh
Printed in Germany
ISBN 3-570-01389-8

Die Neuzeit geht zu Ende . . . der nicht-humane Mensch
und die nicht-natürliche Natur bilden einen Grundzug,
auf den das kommende Dasein aufbauen wird. Es ist
jenes Dasein, in welchem der Mensch fähig ist, seine
Herrschaft über die Welt zu ihren letzten Konsequenzen
zu führen, indem er seine Zwecke frei setzt, die unmittelbare Wirklichkeit der Dinge auflöst und ihre
Elemente zur Verwirklichung seiner Ziele verwendet —
ohne Rücksicht auf irgendwelche Unantastbarkeiten,
wie sie sich aus dem früheren Menschen- und Naturbild
ergeben mochten.

Romano Guardini, Das Ende der Neuzeit, 1950

Inhalt

Dieter Planck
Fundort Deutschland   8

Gisela Graichen
Vorstoß in die Vergangenheit   10

Georg Graffe
Das Tal des verlorenen Baches   15

Holger Douglas
Menschen an Mooren und Ufern   35

Rita Knobel-Ulrich
Die Mumie im Elbsand   53

Utz Kastenholz
Kannibalen im Kyffhäuser   71

Rita Knobel-Ulrich
Der Jäger des vergrabenen Schatzes   91

Holger Douglas
Der Keltenfürst von Hochdorf   111

Gisela Graichen
Wo Arminius die Römer schlug   129

Klaus Grewe
Wasser für die Römerstadt   153

Harald Hort
Der Tempelschatz im Spargelbeet   177

Uwe Ziegler
Der Kampf um die Eresburg   199

Bettina Schrey
Das Wikingergold von Hiddensee   219

Utz Kastenholz
Wo Richard Löwenherz gefangensaß   237

Benita Steinhardt
Propaganda aus Beton   257

Hans Helmut Hillrichs
Saxa loquuntur – Über die geheime Verwandtschaft   275
von Archäologie und Seelenkunde

Eckdaten menschlicher Spuren   279
Literatur   281
Personen- und Sachregister   284
Bildnachweis   288

Fundort Deutschland

Die Hinterlassenschaften menschlicher Kultur reichen in Deutschland weit zurück. Das Gesicht unseres Landes wird seit mehr als dreihunderttausend Jahren vom Menschen gestaltet. Die Spuren und die Zeugnisse des menschlichen Daseins geben uns Auskunft über unsere frühe Geschichte und Herkunft. Es ist Aufgabe und Ziel der archäologischen Forschung in der Bundesrepublik Deutschland, mit verschiedensten Methoden der archäologischen Wissenschaft diese frühen Zeugnisse menschlicher Geschichte zu untersuchen, zu dokumentieren und zu einem historischen Bild zu ergänzen. Überall begegnen wir Spuren: in den Höhlen der Schwäbischen/Fränkischen Alb, den Pfahlbauten am Bodensee, den steinzeitlichen Gräbern in Niedersachsen und Schleswig-Holstein, den keltischen Siedlungen und Burgen in Süd- und Westdeutschland oder in den ausgedehnten Siedlungsflächen in Ost- und Mitteldeutschland.

Diese Zeugnisse und Quellen früher menschlicher Kultur sind als archäologische Kulturdenkmale heute in allen Bundesländern ebenso geschützt wie die Denkmale der jüngeren Epochen. Archäologische Denkmale – Funde und Befunde – sind Dokumente, im »Archiv unter dem Boden« verwahrt. Die Archäologische Denkmalpflege in den einzelnen Bundesländern mit ihren fachübergreifenden Forschungsmethoden bringt dieses unterirdische Archiv wieder zum Sprechen.

In unserer Zeit werden die unterirdischen Archive durch vielfältige Eingriffe des Menschen in die Landschaft und in den Boden einer beispiellosen Gefährdung ausgesetzt. Es ist deshalb vorrangiges Ziel und oberstes Gebot der archäologischen Forschung in unseren Ländern, möglichst viele gefährdete archäologische Fundstätten unzerstört als archäologische »Reservate« zu erhalten. Wo dies nicht möglich ist, müssen alle Kräfte der Archäologischen Denkmalpflege, aber auch der Archäologischen Universitätsinstitute und Museen, dafür eingesetzt werden, in wissenschaftlichen Rettungsgrabungen die bedrohten archäologischen Denkmale zu bergen und zu dokumentieren, um sie dann der nationalen und internationalen wissenschaftlichen Forschung zur Verfügung zu stellen. Die Landesarchäologie betreibt damit Grundlagenforschung für den gesamten Zweig der frühen Geschichtsforschung. Eine Publikation wie diese und eine Fernsehproduktion wie die vom Zweiten Deutschen Fernsehen veranstaltete Sendereihe »Archäologische Entdeckungen in Deutschland« von Gisela Graichen gibt Einblick in diesen Bereich archäologischer Forschung.

Leider wird üblicherweise aber nicht berücksichtigt, daß die meisten der hier gezeigten archäologischen Denkmale der unwiederbringlichen Zerstörung ausgesetzt sind und deshalb die archäologische Rettungsgrabung die letzte Chance bietet, das Quellenmaterial für die frühgeschichtliche Forschung zu sichern. Es ist ein weitverbreitetes Mißverständnis, daß die Hauptaufgabe der Archäologen in der Durchführung von Grabungen liegt. Jede Grabung bedeutet eine, wenn auch kontrollierte, Zerstörung des archäologischen Zusammenhangs.

Im Vordergrund steht daher heute in allen Bundesländern Deutschlands die Erhaltung archäologischer Objekte vor Ort. In einer Zeit, in der durch große Baumaßnahmen, flächendeckende Flurbereinigungen oder durch eine intensive landwirtschaftliche Nutzung so viele archäologische Denkmale aus der Vor- und Frühgeschichte ebenso wie aus dem frühen und hohen Mittelalter endgültig verlorengehen, ist es eine wichtige Aufgabe der Archäologie – ähnlich dem Naturschutz –, »Reservate« zu bilden.

Die vorliegende Publikation zeigt die Fülle archäologischer Forschung von Nord- und Ostsee bis zum Bodensee, von der Oder bis zum Rhein. Diese Beispiele mögen verdeutlichen, welches kulturelle Erbe im Boden unserer Heimat liegt. Die Archäologische Denkmalpflege und die einschlägigen archäologischen Museen unserer Länder und Städte vermitteln ein umfassendes Bild unserer frühen Geschichte. Möge dieses Buch mit dazu beitragen, einerseits die an der Archäologie Interessierten mit neuen interessanten Forschungsergebnissen vertraut zu machen, andererseits aber auch neue Freunde der Archäologie zu gewinnen. Insgesamt sollte das Bewußtsein geschärft werden, daß archäologische Denkmale nicht leichtfertig aufs Spiel gesetzt werden dürfen.

Im Namen des Verbandes der Landesarchäologen in der Bundesrepublik Deutschland möchte ich dem Bertelsmann Verlag und dem Zweiten Deutschen Fernsehen für die Sendereihe und für die Herausgabe dieser Publikation ein besonderes Wort des Dankes aussprechen. Durch das Fernsehen und durch die Buchveröffentlichung wird das Thema »Archäologie in der Bundesrepublik Deutschland« einer breiten Bevölkerungsschicht in hervorragender Weise vermittelt. Die archäologische Landesforschung in den Bundesländern braucht unseren besonderen Schutz und unsere besondere Aufmerksamkeit. Alle sind aufgerufen, ihren Beitrag zu leisten, unser »Archiv im Boden« zu erhalten und unsere Denkmale zu schützen.

Stuttgart, im Januar 1992   *Professor Dr. Dieter Planck*
                                             Landeskonservator und Vorsitzender
                                             des Verbandes der Landesarchäologen
                                             in der Bundesrepublik Deutschland

Vorstoß in die Vergangenheit

Am 15. Juli 1985 kreist der Luftbildarchäologe Otto Braasch südöstlich von Würzburg über der Mainschleife bei Marktbreit. Im Auftrag des Bayerischen Amtes für Bodendenkmalpflege hält er Ausschau nach den oft nur aus der Luft zu erkennenden Überresten keltischer Viereckschanzen. Besonderes Kennzeichen der vor über zweitausend Jahren errichteten rätselhaften Kultstätten sind ihre rechteckige Form und die Einhegung durch Wall und Graben. Bis vor wenigen Jahrzehnten wurden sie für römische Militäranlagen gehalten, daher der Name »Viereckschanze«.

Aus der Luft hat Otto Braasch in Bayern und Baden-Württemberg mehrere hundert dieser ehemaligen Heiligtümer entdeckt, in denen keltische Priester, die geheimnisumwitterten Druiden, ihre Rituale vollzogen. Auch an diesem Tag scheint er wieder Glück zu haben: Unter ihm, auf einem flachen Geländerücken, der steil zum Main abfällt, sieht er plötzlich im Acker die Spuren eines langgestreckten Grabens. Er drosselt seine Cessna und geht tiefer. Immer wieder umkreist er die flache Anhöhe direkt am Fluß und fotografiert die Bodenverfärbung von allen Seiten. Und er hat bald keinen Zweifel mehr: Das ist nicht keltischen Ursprungs, was sich da unter ihm im Gelände abzeichnet. Das ist ein exakt parallel geführter Spitzgraben, wie er für ein römisches Legionslager typisch ist!

Hier, mitten im niemals besetzten Teil Germaniens ein römisches Legionslager? Ein veritables, befestigtes Standlager noch dazu, nicht ein schnell aufgeworfenes Marschlager durchziehender Truppen. Höhnisches Gelächter der Fachwelt ist die Folge. Antike Autoren berichten an keiner Stelle, daß hier je die Römer gesessen hätten. Und es gibt bisher auch keinerlei archäologische Zeugnisse.

Die Eroberungszüge des Kaisers Augustus um Christi Geburt richteten sich – das weiß man schließlich aus der antiken Literatur, bestens bestätigt durch Funde und Grabungen – gegen die Germanenstämme zwischen Rhein, Weser und Elbe. Im Ruhrgebiet, Sauerland und in Nordhessen hausten die Germanenstämme, die die Grenze des Imperium Romanum, den Rhein, bedrohten. Hier stießen die sieggewohnten römischen Legionäre mit den aufsässigen Barbaren zusammen, hier, von Xanten aus entlang der Lippe, errichteten sie ihre Lager. Die Lippe war die Einfallpforte ins freie Germanien. Was sollten die Römer in Marktbreit,

10

hundertvierzig Kilometer östlich von Mainz? Der – sowieso schlecht schiffbare – Main als Einfallschneise in ein Gebiet, in dem überhaupt keine aufsässigen germanischen Stämme saßen? Nicht ein einziger antiker Autor berichtet von Kämpfen zwischen Römern und Germanen in Süddeutschland. Also purer Humbug.

Doch die Spuren verdichten sich, als Dr. Ludwig Wamser, Leiter der Außenstelle Würzburg, im Frühjahr 1986 mit der Grabung beginnt. Die Archäologen finden bald heraus: Bei Marktbreit lag tatsächlich vor zweitausend Jahren ein solides römisches Standlager, ein siebenunddreißig Hektar großes augusteisches Zweilegionslager. Wohl im Zusammenhang mit der vernichtenden Varusniederlage 9 n. Chr. wurde es ordnungsgemäß aufgelöst, von den Römern selbst in Brand gesetzt, das Inventar mitgenommen. Nicht einmal Müll finden die Ausgräber. Wie üblich muß auch hier die römische Müllabfuhr, die den Abfall auf außerhalb liegende Deponien brachte, hervorragend funktioniert haben. Ein Jammer übrigens für die Ausgräber, die aus jahrtausendealtem Abfall die schönsten Erkenntnisse gewinnen.

Die Überraschung für die Fachwelt ist perfekt. Die Archäologen können beweisen, daß die Eroberungspolitik des Kaisers Augustus anders aussah, als wir es in der Schule lernen. Die Spuren stark befestigter Bauten zeigen, daß das Etappenlager Marktbreit langfristigen politischen Plänen des Augustus dienen sollte. Historiker vermuten, daß es für einen doppelten Zangenangriff vorgesehen war: Zum einen könnte es eine Aufmarschstrecke von der Rheinlinie nach Böhmen, wo die feindlichen Markomannen mit ihrem Häuptling Marbod saßen, abgesichert haben. Als die sich 6 n. Chr. mit hunderttausend Mann erhoben, zog der spätere Kaiser Tiberius ihnen von Wien aus entgegen. So konnten die Markomannen von zwei Seiten in die Zange genommen werden. Zum anderen konnte Marktbreit als Angriffsbasis von Süden her gegen die aufsässigen Weser- und Elbgermanen dienen. Die römischen Vorstöße von Westen (Lippepiste) und von Norden über die Flüsse Ems, Weser, Elbe sind bekannt. Das Gebiet zwischen Rhein und Elbe sollte Roms neue Provinz werden. Doch zu diesem Zangenangriff kam es – Arminius sei Dank – nicht mehr (siehe Seite 129 ff.). Die vernichtende Niederlage des römischen Statthalters Varus und seiner drei Legionen führte zur Aufgabe der römischen Eroberungspolitik gegen das rechtsrheinische Germanien.

Die Grabung Marktbreit, die, von der Deutschen Forschungsgemeinschaft unterstützt, noch einige Jahre andauern wird, ist ein aktuelles Beispiel für die Faszination, die archäologische Forschungen in Deutschland ausüben. Den jungen Ausgrabungsleiter Dr. Martin Pietsch fesseln die unbekannten, neuen Erkenntnisse über eine entscheidende Epoche unserer frühen Geschichte. Erkenntnisse und Zusammenhänge, die nur aus der archäologischen Grabung gewonnen werden können, die er vor Ort leitet. Die Archäologen sind die ersten, die durch ihre Ent-Deckungen in die Vergangenheit vorstoßen und den Geheimnissen unserer Geschichte auf die Spur kommen. Lange, bevor sich dann die Historiker damit beschäftigen, lange, bevor die Ergebnisse veröffentlicht werden und Eingang in die fach- oder gar populärwissenschaftliche Literatur erhalten. Und zehn bis zwanzig Jahre, bevor es endlich in den Schulbüchern steht. Unsere Kinder werden noch lange im Latein- oder Geschichtsunterricht die alte Version der augusteischen Eroberungspolitik lernen und vermutlich auch, daß Arminius, »Hermann der Cherusker«, die Varuslegionen im Teutoburger Wald schlug, als die Römer frech geworden... Es sei denn, sie haben einen archäologiebegeisterten Lehrer wie beispielsweise jenen, der die Ausgrabungen am Kalkrieser Berg nördlich von Osnabrück verfolgt.

Diese Faszination des Aufdeckens, Freilegens, des Anfassenkönnens von Geschichte, die greifbar, sinnlich wird, bewogen den Schüler Martin Pietsch, Vor- und Frühgeschichte zu studieren. *Seine* Heimat und *seine* Geschichte interessieren ihn. Die Steine »vor seiner Haustür« erzählen ihm diese Geschichte, seine Geschichte.

Sie erzählen von der Burg, in der Richard Löwenherz bei Speyer gefangensaß, und von den Kannibalen, die im Kyffhäuser rituelle Opfermahlzeiten feierten, von der Eresburg, wo Karl der Große die heidnischen Sachsen schlug und – vielleicht – ihr höchstes Heiligtum, die Irminsul, zerstörte, vom Wikingerfürsten Harald Blauzahn und von dem Keltenfürsten von Hochdorf.

Durch konkrete Funde reduziert sich Geschichte nicht mehr nur auf eine Geschichte der Kriege und Schlachten, der Kaiser und Feldherren, wie sie bevorzugt durch *schriftliche* Zeugnisse überliefert ist. Da ist der Speisezettel der Pfahlbauer im Tal des verlorenen Baches bei Pestenacker mindestens so spannend, wenn die Ausgräber einen fünfeinhalbtausend Jahre alten Kaugummi finden. Der Stoff wirkte anregend und berauschend, die Zahnabdrücke sind noch erhalten.

Unsere »graue« Vorzeit, deren steinzeitliche Hinterlassenschaften uns so entfernt (und primitiv) vorkommen, mag uns in einem helleren Licht erscheinen, wenn wir bedenken, daß sie das »Goldene« Zeitalter war, das erste und schönste der mythischen Zeitalter des Menschendaseins. Der Mythe nach gab die Erde allen Bedarf in Fülle her, und der Mensch lebte einfach, sorg- und schuldlos. Das »Goldene Zeitalter« kannte noch kein Metall. Im Paradies gab es kein Gold.

Als die Pfahlbauer ihren Kaugummi kauten, war die mythische Epoche des »Goldenen Zeitalters« schon beendet. Mit der neolithischen Revolution vor achttausend Jahren wurden die Menschen seßhaft und begannen, in die natürliche Umwelt, in den Kreislauf von Wachsen und Vergehen einzugreifen. Sie machten sich die Erde untertan. Schriftlich überliefert ist uns nichts darüber, außer daß – weiter entfernt – ein Gott den Befehl dazu gab. Die Menschen rodeten die Wälder, zähmten, züchteten und nutzten die Tiere. Von nun an gab es Nutzpflanzen und Un-Kraut und – Zäune. Heute ahnen wir: Mit dem Befehl, macht euch die Erde untertan, begann nicht das »Goldene Zeitalter«, sondern endete es. Der Spiegel der natürlichen »Sittlichkeit«, den die antiken Schriftsteller ihren Lesern schon vor zweitausend Jahren vorhielten, mag auch uns ein Zerrbild liefern, uns, die wir am Ende der Neuzeit stehen, in einer Epoche »nicht-humaner Menschen« und »nicht-natürlicher Natur«.

Da es aus unserer schriftlosen Vorgeschichte keine und aus der Frühgeschichte nur sehr mangelhafte schriftliche Zeugnisse gibt, sind wir auf der Suche nach unserer Geschichte auf die Spuren angewiesen, die die Archäologen ans Tageslicht bringen. Wenn sie mal wieder den Spaten an die richtige Stelle gesetzt haben, werden sie häufig gefragt, ob sie eine »3-D-Brille« besäßen, mit der sie in die Erde hineinschauen könnten... Doch die archäologischen Erfolge der letzten Zeit haben wenig mit Spuk und Magie zu tun. Daß immer tiefer und präziser in die Vergangenheit vorgestoßen wird, entspringt einem gewandelten Verständnis von Archäologie. Das ist keine Sache mehr eines einzelnen mit Tropenhelm und Schaufel (und dem Rucksack für die Funde). Auch wenn immer noch der Glanz eines Schliemann, Winckelmann oder Carter mitschwingt. Archäologie heute heißt High-Tech-Forschung im Team hochspezialisierter Wissenschaftler der verschiedensten Fachrichtungen: Geologen, Physiker, Chemiker, Statiker, Klimaforscher, Mediziner, auch Kriminalisten. Aus einer Handvoll vor Tausenden von Jahren verbrannter Knochen kann man Alter, Geschlecht, Krankheiten herauslesen. Die Paläobotaniker rekonstruieren aus Samenfunden die einstige Umwelt, wissen, ob die Bäume damals schon krank waren, welche Wildkräuter, welche Nutzpflanzen es gab. Die Dendrochronologen bestimmen aus Holzfunden den Zeitpunkt des hierfür gefällten Baums – bis zu zehntausend Jahre zurück. Archäologen tauchen in Seen und Flüssen und gehen in die Luft. Und immer neuere Methoden werden entwickelt, wie die Geomagnetometerprospektion in Marktbreit: Menschliche Eingriffe in den Boden hinterlassen Störungen im Erdmagnetfeld. Diese Störungen können gemessen und auf einem Computerbildschirm sichtbar gemacht werden. So weiß Grabungsleiter Martin Pietsch genau, wo er den Spaten ansetzen muß, auch wenn oberirdisch nichts zu sehen ist.

Enorme Fortschritte in der Fundanalyse bringt die Zusammenarbeit mit den Kernphysikern. Im Labor für radioaktive Altersbestimmung werden radioaktive Kohlenstoffisotope, speziell das Isotop C 14, bestimmt. Diese Radiokarbon- oder C 14-Methode erlaubt die Altersbestimmung organischer Stoffe wie Knochen, Samen oder Holzkohle. Hiermit können Funde bis auf fünfzigtausend Jahre zurückdatiert werden.

Die C 14-Methode, eines der wichtigsten Instrumente archäologischer Forschung, gab der ZDF-Reihe über archäologische Entdeckungen in Deutschland ihren Namen. Denn das Abenteuer Archäologie liegt heute nicht – nur – im Auffinden von Goldschätzen. Der Schatz liegt in den Erkenntnissen, die High-Tech-Methoden uns über unsere Vergangenheit liefern können.

Wir hoffen, daß wir mit der Fernsehreihe, der ersten über Archäologie in Deutschland, und diesem Buch, das die Themen vertieft und ergänzt, einen kleinen

Überblick geben können über aktuelle Ausgrabungen, wichtige Funde, über die modernsten Methoden der Archäologie und auch über ihre Schwierigkeiten – Stadtplanung, Baugebiete –, die überwiegend nur noch Rettungsgrabungen zulassen.

Die ZDF-Reihe und dieses Buch entstanden in enger Zusammenarbeit mit den Landesarchäologen der einzelnen Bundesländer und den Ausgrabungsleitern vor Ort. Bei der Recherche und bei den Dreharbeiten in ganz Deutschland haben wir eine umfassende, engagierte Unterstützung erfahren, für die wir hier ausdrücklich allen Beteiligten – auch ohne namentliche Aufzählung – danken möchten. Denn bei aller Technisierung, der »Zufall«, das Glück, der richtige Riecher, der Mensch entscheidet immer noch darüber, wo gegraben und was der Erde entlockt wird: Spuren und Schätze, versunkene Stätten oder Orte, von denen uns alte Sagen und antike Autoren berichten, Plätze, die über Jahrhunderte, Jahrtausende vom Erdreich bedeckt waren wie der langgesuchte Ort der Varusschlacht.

Doch der allergrößte Teil unserer »Alterthümer« liegt noch unter der Erde. Vielleicht können die Archäologen bald auch andere Geheimnisse lüften: wo »Idistaviso« liegt zum Beispiel, die in der antiken Literatur erwähnte Ebene an der Weser, Schauplatz einer großen Schlacht zwischen Römern und Cheruskern. Oder das sagenumwobene Rethra, das wendische Delphi Mecklenburgs, das legendäre slawische Stammesheiligtum, »vier Tagesreisen von Hamburg entfernt«.

Spannend bleibt es allemal...

Gisela Graichen

14

Georg Graffe

Das Tal des verlorenen Baches

Es war im Jahr 1935. Die neuen Machthaber in Deutschland hatten hochfliegende
Pläne: Das Reich sollte sich aus eigener Kraft ernähren – über eine autarke
Landwirtschaft, wie es damals hieß. Landauf, landab hatte der frischgebackene
Reichsarbeitsdienst alle Hände voll zu tun, um neue Anbauflächen zu erschließen,
unter anderem durch Trockenlegung vermoorter Talgründe.

Auch in der Nähe der kleinen Gemeinde Pestenacker, etwa eine halbe Autostunde von Landsberg am Lech entfernt, waren im Sommer 1935 Arbeiter dabei,
einen Bachlauf zu vertiefen und Drainagegräben in die angrenzenden Wiesen zu
ziehen. Plötzlich wurden sie auf merkwürdige Dinge aufmerksam – was die Spaten
aus dem schweren, nassen Torfboden zutage förderten, waren Spuren einer lange
verloschenen Zivilisation: Gefäßscherben, Steinwerkzeuge, Geweihstücke und
Knochen, die offenbar von Menschen bearbeitet worden waren. Besonders seltsam
erschien den Männern eine Art »Floß« aus nebeneinanderliegenden, schon völlig
aufgeweichten Baumstämmen. Einem Geistlichen aus einer der Nachbargemein-
den fielen die Fundstücke auf, die hier und da Pestenackers Wohnstuben schmück-
ten, und er machte die prähistorische Staatssammlung in München darauf aufmerksam. Das merkwürdige »Floß«, auf das die Arbeiter gestoßen waren, wurde
schon bald richtig gedeutet: Es war nichts anderes als der im Moorgelände konser-
vierte Fußboden eines jungsteinzeitlichen Hauses, vermutlich über fünftausend
Jahre alt.

Trotz dieser spektakulären Annahme sollten allerdings noch einige Jahrzehnte
vergehen, bis sich die Archäologen mit der Fundstelle beschäftigten. Erst 1988
begann die systematische Ausgrabung, nachdem man Anfang der siebziger Jahre
durch Sondierungsgrabungen erkannt hatte, daß unter der moorigen Wiese am
Ortseingang von Pestenacker nicht nur ein Haus, sondern eine ganze Siedlung
verborgen lag.

Die Ausgrabungsgeschichte von Pestenacker zeigt, wie wenig Beachtung man
jahrzehntelang in Deutschland den Moor- und Feuchtbodensiedlungen schenkte.
Dabei gehörten die aus der gleichen Zeit stammenden »Pfahlbauten« an den
Seeufern der benachbarten Schweiz seit der Mitte des letzten Jahrhunderts zu den

aufsehenerregendsten und auch populärsten archäologischen Zeugnissen. An den »Pfahldörfern« entzündete sich schon damals die Phantasie eines breiten Publikums, was den archäologischen Unternehmungen auch über die Fachwelt hinaus ein großes Interesse sicherte. Bis auf eine Ausnahme, eine umfangreiche Ausgrabung am schwäbischen Federsee in den zwanziger Jahren, wurden die deutschen »Pfahlbauten« dagegen weitgehend stiefmütterlich behandelt.

Dies änderte sich erst Ende der siebziger Jahre. Im Rahmen eines Prospektions- und Sondageprogramms unter Leitung des Vorgeschichtlers Helmut Schlichtherle, das von der Deutschen Forschungsgemeinschaft (DFG) unterstützt wurde, gelang es, am Bodensee und in Oberschwaben mehr als hundert Siedlungen ausfindig zu machen. Dieser Erfolg schlug sich in einem Förderungsprogramm der DFG nieder. Hinter der eher trocken klingenden Bezeichnung »Siedlungsarchäologische Untersuchungen im Alpenvorland« verbergen sich insgesamt drei aufsehenerregende Ausgrabungen. Neben Pestenacker werden die »Pfahlbausiedlung« von Hornstaad-Hörnle am westlichen Arm des Bodensees, dem Untersee (siehe Seite 35 ff.), und die sogenannte »Siedlung Forschner« am Federsee zutage gefördert. Interessant ist dabei die unterschiedliche Lage der drei Siedlungen: Während man in Hornstaad-Hörnle auf klassische »Pfahlbauten« gestoßen ist und mit der »Siedlung Forschner« ein Inseldorf freigelegt wird, handelt es sich bei Pestenacker um den selteneren Typ eines Moordorfs.

Allen drei Siedlungen ist freilich eines gemeinsam: Durch die Feuchtbodenlage, das heißt die Lage in der Randzone eines Sees oder, wie im Fall Pestenacker, im Grundwasserbereich eines Bachlaufs, haben sich organische Stoffe wie Holz, Knochen, Samen und selbst Gewebe auf einzigartige Weise erhalten. Anders als in Mineralböden, in denen die Archäologen häufig nur anhand von Verfärbungen Reste organischer Materialien nachweisen, werden solche Stoffe im Feuchtbodenmilieu durch den Sauerstoffabschluß vollkommen konserviert und können noch nach über fünftausend Jahren geborgen werden.

Unser Team machte sich im Spätsommer 1991 auf den Weg zur Grabung. Der kleine Ort Pestenacker liegt in einem Seitental des Lechs, dem »Tal des verlorenen Baches«. Diese romantische Bezeichnung drückt aus, daß der Bach im Laufe der Jahrhunderte vor seiner Mündung in den Lech einen Schwämmfächer aufschüttete. Schließlich ging das Gewässer ganz »verloren«, der Grundwasserspiegel stieg und schuf das Moorgelände, dem wir die Erhaltung der Siedlung verdanken.

Wenn man sich von Süden her dem Dorf nähert, fällt das Grabungsgelände schon von weitem auf. Man fühlt sich an eine kleine Gärtnerei erinnert, denn die einzelnen Gruben – »Schnitte«, wie der Archäologe sagt – sind durch bewegliche Folienüberdachungen gegen Regen geschützt. In diesen heißen Septembertagen freilich dienten sie dem Grabungsteam eher als Sonnenschutz.

Rings um das Ausgrabungsgelände ist ein kleines Zeltlager entstanden. Hier

16

kampiert ein Teil des Teams – meist Studentinnen und Studenten, auch aus den neuen Bundesländern, die in den Semesterferien das archäologische Handwerk erlernen wollen. Da ihre Arbeit nur gering entlohnt wird und kaum zur Bezahlung eines Hotelzimmmers ausreicht, ist Camping die naheliegende Alternative.

Beim Blick in die Grabung offenbart sich dem Nichtfachmann ein Gewirr von Hölzern und Balken unterschiedlicher Dicke, etwa zwei Meter unter dem heutigen Bodenniveau. Deutlich zeichnen sich die Birkenstämme mit ihrer weißen Rinde ab. Sie sehen noch genauso aus, wie die Hausbauer sie vor über fünftausend Jahren verlegt haben. Die Grabung folgt einem ausgeklügelten System, bei dem das Hauptaugenmerk auf der exakten Dokumentation liegt. Denn abgesehen von kleineren bearbeiteten Stücken und Artefakten läßt sich das freigelegte Holz schon aufgrund der Menge nicht konservieren. Der »Schatz«, der hier ausgegraben wird, liegt in der wissenschaftlichen Erkenntnis.

Die Arbeit in den Schnitten ist anstrengend. Um den sehr feuchten und weichen Bestand nicht zu gefährden, dürfen die Ausgrabungsflächen an einigen Stellen nicht mehr betreten werden. Daher gehen die Mitglieder des Teams kniend von einer Art höhenverstellbarem Steg aus vor, der ihnen ermöglicht, sozusagen über ihrem jeweiligen Grabungsbereich zu »schweben«.

Nach über dreijähriger akribischer Arbeit lassen sich die Ergebnisse schon zu einer relativ detaillierten Rekonstruktion der Siedlung zusammensetzen:

Anhand der gefundenen Keramik ist die Siedlung der sogenannten »Altheimer Gruppe« zuzuordnen, benannt nach einem Fundort in der Nähe von Landshut, wo dieser Keramiktyp zum erstenmal auftauchte. Damit gehört die Siedlung etwa in die Mitte des 36. vorchristlichen Jahrhunderts. Allerdings lassen sich mit Hilfe spezieller Methoden noch wesentlich genauere Datierungen treffen, wie wir später sehen werden.

Die Siedlung lag an dem auch heute noch in unmittelbarer Nähe vorbeifließenden Loosbach, der aber über die Jahrtausende hinweg seinen Lauf mehrfach veränderte. Er wurde vermutlich von einem Steg überquert, der sich in einem drei Meter breiten Bohlenweg fortsetzte. Von dieser »Hauptstraße« bogen seitlich kleine Gäßchen ab. Insgesamt hatte das prähistorische Pestenacker wohl an die hundert Einwohner, die sich auf etwa fünfzehn Häuser verteilten. Die etwa vier bis sieben Meter großen Hütten besaßen Giebeldächer und waren allesamt so ausgerichtet, daß sie mit dem Giebel zur »Hauptstraße« zeigten. So entsteht der Eindruck einer kleinen Reihenhaussiedlung. Die Hauswände wurden aus sogenannten »Spaltbohlen« gefertigt, das heißt der Länge nach gespaltenen Stämmen, einer Art grobe Bretter. Der Boden der Häuser bestand aus Holzbohlen, die über einen ebenerdig verlegten Holzrost gesetzt wurden. Im Innern der Hütten herrschte für damalige Verhältnisse schon eine fortschrittliche Wohnkultur:

Zunächst betrat man eine kleine Diele oder einen Windfang, von wo man in den eigentlichen Hauptraum gelangte, der aus Wohnbereich, Küche und Stall bestand.

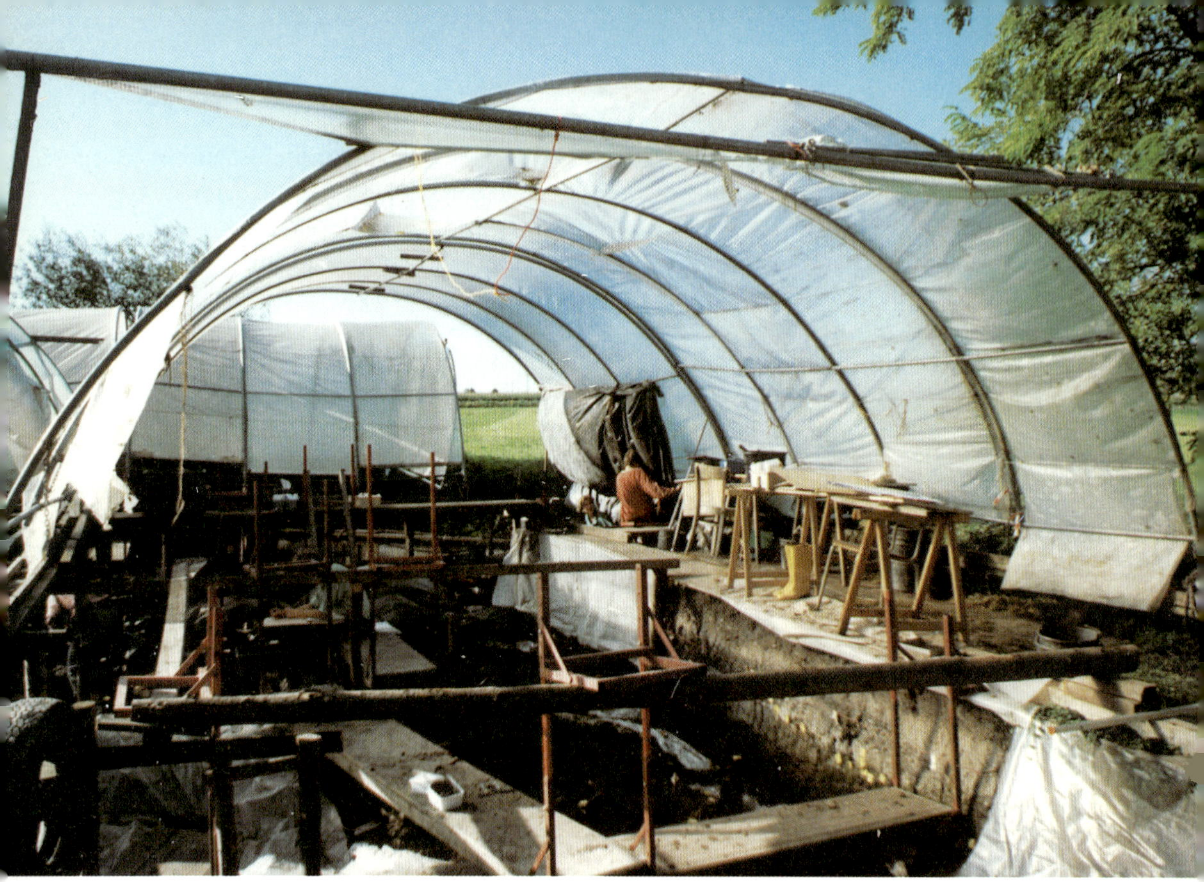
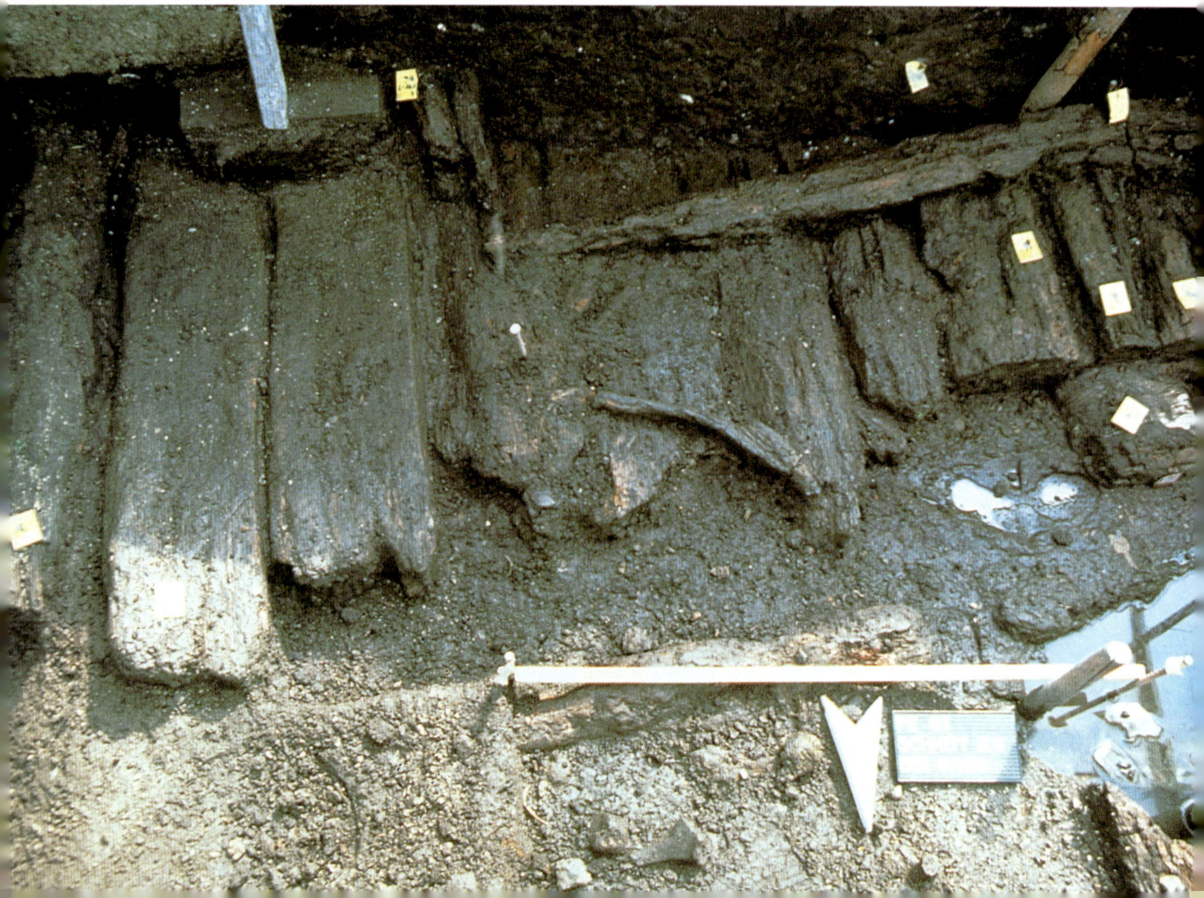

Linke Seite: Das Ausgrabungsgelände bei Pestenacker, etwa dreißig Kilometer nördlich von
Landsberg am Lech (oben).

Über 5000 Jahre im Moor konserviert: Reste eines
Bohlenweges, der zwischen den Hütten der jungsteinzeitlichen Siedlung verlief (unten).

Oben links: Vorsichtig werden die empfindlichen
jahrtausendealten Hölzer freigelegt.

Oben rechts: Eine Feuerstelle in einer der Hütten
wird untersucht.

Rechts: Archäologische Detailarbeit: Ein Gitter
hilft beim maßstabsgerechten Zeichnen.

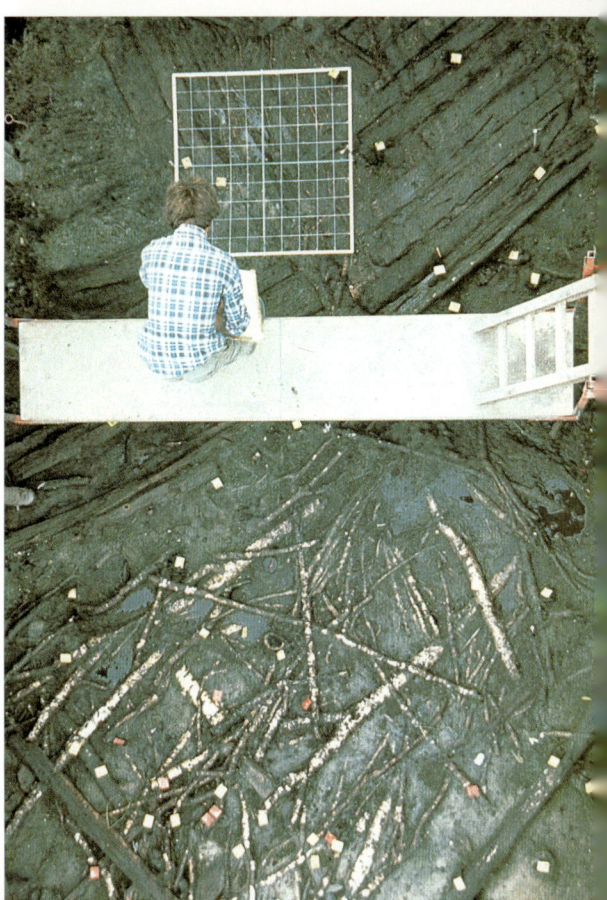

Rekonstruktion des jungsteinzeitlichen Dorfes um 3500 v. Chr.: Etwa hundert Menschen teilten sich die fünfzehn Hütten. In den Hütten lebten Menschen und Haustiere unter einem Dach. Im Zentrum befand sich ein mächtiger, aus Lehm gefertigter Backofen.

Jedes Haus war zudem mit einem mächtigen, aus Lehm gefertigten gewölbten Backofen ausgestattet. Die hölzernen Hausböden belegten die frühen Bewohner von Pestenacker mit einer Art Estrich aus Lehm, der bis zu zehnmal erneuert wurde, wie sich an einigen Stellen nachvollziehen läßt. Dadurch wuchs mancher Hüttenboden bis zu vierzig Zentimeter in die Höhe, parallel dazu wurden auch die Backöfen immer wieder erneuert. Umgeben war das Dorf mit einem Palisadenzaun, der die Einwohner vor wilden Tieren, vielleicht auch gegen feindliche Eindringlinge schützen sollte.

Derart spezifische Einblicke in die Wohnkultur des 36. Jahrhunderts v. Chr. sind nur durch die Konservierung vergänglicher Materialien im Moorboden möglich. So läßt sich beispielsweise der Stall vom Wohnbereich der Häuser deutlich an dem bis heute konservierten Mist unterscheiden. Hinzu kommt, daß im Gegensatz zu den Pfahldörfern am Bodensee die Grundrisse der Häuser weitgehend intakt geblieben sind. Bei den »Pfahlbauten« stürzten Wände, Böden und Dächer zwischen die Ständer, auf denen die Häuser ruhten. Ihre Rekonstruktion ist daher ein mühsames Puzzlespiel. In Pestenacker dagegen liegen die Überreste der Hütten praktisch noch so, wie sie von den letzten Bewohnern verlassen wurden.

Doch mit dem bloßen Freilegen und anschließender Rekonstruktion einer Siedlung ist die Aufgabenstellung der Archäologen noch lange nicht erfüllt. Folgt man Guntram Schönfeld, dem Grabungsleiter, in die Fundstücksammlung, die in einem nahe gelegenen Haus untergebracht ist, erhält man einen Eindruck von Umfang und Komplexität des Unternehmens Pestenacker. Was hier in Hunderten von

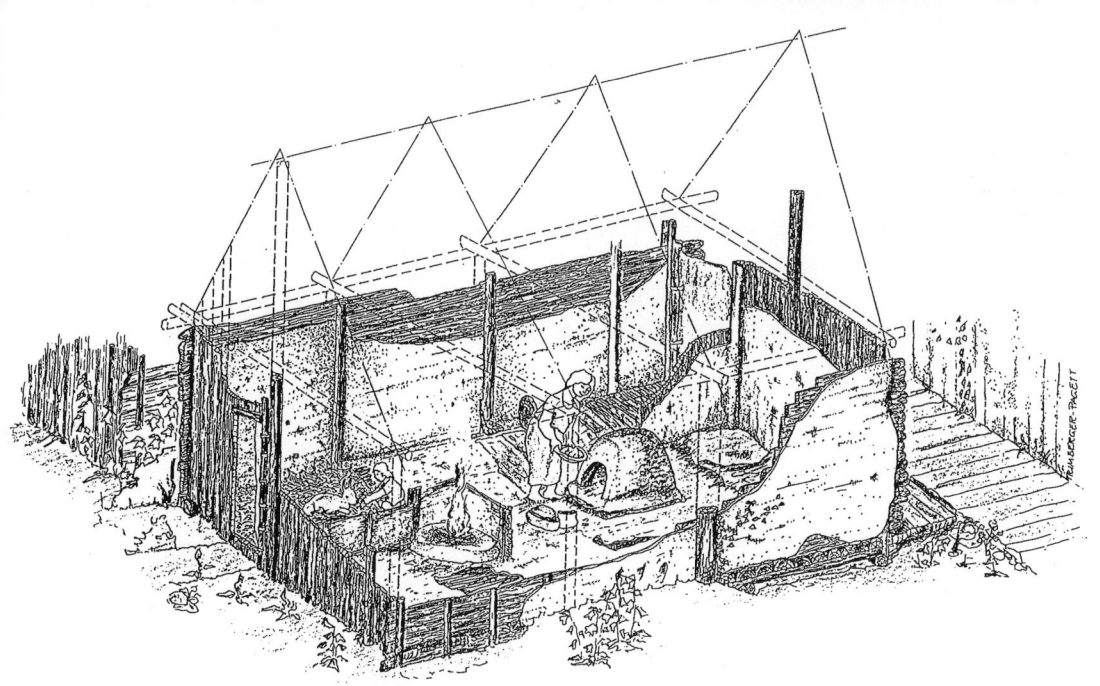

kleinen Kunststoffbehältern ruht, sind Bruchstücke einer Lebenswelt, die schon jahrtausendelang verloschen ist: Knochen und Holzgeräte, Artefakte aus Stein, Samen, Getreidekörner, Kohle, Geweihstücke – Splitter, aus deren wissenschaftlicher Untersuchung, Deutung und Gesamtschau man die Welt vor fünf Jahrtausenden rekonstruieren kann. So weisen beispielsweise die Grabungsbefunde eindeutig nach, daß die Siedlung am Bach hochwassergefährdet war. Offenbar hatten Überschwemmungen schon in prähistorischer Zeit vorübergehend zur Aufgabe der Häuser gezwungen. Handelte es sich bei derartigen Überflutungen nur um Naturereignisse, oder hatte der Mensch schon seine Hand mit im Spiel?

Für Guntram Schönfeld setzen hier die Fragen ein, die auf den eigentlichen Sinn und Zweck des Pestenacker Projekts zielen: »In welcher Wechselbeziehung stand der siedelnde Mensch mit der damaligen Umwelt? Welche Umwelt finden die Neusiedler vor – noch Urlandschaft oder schon Kulturlandschaft? Wie verändert sich die Landschaft unter dem Zugriff der Siedler? Wer besiegt hier wen? Ist der reißende Bach die von den Siedlern des Tals selbst heraufbeschworene Reaktion der von Erosionsschäden und Entwaldung gequälten Natur? Wann und bei welchen Belastungen brach das System zusammen? Dies sind die Probleme, auf die eine vernünftig operierende Siedlungsarchäologie schon längst hätte zielen müssen.«

Umweltprobleme also schon im 36. Jahrhundert v. Chr.? Die Frage scheint im ersten Moment merkwürdig. Sie wird aber verständlich, wenn man die Ausgrabung in Pestenacker unter dem Aspekt der prähistorischen Zeitspanne betrachtet, den die Wissenschaft unter dem Begriff »Neolithikum« zusammenfaßt.

Oben: Typische jungsteinzeitliche Keramik aus Pesten-acker.

Links: Unter den Hüttenböden befand sich ein ebenerdig verlegter Rost aus Birkenästen.

Wie viele historische Epochenbezeichnungen stammt auch der Begriff »Neoli-
thikum«, zu deutsch »Jungsteinzeit«, aus dem letzten Jahrhundert. Er entstand im
Zusammenhang mit Entdeckungen, die man unter anderem in den Schweizer
»Pfahlbauten« um die Mitte des 19. Jahrhunderts machte. Was dort an Steinwerk-
zeugen zutage gefördert wurde, unterschied sich an Qualität und Sorgfalt der
Bearbeitung deutlich von den grob zugehauenen Stücken älterer Epochen. Also lag
es nahe, die darin zum Ausdruck kommenden technischen Fertigkeiten ihrer
Hersteller mit einer höheren Zivilisationsstufe zu identifizieren. In der Folgezeit
bestätigten weitere Erkenntnisse diese Annahme.

Tatsächlich muß das Neolithikum als einschneidender Wandel in der Mensch-
heitsgeschichte verstanden werden. Die Forschung spricht sogar von einer »neolithischen Revolution«. Denn die Umwälzung, die sich in der Jungsteinzeit vollzog,
ist der entscheidende Schritt zu einer seßhaften Lebensweise. Es ist der Beginn der
bäuerlichen Zivilisation, der sich an einer Ausgrabung wie in Pestenacker untersuchen läßt – samt ihren unmittelbaren Auswirkungen auf das Ökosystem und das
Landschaftsbild.

Die Bedeutung dieser Umwälzung wird um so augenfälliger, wenn man sich vorstellt, daß dem Neolithikum Jahrhunderttausende der Menschheitsentwicklung
vorausgegangen waren, gefolgt von Jahrzehntausenden seit dem ersten Erscheinen
des »Homo sapiens«, in denen die menschliche Rasse als Jäger und Sammler ihr
Dasein fristete. Mit den Bauern des Neolithikums aber taucht plötzlich aus dem
Dunkel der Vorgeschichte eine Lebensweise auf, die sich – gemessen an den
vorangegangenen Zeitabschnitten – während der folgenden Jahrtausende praktisch nur noch in Details veränderte.

Das Fehlen von Belegen für allmähliche Übergänge zwischen den älteren Kultur-
formen und dem Neolithikum legte von Anfang an den Schluß nahe, daß die
bäuerliche Wirtschaftsform »importiert« worden war. Auf zwei Wegen – über
Südosteuropa und über das Mittelmeer von Italien her – war sie aus dem Vorderen
Orient etwa um 6000 v. Chr. nach Mitteleuropa gelangt. Die Träger dieser Kultur
sind in unserem Raum unter der Bezeichnung »Bandkeramiker« in die prähistorische Wissenschaft eingegangen. (Der Name rührt von der typischen Verzierung
ihrer Töpferware her.) Die Bandkeramik ist die älteste Ackerbaukultur Mitteleuropas. Sie breitete sich vor allem in den fruchtbaren Lößgebieten entlang der
großen Flußsysteme, an Donau, Rhein und Neckar, aus. Dabei hatten die Bandkeramiker aber offenbar das Alpenvorland ausgespart. Das niederschlagsreiche, von
Wasserläufen und Mooren durchzogene Gebiet nördlich des Gebirgszuges wurde
erst ab etwa 4000 v. Chr. besiedelt. Ab diesem Zeitpunkt setzte eine Binnenkolonisation ein: Die Urenkel der ersten Einwanderer zogen – vielleicht durch den
knapper werdenden Siedlungsraum gezwungen – von den hochgelegenen Lößflä-
chen hinab in die feuchten Täler des Alpenvorlandes und an die Ufer des Bodensees. Somit kamen auch die Erbauer von Pestenacker ins »Tal des verlorenen

Baches«. Sie gehörten zwar nicht zu den ältesten Ackerbauern im mitteleuropäischen Bereich, aber sie trugen die bäuerliche Wirtschaftsweise in einen Raum, wo sie vorher noch nicht existierte. Was daher in Pestenacker beispielhaft studiert werden kann, sind die Auswirkungen der frühen bäuerlichen Zivilisationsform auf die natürliche Umwelt. Es liegt auf der Hand, daß diese Aufgabe nicht von der Archäologie allein bewältigt werden kann. Hier sind neben dem Vorgeschichtler vor allem Botaniker, Holz- und Pollenanalytiker sowie Geologen gefragt. Nur durch die Zusammenarbeit verschiedener Wissenschaftszweige, deren Methoden sich gegenseitig ergänzen, lassen sich die anspruchsvollen Forschungsziele sinnvoll anvisieren.

Vor allem die botanischen Untersuchungen liefern ein erstaunlich exaktes Bild über Umwelt und Wirtschaftsweise der neolithischen Bauern von Pestenacker. Aufgrund der besonderen Erhaltungsbedingungen im Feuchtboden stoßen die Ausgräber auf Pflanzenreste in großen Mengen, aus denen sich Rückschlüsse bezüglich Anbau, Ernährung und Landschaftsbild des vierten vorchristlichen Jahrtausends ziehen lassen.

Reinder Neef von der »Arbeitsgruppe für Vegetationsgeschichte« am Institut für Vor- und Frühgeschichte der Universität München nimmt alles unter die Lupe, was auf dem Grabungsgelände in den Sieben der Schlämmanlage an Pflanzenrückständen hängenbleibt. Die akribische Untersuchung der Kulturschicht fördert unter anderem regelmäßig Getreidekörner zutage. Diese Körner können nach einer Lagerzeit von fünfeinhalbtausend Jahren im Boden noch genau identifiziert werden. Es sind vor allen Dingen Einkorn und Emmer, sogenannte Spelzweizenarten, die von den Siedlern in Pestenacker kultiviert wurden. Im Gegensatz zu den »modernen« Nacktweizenarten stecken die Körner dieser Getreide in einer sehr harten Hülle, dem Spelz, der erst mühsam entfernt werden mußte. Allerdings sind die Spelzgetreide wesentlich robuster und pflegeleichter. Trotzdem kamen sie wegen der schwierigen Verarbeitung im Laufe der Jahrhunderte aus der Mode. Erst die »Müslibewegung« unserer Tage hat Einkorn, Emmer und den verwandten Dinkel wieder auf den Speiseplan zurückgeholt. Eine andere Kulturpflanze, die sich in Pestenacker nachweisen läßt, ist der Lein. Er wurde – nicht anders als heute – sowohl seiner ölhaltigen Samen als auch der Fasern wegen angebaut. Gewebereste aus Flachs haben sich in einigen oberschwäbischen und schweizerischen Feuchtbodensiedlungen erhalten. Während selbst heute noch die Flachsgewinnung aus Leinstengeln auch mit modernen Maschinen einen aufwendigen Prozeß darstellt, war sie im Neolithikum zweifellos mühsam. Die Stengel mußten erst lange in Wasser lagern, ehe die feinen Fasern herausgeklopft werden konnten. Gesponnen und gewebt wurde mit primitiven Spindeln und Webstühlen; die Produkte, die dabei entstanden, zeichneten sich allerdings durch erstaunlich hohe Qualität aus.

Die auffälligste Kulturpflanze des Neolithikums, die sich in Pestenacker sogar in großen Mengen findet, ist der Schlafmohn – offenbar ein Import aus dem Mittel-meerraum. Der Schlafmohn wurde kultiviert, darüber kann angesichts der gefun-denen Mengen kein Zweifel bestehen. Sicher wurde er nicht nur als Gewürz- und Ölpflanze angebaut. Der weißliche Saft, der sich durch das Anritzen der Frucht-kapsel gewinnen läßt und der zu Opium verarbeitet wird, diente wahrscheinlich auch den neolithischen Bauern zur Schmerzlinderung und als Rauschmittel.

Bereichert wurde der neolithische Speisezettel durch allerlei gesammelte Früchte, wie man anhand von entsprechenden Samen und Schalen feststellen kann. Vor allen Dingen Haselnüsse und Äpfel schätzten die Moorbewohner, aber auch Holunder, Erdbeeren, Himbeeren und Brombeeren.

Getreide- und Samenkörner bezeichnen die Botaniker als »Makroreste«. Im Münchner Institut ist man aber gleichzeitig auch den winzig kleinen Pollenkörnern auf der Spur, die in großen Mengen in den verschiedenen Ablagerungsschichten enthalten sind. Durch eine besondere chemische Aufbereitung der Erdproben lassen sich die Pollenkörner isolieren und anschließend unter dem Mikroskop identifizieren.

Pollenkörner, die vom Wind kilometerweit getragen werden können, geben Aufschluß über die weiträumige Struktur der Landschaft. Daß die Umgebung von Pestenacker im Neolithikum mit offenen Wasserflächen durchsetzt war, läßt sich an den Samen von Teichrosen in den Grabungsschichten nachweisen. Die Ergeb-nisse der Pollenanalyse sind dermaßen detailreich, daß daraus ein regionales Landschaftsbild exakt rekonstruiert werden kann:

Die Siedler um 3500 v. Chr. lebten noch in kleinen Inseln inmitten unermeßli-cher Wälder, die vorwiegend aus Eichen, Ulmen und Linden bestanden. In den moorigen Niederungen wuchsen vor allem Weiden und Erlen. Besonders inter-essant für die Forscher sind bestimmte Kräuter und Sträucher, die nur in aufge-lichteten Wäldern gedeihen und auf abgeholzte Flächen hinweisen. Typische »Kulturanzeiger« sind auch die Ackerunkräuter. Sie folgten der sich ausbreitenden Landwirtschaft sozusagen auf dem Fuß. Entsprechend haben sie im Laufe der Jahrtausende kontinuierlich zugenommen und wurden erst während der letzten Jahrzehnte durch den Einsatz chemischer Mittel aus unseren Äckern wieder elimi-niert. Auf den noch jungen Anbauflächen des Neolithikums waren daher die Unkräuter noch spärlich vertreten.

Die auffälligste nachweisbare Veränderung im Landschaftsbild des Neolithi-kums ist das langsame Verschwinden der Eichenmischwälder. Der Mensch der Bronzezeit bewegte sich schon in ausgedehnten Buchenwäldern. Lange Zeit glaubte man, daß eine großräumige und anhaltende Klimaveränderung diesen drastischen Wandel im Lebensraum der Vorzeit verursacht hat. Doch die große Menge an Eichenhölzern, die sich in den Feuchtbodensiedlungen des Neolithikums abzeichnet, legt heute einen anderen Schluß nahe. Es war wohl der Mensch, der diese ökologische Umwälzung verursachte. Der Bedarf an Bau- und Feuerholz,

Einkorn und Emmer, sogenannte »Spelzweizenarten«, wurden in Pestenacker angebaut.

Rodungen für landwirtschaftliche Nutzung und nicht zuletzt die Haustierhaltung dürften hierzu beigetragen haben. Denn die mühsam freigelegten Flächen fruchtbaren Lößbodens waren viel zu wertvoll, um dem Vieh als Weide zu dienen. Die Haustiere mußten im Wald ihre Nahrung finden; durch den Verbiß der Schößlinge wurde der Eichenwald weiter beeinträchtigt.

Solche Erkenntnisse sind das Ergebnis jahrelanger interdisziplinärer Erforschung der Feuchtbodensiedlungen, durch die sich wie in einem Mosaik winzige Teile zum Gesamtbild einer vergangenen Lebenswelt zusammenfügen.

Ergänzt werden sie durch die ganz handgreiflichen Überbleibsel unserer Vorfahren: die Gegenstände des täglichen Lebens, die auch in Pestenacker in großer Zahl in den Kulturschichten auftauchen.

Eine der verblüffendsten Hinterlassenschaften der frühen Siedler im Alpenvorland sind die »Kaugummis« aus Birkenpech, die man häufig in den Siedlungen findet und die auch die neolithischen Pestenackerer – nach ausgiebigem Kaugenuß – neben ihre Knüppeldämme spuckten. Birkenpech ist ein prähistorischer Kunststoff. Es entsteht durch das Erhitzen von Birkenrinde in besonderen Tiegeln unter Luftabschluß und ließ sich in heißer und zähflüssiger Form als universales Klebe-

mittel verwenden. So wurden zum Beispiel steinerne Pfeilspitzen häufig mit Birkenpech in die Holzschäftung eingeklebt und Schabgeräte wegen der besseren Griffig-
keit und zum Schutz der Hand mit Wülsten aus Birkenpech eingefaßt. In Pestenakker haben die Ausgräber eine Art Kamm gefunden, der aus nebeneinanderliegenden Holzstäbchen besteht. Zwei dicke Birkenpechlagen hielten das Ganze zusammen. Klumpen der erkalteten Masse wurden aber auch gekaut, wie man an den
Gebißspuren in den Fundstücken deutlich erkennt. Wahrscheinlich war mit dem
Kaugenuß ein leichter Rauscheffekt verbunden.

Zu den ganz typischen technischen Errungenschaften der Jungsteinzeit gehört
die Fähigkeit, Steine zu schleifen. Auch in Pestenacker kamen Beilklingen aus
geschliffenem Stein zutage. Die zunächst roh zugeschlagenen Stücke aus Amphibolit oder anderem harten Felsgestein wurden durch Schleifen auf Sandsteinplatten,
etwa auf ausgedienten Mahlsteinen, in ihre endgültige Form gebracht. Damit stand
den neolithischen Siedlern ein Werkzeug zur Verfügung, das es ihnen ermöglichte,
in großem Umfang die harten Eichenhölzer zu bearbeiten.

Neben den geschliffenen Steinen findet man in Pestenacker aber auch den
sogenannten Silex, den Feuerstein, dem eine ganze Menschheitsepoche den Namen
verdankt. Feuersteine kommen in der Natur meist als knollen-, zuweilen auch
plattenförmiger Einschluß in Kalkbänken vor, beispielsweise an der Schwäbischen
Alb. Wenn der schwarz bis grünlich gefärbte Stein zerschlagen wird, entstehen
rasiermesserscharfe Bruchkanten, die selbst Leder mühelos schneiden. Schon die
Menschen der Altsteinzeit benutzten den Silex als universales Werkzeug zum
Schneiden, Schlagen und Schaben. Doch die Dolche, Pfeilspitzen und Sicheln, die
aus dem Neolithikum erhalten sind, unterscheiden sich deutlich von den roh
zugehauenen Stücken der früheren Epochen. Die Silexschläger der Jungsteinzeit
haben aus dem glasharten Material ganz spezialisierte Werkzeuge geformt, was
genaue Kenntnisse der Brucheigenschaften des Feuersteins voraussetzte. Das bisher in Pestenacker gefundene Arsenal bezeichnen Kenner wie Guntram Schönfeld
allerdings als eher minderwertig. Im Umgang mit dem Feuerstein waren die Siedler
offenbar nicht ganz auf der Höhe der Zeit.

Ganz anders verhält es sich mit den »Knaufhammeräxten«, auf die man während der Grabung stieß. Sie gehören zu den attraktivsten Exponaten der bisherigen
Fundsammlung und werden den Besuchern gerne vorgezeigt. In der Tat sind sie
eindrucksvolle Zeugnisse für die Kunstfertigkeit der neolithischen Steinschleifer.

Die Funktion der geradezu eleganten Hammeräxte, die aus einem grünen Felsgestein gearbeitet wurden, bleibt allerdings unklar. Sicher ist nur, daß sie nicht als
Werkzeug gedacht waren. Dafür sind sie nicht robust genug. Dienten sie einem
kriegerischen Zweck? Wie die Ausgrabung nachgewiesen hat, war die Siedlung
von einem massiven Palisadenzaun umgeben: Schutz gegen feindliche Übergriffe?
Vielleicht mußten sich die Neusiedler gegen Gruppen älterer Zivilisationen zur
Wehr setzen, die – verdrängt von der sich ausbreitenden Ackerbaukultur – zuletzt

in den Moorgebieten Zuflucht gefunden hatten. Solche Überlegungen bleiben allerdings Spekulation, denn Hinweise auf kriegerische Auseinandersetzungen gibt es in Pestenacker nicht. Möglicherweise haben die Hammeräxte aber auch einen kultischen Hintergrund oder sind eine Art kriegerischer Schmuck – ein Prestige-objekt ohne unmittelbaren praktischen Nutzen. Wie auch immer, faszinierend bleibt das hohe technische Können ihrer Hersteller: Die exakten Schaftlöcher der Äxte entstanden mit Hilfe hölzerner Bohrer, die zusammen mit Sand auf dem Stein gerieben wurden. Durch die Verwendung von hohlen Hölzern wie beispielsweise Holunder bildeten sich walzenförmige Bohrkerne heraus, die man hin und wieder in den Grabungen findet.

Die Keramik von Pestenacker zeichnet sich durch eine besondere Verzierung der Ränder aus, die auf Fingereindrücke zurückzuführen ist. Deutlich erkennt man in den sogenannten »Tupfleisten« noch die Fingernagelspuren der neolithischen Töp-fer. Seit den Anfängen der archäologischen Wissenschaft dienen Keramikverzie-rungen ihren Vertretern als Klassifizierungsmerkmal: Der erste Fundort von vor-her unbekannten Tongegenständen wird zum Namensgeber der gesamten Gruppe späterer Fundorte. Die Gefäße von Pestenacker verweisen auf die Zugehörigkeit zur bereits auf Seite 17 erwähnten »Altheimer Gruppe«. Welche direkten oder in-direkten kulturellen Beziehungen hinter der Ähnlichkeit bestimmter Verzierungs-techniken stehen, läßt sich allerdings nur sehr schwer nachvollziehen. Auffallend ist, daß im Verlauf der Jungsteinzeit die Qualität der Töpferware kontinuierlich abnimmt: ein interessantes Phänomen, dessen Ursache noch der Klärung bedarf.

Was außer dem schon bekannten Getreide in die Kochtöpfe der Jungsteinzeit noch hineinwanderte, läßt sich aus einer Menge gefundener Tierknochen rekon-struieren. Bisher sind die Knochenfunde von Pestenacker nicht analysiert. Jedoch ist aus den schwäbischen Feuchtbodensiedlungen praktisch die ganze Palette der Haustierhaltung bekannt: Rinder, Schafe, Ziegen und Schweine bevölkerten die Siedlungen und teilten sich die Hütten mit den Menschen. Darüber hinaus wurde der Speisezettel durch allerhand Wildbret bereichert, wie Hirsch, Reh und Wild-schwein. Anhand der Knochenanalysen zeigt sich eine auffallende Umkehrung im Größenverhältnis der Tiere. Während das damalige unser »modernes« Wild über-ragte, waren die Haustiere offenbar deutlich kleiner.

Wie müssen wir uns die Menschen vorstellen, deren Lebensalltag uns so genaue Einblicke verschafft? Gekleidet war der Neolithiker ganz »up to date«: in reines Leinen, wie Gewebefunde beweisen. An den Füßen trug er Sandalen mit Sohlen aus Rindenbast, die mit Schnüren zusammengehalten wurden. Ergänzt wurde diese Ausstattung durch eine extravagante Kopfbedeckung, die in einigen Pfahlbausied-lungen zum Vorschein kam: eine Art kegelförmiger Hut aus Bastgeflecht, der ringsherum mit kurzen Faserenden bedeckt ist, so daß das Ganze wie ein kleines Strohdach wirkt.

Von dem äußeren Erscheinungsbild des Menschen selbst, der in dieser Kleidung steckte, wissen wir allerdings wenig. Das gleiche läßt sich auch über seine Vorstellungswelt sagen. Gräber mit Beigaben, die üblicherweise den Archäologen Rückschlüsse auf religiöse Vorstellungen und kultisches Brauchtum erlauben, sind in den Feuchtbodensiedlungen bisher nicht ausgegraben worden. Auch in Pestenacker wurden keine menschlichen Überreste gefunden. Hat man die Toten verbrannt oder vielleicht oberirdisch aufgebahrt, wie es bei den Indianerstämmen Nordamerikas Tradition war? Wir wissen es nicht.

Erst aus der Bronzezeit sind wieder Gräber in größerer Zahl bekannt. Die Bestatteten waren im Durchschnitt wohl kaum älter als dreißig Jahre, und man darf davon ausgehen, daß auch ihre Vorgänger in Pestenacker kaum ein höheres Alter erreicht haben. Sicherlich waren sie auch kleiner als die Menschen des zwanzigsten Jahrhunderts. Allerdings sollte man nicht übersehen, daß fünftausend Jahre entwicklungsgeschichtlich betrachtet nur eine kurze Zeitspanne sind. Physiologisch hat sich der Mensch in dieser Zeit kaum noch verändert, und so könnte ein modern frisierter und gekleideter Jungsteinzeitler wahrscheinlich neben uns in der U-Bahn Platz nehmen, ohne daß er uns besonders auffiele.

Wer sich mit den Ausgräbern in Pestenacker unterhält, staunt immer wieder über die Sicherheit, mit der sich die Vorgeschichtler in den prähistorischen Zeiträumen bewegen. So weiß man beispielsweise, daß die Siedlung im Jahr 3546/45 v. Chr. gegründet wurde.

Wie ist eine derart exakte Zeitangabe eigentlich möglich? Um das herauszufinden, hat unser Team einen Abstecher nach Heidelberg unternommen. Mitten in der idyllischen Altstadt unterhält das Bayerische Landesamt für Denkmalpflege ein Labor für Dendrochronologie. Das Wort »Dendron« stammt aus dem Griechischen und bedeutet »Holz«. Dendrochronologie ist eine besondere Methode der archäologischen Altersbestimmung.

Im Heidelberger Labor finden wir die typischen schwarz verfärbten Holzstücke wieder, wie sie in Pestenacker geborgen werden. Die Erkenntnisse, welche Sibylle Bauer, die Leiterin des Labors, und ihre Mitarbeiter aus den Bohlenstücken ziehen, gehören zu den erstaunlichsten Aspekten vorgeschichtlicher Forschung: Durch die Analyse der Jahrringe von erhaltenen Holzstücken gelingt es, das Fälldatum eines Baumes selbst über viele Jahrtausende hinweg auf das Jahr genau zu bestimmen.

Wie funktioniert nun die Dendrochronologie?

Zählt man die Ringe eines durchgesägten Baumes, erhält man sein exaktes Lebensalter. Das ist eine altbekannte Tatsache, denn jeder Ring bedeutet ein Jahr. Ein mächtiger Eichenstamm kann es schon mal auf mehrere hundert Ringe bringen. Für den Forscher ist aber weniger deren Anzahl von Belang. Schon mit bloßem Auge erkennt man an einem Baumquerschnitt Jahrringe verschiedener Stärke. Darin spiegeln sich klimatische Schwankungen wider: In Trockenjahren beispielsweise fallen die Jahrringe schmaler als in niederschlagsreichen Jahren aus. Ver-

Oben: Solche Knauf-
hammeräxte wurden
aus Stein geschliffen.
Vermutlich dienten
sie als Waffe, als
Kult- oder als Pre-
stigegegenstand.

Unten: Ein »Kau-
gummi« aus Birken-
pech, dem vielfältig
verwendeten
»Kunststoff« der
Jungsteinzeit.

Rechte Seite: Typi-
sche Verzierungen
der Pestenacker-Ke-
ramik. Sie entstan-
den durch Eindrük-
ken der Fingerkup-
pen in den weichen
Ton.

gleicht man nun gleichaltrige Bäume einer Art aus einer bestimmten Klimazone, so stellt man bei allen eine ähnliche Abfolge der Jahrringe fest; das Klima hat sozusagen allen den gleichen Stempel aufgedrückt.

In den dendrochronologischen Labors werden die Holzproben mit Hilfe eines Spezialmikroskops exakt vermessen. Die daraus resultierenden Daten setzt ein Computer in eine Grafik um, vergleichbar einer »Fieberkurve«. Dieser als »Wuchskurve« bezeichnete »Fingerabdruck« des Baumes charakterisiert die Zeit und das Klima, in denen er herangewachsen ist. Im Unterschied zu einem menschlichen Fingerabdruck jedoch, der sich immer individuell ausprägt, verläuft bei allen gleichzeitig gewachsenen Bäumen die Wuchskurve gleichartig. Auf dieser Erkenntnis basieren Grundlage und Voraussetzung für die dendrochronologische Datierung.

Stellen wir uns nun vor, daß wir die Jahrringe einer alten Eiche, deren Fälldatum bekannt ist, vermessen. Dabei ergibt sich eine bestimmte Wuchskurve, die auf alle Eichen der entsprechenden Klimazone zutrifft.

In einem alten Gebäude derselben Region finden wir dann beispielsweise einen mächtigen Eichenbalken, dessen Jahrringe ebenfalls vermessen werden. Unter Umständen glückt uns jetzt die Entdeckung, daß die früher gewachsenen Ringe unserer gefällten Eiche und die später gewachsenen des Balkens deckungsgleich sind! Dies läßt sich allerdings nicht mehr durch den unmittelbaren Vergleich der Holzstücke erkennen, sondern nur durch die Übereinstimmung der vom Computer erstellten Wuchskurven. Wie beim Dominospiel kann man anhand dieses Verfahrens sukzessiv die Wuchskurven von Baumstämmen unterschiedlichen Alters aneinanderhängen. Je nach der Beschaffenheit der Proben wird eine Spanne von etwa vierzig bis achtzig Jahrringen als Überlappung benötigt, um eine zufällige Ähnlichkeit auszuschließen.

Wenn wir in unserem Modell bleiben und annehmen, daß die gefällte Eiche und der Balken jeweils zweihundert Jahrringe aufweisen, wovon insgesamt achtzig überlappen, dann hätten wir mit den beiden Holzproben zweihundertvierzig Jahre – 400 minus (2×80) – überbrückt.

Durch den Vergleich vieler tausende Holzproben mit Hilfe computergestützter Suchprogramme ist es gelungen, für verschiedene Baumarten und Klimaregionen weit zurückreichende Jahrringchronologien zu erstellen.

Für Süddeutschland existiert heute eine durchgängige Eichenchronologie, die bis etwa 8000 v. Chr. zurückreicht! Das bedeutet, daß praktisch jedes in diesem Raum gefundene Eichenholz, sofern es über die entsprechende Größe und Beschaffenheit verfügt, innerhalb eines Zeitraums von rund zehntausend Jahren eingeordnet werden kann. Ist bei einem Fundstück die sogenannte »Waldkante«, das heißt der jüngste Jahrring unter der Rinde, erhalten, dann läßt sich die Datierung sogar auf ein Jahr exakt festlegen.

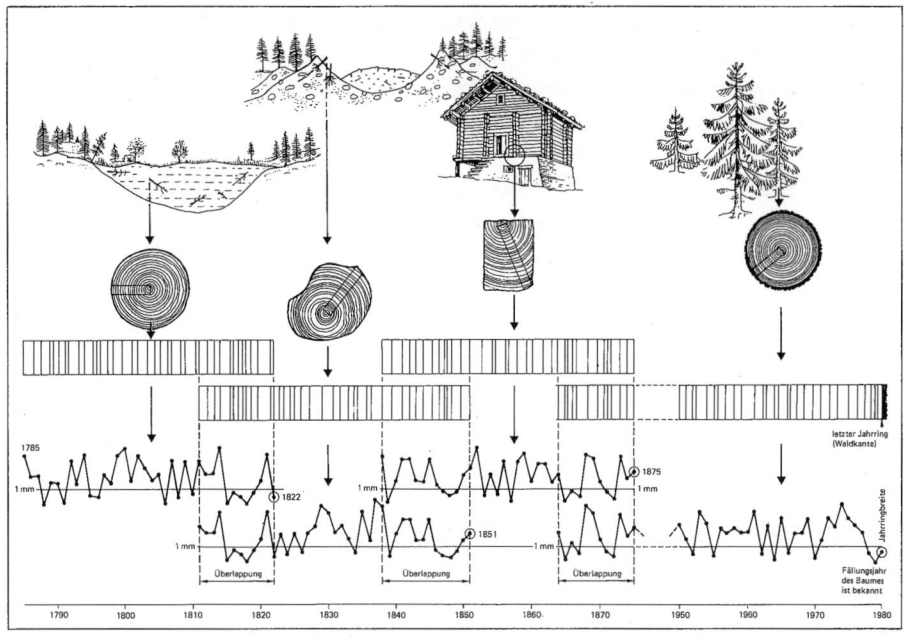

Schematische Darstellung der dendrochronologischen Datierungsmethode.

Doch zurück ins Heidelberger Labor. Dort kommen die Fundstücke aus Pestenakker unter das Mikroskop. Zuvor wurde das Eichenkernholz mit einer Rasierklinge
glattgeschabt, um die Jahrringe deutlicher hervortreten zu lassen. Im Okular des
Mikroskops erscheinen die Ringabstände und werden auf Bruchteile eines Milli-
meters genau vermessen. Als Ergebnis druckt der Computer die schon erwähnte
Wuchskurve aus. Jetzt kommt der spannende Augenblick: Sibylle Bauer legt auf
dem Leuchttisch die Wuchskurve unseres Eichenstücks an die Vergleichskurve der
allgemeinen Eichenchronologie. Auch für den Laien deutlich sichtbar: Die gerade
erstellte ist mit einem Ausschnitt der Vergleichskurve deckungsgleich. Als Fälldatum für das untersuchte Eichenstück erhalten wir das Jahr 3505 v.Chr.

Diese – gemessen an den in Frage kommenden Zeiträumen – einmalig exakte
Datierungsmethode liefert neben anderen Fakten präzise Einsichten in die bauliche
Entwicklung der Siedlung. Deren Gründungsdatum ist uns ja bereits bekannt
(siehe Seite 29). Damals entstanden gleichzeitig etwa fünfzehn Gebäude, ein Netz
aus Bohlenwegen zwischen den Häusern, ein Dorfzaun und eine Absicherung des
Bachbetts. Nach vier bis fünf Jahren fiel die Siedlung einem Brand zum Opfer,
wurde aber sofort wieder aufgebaut. Exakt bis zum Jahr 3533 v.Chr. hat man das

33

Ganze in Schuß gehalten, was man bis ins Detail nachvollziehen kann: So läßt sich beispielsweise aufs Jahr genau feststellen, wann die Bewohner einer Hütte ihren Küchenboden durch einen neuen ersetzten. Nach 3533 brechen die Fälldaten der Bäume plötzlich ab. Möglicherweise hatte das periodisch auftretende Hochwasser des Baches die Siedler zur Aufgabe gezwungen. Dreißig Jahre später war der Platz wieder bewohnt; über der verlassenen Siedlung entstand eine neue. Höchstwahrscheinlich gab es dort sogar noch eine dritte Siedlungsphase. Waren die ursprünglichen Bewohner zurückgekehrt, oder hatte sich eine andere Gruppe des offenbar doch attraktiven Geländes bemächtigt? Wann und warum wurde das Dorf endgültig im Stich gelassen? Diese Fragen, mit denen sich die Archäologen von Pestenakker beschäftigen, sind noch lange nicht alle beantwortet.

Bis zum Sommer 1992 soll in Pestenacker noch weitergegraben werden. Dann ist die Kampagne erst einmal zu Ende. Die Auswertung der Funde wird allerdings noch Jahre in Anspruch nehmen. Sie intensiviert die Kenntnis von einer Epoche, die unsere Welt tiefgreifend verändert hat. In der Jungsteinzeit löste sich der Mensch aus einer – wie auch immer gearteten – naturgebundenen Lebensweise. Er wird zum Gestalter seiner Welt, er »macht sie sich untertan«, wie es im Alten Testament heißt. Seitdem greift der »Homo sapiens« kontinuierlich in die Natur ein, verändert sie nach seinen Bedürfnissen – ein immer schneller verlaufender Prozeß, der die Urlandschaft Mitteleuropas völlig umgestaltete. Feuchtbodensiedlungen wie in Pestenacker sind einzigartige Zeugnisse für die Frühzeit dieser Entwicklung. Sie führen zu den Ursprüngen der Zivilisation.

Heute sind diese einzigartigen Quellen in erheblichem Maß gefährdet. Am Bodensee fallen immer noch Pfahlbausiedlungen dem Ausbau von Yachthäfen zum Opfer. Der immer dichter werdende Bootsverkehr bedroht in seiner Masse die oberen Schichten der archäologischen Befunde. Auch das in allen Seen des Alpenvorlandes zu beobachtende Schilfsterben trägt zur weiteren Zerstörung der einzigartigen Kulturdenkmäler bei: Wo das Schilf verschwindet, sind die Siedlungen erhöhter Erosion ausgesetzt.

Nicht viel besser steht es um die Moorsiedlungen. In ihrem Fall sind es die unaufhaltsamen Trockenlegungen der Feuchtwiesen, die Fundorte wie Pestenacker gefährden und in großem Maße auch schon zerstört haben. Bei einer 1990 in der Nähe der Ausgrabung entdeckten zweiten Siedlung kann man die Auswirkung der Grundwasserabsenkung deutlich erkennen: Hölzer, die jahrtausendelang im Feuchtbodenmilieu konserviert waren, zerfallen binnen weniger Jahre zu Torf. Am Ende bleiben nur einige Erdverfärbungen übrig.

Die Archäologen fordern daher mit Nachdruck die Schaffung von Reservaten, in denen das Grundwasser unangetastet bleibt, zumal eine große Zahl von Fundplätzen längst kartiert ist. Nur so wird man die einzigartigen Zeugnisse vom Anfang unserer Zivilisation auf Dauer bewahren können.

34

Holger Douglas

Menschen an Mooren und Ufern

Ob wir es je ergründen werden: Warum fällten Menschen mühsam Bäume, schnitten Äste und Zweige ab, sägten sie auf ein bestimmtes Maß zurecht und schleppten sie an das Ufer eines Sees, rammten die Pfähle dort dutzendweise in den schlammigen Untergrund und bauten darauf ihre Häuser?

Pfahlbausiedlungen gehören zu den rätselhaftesten Siedlungsformen der Geschichte. Warum sich Menschen so unmittelbar am Wasser niederließen, weiß bis heute niemand endgültig zu sagen. Schließlich gab es komfortablere Wohnsitze als Häuser auf Stelzen: Alle zehn bis zwanzig Jahre mußten die Pfähle erneuert werden, denn in dem feuchten Untergrund verfaulte das Holz schnell. Im Winter war es aufgrund der Wassernähe kalt und feucht. Die Menschen mußten außerdem weite Wege zu ihren Feldern zurücklegen, die fernab vom Überschwemmungsbereich des Sees lagen. Entsprechend mühselig waren Feldbestellung und Ernte. Stechmücken und andere Insekten – im Sommer heute noch eine Plage am Bodenseeufer – dürften auch vor fünftausend Jahren kaum weniger lästig gewesen sein.

Bleibt als einziger augenfälliger Vorteil der Siedlung: Auf dem Wasser ist der Fischfang gratis. Und eventuell der Schutz vor Feinden, weil im Uferbereich eines Sees in der Regel kein Wald stand, die Sicht also relativ frei war. Außerdem konnte man mit Flößen Materialien über das Wasser transportieren. Doch das trifft schon nicht mehr auf die kleinen Seen im Oberschwäbischen zu, an denen sich ebenfalls Menschen auf Pfahlbauten ansiedelten, auch im feuchten Uferschlamm.

Denn Pfahlbausiedlungen liegen sowohl inselförmig im Wasser vorgelagert als auch ebenerdig im Überschwemmungsbereich des Sees. Am Bodenseeufer wurde jetzt sogar nachgewiesen, daß die Siedler ihre Dörfer immer wieder verlagerten und offenbar den sich verändernden Wasserständen des Bodensees folgten.

Um den Ursachen dieser Siedlungsform auf die Spur zu kommen, steigen Taucher hinab in die Geschichte. Denn viele der Siedlungen liegen unter dem heutigen Wasserspiegel. Um richtiges Tieftauchen handelt es sich hierbei nicht. Die »Taucharchäologen« bewegen sich relativ dicht unter der Wasseroberfläche in Tiefen von einem halben bis zu einem, höchstens bis zu drei oder vier Metern. Unter diesen Bedingungen ist das Tauchen gar nicht so einfach, denn der Auftrieb drückt die Körper stark nach oben.

35

Wichtiger als das Tauchenkönnen ist aber die richtige Grabungstechnik. Unterwasserarchäologie »funktioniert« wie die Archäologie über Tage. Genau wie ihre Kollegen bei der trockenen Ausgrabung legen die Taucher sorgfältig Schicht für Schicht in vorbereiteten Quadraten frei und deponieren die Funde in einem Korb, der von Helfern in das Pontonboot gezogen und dort nach Fundstücken durchsucht wird.

Auch hier gilt als wichtiges Prinzip die Dokumentation. Größe, Lage und Umrisse der Funde »malen« die Taucher im Originalmaßstab mit Fettstift auf eine Plexiglasplatte, die genau über der Fundstelle liegt. Die Markierungen auf der Glasplatte werden später maßstabsgerecht verkleinert auf einen Lageplan übertragen. Denn unter Wasser können die Taucher mit ihren in dicken Tauchhandschuhen steckenden Händen kaum filigrane Zeichnungen anfertigen.

In Sonderfällen benutzen sie auch wasserfestes Millimeterpapier, um Lagepläne zu zeichnen. Hölzer, Keramikteile, Werkzeugfragmente und andere Funde werden unter Wasser numeriert, in Kunststoffbeutel verpackt und nach oben an die Wasseroberfläche, zur weiteren Auswertung in Labors, befördert.

Was in sauberen, blauen Gewässern der Südsee sehr einfach erscheint, nämlich ein klares Bild von den Dingen unter Wasser zu erhalten, ist hier das größte Problem und erschwert die Arbeit der Unterwasserarchäologen: die Sicht. Gerade in den ufernahen Gewässern sind die Sichtverhältnisse oft trüber als über Wasser an dichten Nebeltagen. Das liegt an dem feinen Schlamm, der den Grund bedeckt. Eine einzige, kleine Handbewegung reicht aus, um die feinen Partikel aufzuwirbeln. Dann können die Taucher für die nächste Viertelstunde abdrehen. Denn so lange dauert es, bis sich die Schwebepartikel wieder gesetzt haben.

Voraussetzung für erfolgreiche Unterwasserarchäologie ist die richtige Technik. Sie wurde von Schweizer Archäologen entwickelt, die wesentlich länger als alle anderen auch unter Wasser graben. Ein über der Siedlung verankertes Pontonboot dient als Ausgangsbasis. Der Taucher arbeitet liegend auf einer breiten Grundplatte. An der vorderen Seite ist ein Rohr mit nach unten gerichteten Löchern quer befestigt. Über einen Schlauch ist es mit einer Motorpumpe auf dem Boot verbunden. Sie pumpt Wasser nach unten und drückt es durch das Rohr in Richtung Heck. Die Wirkung besteht darin, daß der Wasserstrahl den aufgewirbelten Schlick nach hinten bläst und der Taucher an seiner Arbeitsstelle über dem Boden freie, nicht durch aufgewirbelten Schlamm getrübte Sicht hat. Dennoch müssen die Taucher darauf achten, daß sie nicht zu dicht nebeneinander arbeiten, um sich nicht gegenseitig die Sichtverhältnisse zu beeinträchtigen.

Der große Nachteil der Unterwasserarchäologie ist, daß sie nur zu eng begrenzten Zeiten möglich ist. Denn im Sommer wachsen und gedeihen die Algen im Bodensee prächtig und behindern den Blick in die Vorzeit. Zusätzlich wirbeln Motorboote gewaltige Mengen an Schlamm auf. Die Taucher können nur in den wenigen Wintermonaten arbeiten, wenn sich das Wasser wieder beruhigt hat und

Oben: Das Pfahlbaumuseum in Unteruhldingen am Bodensee begann mit dem Bronzezeit-Dorf auf der Plattform und zwei Pfahlbauhäusern auf Land. (Luftbild von 1931)

die Algen abgestorben sind. Außerdem sinkt dann der Wasserspiegel so weit, daß mehr Fundstellen »zu Fuß« zugänglich sind. Gegen die Kälte des von Gletschern gespeisten Bodensees hilft dann nur noch ein warmer Taucheranzug.

Seit 1979 graben Archäologen wieder am Bodensee und in oberschwäbischen Mooren und Feuchtgebieten nach Resten, die einen Einblick in die Alltagskultur der Jungsteinzeit geben, in Siedlungswesen und Wirtschaftskonzepte. Dazu hat das Landesdenkmalamt Baden-Württemberg ein neues Programm gestartet, das auch von der Deutschen Forschungsgemeinschaft (DFG) finanziell unterstützt wird. Die Leitung dieses Projektes hat der Archäologe Helmut Schlichtherle.

Und so sieht das Bild aus, das die Wissenschaftler von den Menschen und ihren Siedlungen auf dem Wasser des Bodensees vor drei- bis sechstausend Jahren heute zeichnen:

Pfahlbausiedlungen waren in der Jungsteinzeit keine Seltenheit. Allein am deutschen Bodenseeufer liegen in den Flachwasserzonen rund siebzig solcher Niederlassungen, auf der schweizerischen Seite rund zwei Dutzend. Die Dörfer waren teilweise mit Palisaden umzäunt, vermutlich zum Schutz vor Feinden.

37

Die Siedlungen in Wangen-Hinterhorn und in Sipplingen am Bodensee haben beispielsweise zwanzig bis vierzig Häuser gezählt. Sie standen zunächst in lockerer Form nebeneinander, wie an einer Dorfstraße aufgereiht. Die Pfahlfelder im Wasser oder im Uferschlick dienten aber nicht etwa als Unterbau einer Art Plattform, auf der dann die Häuser errichtet wurden, sondern die Häuser standen selbst auf Pfählen. Auch die Verbindungswege ruhten auf eigenen Pfosten.

Die Jungsteinzeitler benötigten also gewaltige Mengen an Hölzern. Allein für den Zaun um die Wasserburg Buchau rodeten unsere Vorfahren dreizehn Hektar Wald. So veränderten die Menschen zum erstenmal das Aussehen einer Landschaft, die ursprünglich von weiten Urwäldern bestimmt war.

Die Archäologen stoßen daher im Untergrund auf eine gewaltige Anzahl von Pfählen. Es ist nicht leicht, aus dem Gewirr von Pfosten und Balken im Schlick des Ufers das Bild einer Siedlung zu entwirren. Immer wieder stürzten in der Steinzeit die Häuser ein oder brannten aus, neue Häuser auf neuen Pfählen wurden gebaut.

Hier hilft den Archäologen die Dendrochronologie, die erstaunlich genau das Alter der Hölzer bestimmen kann. (Vergleiche dazu auch den Beitrag über Pestenacker auf Seite 15 ff.) Mit dieser Methode können die Wissenschaftler entziffern, wann unsere steinzeitlichen Vorfahren Häuser renoviert, neue Pfähle in den Boden geschlagen oder ihre Siedlung neu aufgebaut haben. Vor vier-, fünftausend Jahren haben die Menschen sehr häufig an ihren Siedlungen herumgebastelt. Allein in Hornstaad sind die Häuser in der Zeit zwischen 3586 und 3507 v. Chr. rund fünfmal erneuert worden.

Bei Bränden, die häufiger ausbrachen und oft ganze Pfahlbaudörfer vernichteten, mußten die Bewohner ihre Häuser fluchtartig verlassen und konnten kaum etwas aus den lichterloh brennenden Holzkonstruktionen retten. Keramikgefäße, Nahrungsvorräte und Gebrauchsgüter fielen ins Wasser und blieben auf diese Weise der Nachwelt erhalten. Teilweise bestanden die Wände aus Lehm, der durch die hohen Temperaturen im lodernden Haus regelrecht gebrannt wurde – eine weitere Hilfe für die Archäologen, um das Leben in dieser Zeit zu rekonstruieren.

Auch für das Aussehen der Häuser erhielt man dadurch einige Aufschlüsse. Sie ragten etwa fünf bis sechs Meter empor, wie man an den Giebelstangen ablesen kann, das heißt, sie waren ziemlich hoch. Der Boden könnte in einer Höhe von ungefähr zwei Metern eingezogen gewesen sein. Unsere steinzeitlichen Vorfahren jedenfalls hatten in ihren Häusern ausreichende Kopffreiheit. Das Dach lag auf einem eigenen Gerüst, auf langen Stangen, die am oberen Ende eine Astgabel aufwiesen. Sie waren jedoch nicht einfach in den Boden eingerammt, sondern standen in »Pfahlschuhen«: querstehenden Hölzern, die verhinderten, daß die Stangen in den weichen Uferschlamm einsinken konnten.

Rechte Seite: Blick von den ältesten Häusern des Pfahlbaumuseums zu den Rekonstruktionen der Bronzezeit. Im Hintergrund die steinzeitlichen Rekonstruktionen (oben). Seit Jahrzehnten eine große Attraktion: das Museumsdorf, hier vom Land aus betrachtet (unten).

*Oben: Schematische Darstellung der Ausgrabungstechnik unter Wasser: 1 Pontonboot,
2 Tauchhelfer, 3 Korb für Funde, 4 Motorpumpe, 5 Ansaugstutzen, 6 Druckschlauch,
7 Strahlrohr, 8 Grundplatte, 9 Signalleine, 10 Taucharchäologe.*

Die Grundfläche der Häuser maß etwa vier mal sechs Meter. Das Innere war in
zwei unterschiedlich große Flächen aufgeteilt: In einer Art Vorraum stand ein
Backofen, während der innere Hauptraum noch einmal von einer Feuerstelle
beheizt werden konnte, die wegen der Feuergefahr auf einem eigenen Steinpflaster
lag. Wände und Böden waren mit Flechtwerk und Lehm verkleidet – eine gute

40

Isolation gegen Kälte. Die Häuser, so stellen die Archäologen fest, zeugen von hohen handwerklichen Fähigkeiten. Sie wurden ständig gepflegt. So erneuerten zum Beispiel die Bewohner bei einem Haus die Fußböden dreimal innerhalb von acht Jahren.

In den Dörfern standen Giebel an Giebel gereiht, zunächst wohl in lockerer Form nebeneinander. Ein neuer Grundriß der Pfahlbaudörfer zeichnete sich erst gegen Ende des Neolithikums ab: eine Art Reihenhaussiedlung, ziemlich eng. Denn der Grund war kostbar, mußte mühsam errichtet und sorgfältig instand gehalten werden.

Bisher fanden die Wissenschaftler nichts, was auf unterschiedliche soziale Stellungen der Bewohner deutet. Die Häuser sind relativ gleichmäßig gebaut und auch allesamt ähnlich ausgestattet. Keines ist von seiner Größe her besonders prunkvoll.

Ein Blick in die Töpfe, oder besser, in die Topfreste mit entsprechenden Überbleibseln der jungsteinzeitlichen Kochkünste läßt erkennen, was damals auf der Speisekarte stand: aus dem Getreideanbau Weizen, Gerste und Dinkel, an Fisch hauptsächlich Flußbarsch, Felchen und Schleie. Die Menschen betrieben eine eigene Haustierzucht: überwiegend Rinder, auffallend wenig Schweine. Aus der Jagd landete hauptsächlich der Hirsch in den Kochtöpfen oder auf den Hitzesteinen, Steinen, die im Feuer heiß gemacht wurden und auf denen dann der Braten gegart wurde. Die Knochen wurden nicht weggeworfen, sondern dienten als Rohstoff für die verschiedensten Werkzeuge.

Die Auswertung der Tierknochen ergibt folgendes Bild der Ernährung: Zu fünfunddreißig Prozent aßen die Siedler vor sechstausend Jahren Hirsch, zu acht Prozent Ur und zu drei Prozent Wildschwein. Zusammen mit Fisch ergibt das einen sehr hohen Anteil an Wildtieren in der Nahrung von dreiundsechzig Prozent. Der Haustieranteil betrug demgegenüber dreißig Prozent.

Die jungsteinzeitlichen Pfahlbauer haben sich erstaunlicherweise fast nur im Westteil des Bodensees angesiedelt. Im Osten in der Gegend von Lindau und Bregenz sind bisher keine Pfahlbauten entdeckt worden. Einen möglichen Grund fanden die Archäologen in den meteorologischen Verhältnissen: Zwischen Friedrichshafen und dem schweizerischen Arbon verläuft die Tausend-Millimeter-Niederschlagsgrenze. Auf der östlichen Seite regnet es mehr, das Gras wächst schneller, was für die Viehzucht gut ist; auf der westlichen Seite dieser Grenze regnet es weniger, das bedeutet bessere Bedingungen für den Ackerbau.

Noch läßt sich nach dem heutigen Erkenntnisstand kein genaues Bild vom Leben der Menschen in der Jungsteinzeit wiedergeben. Aber die Phantasie haben die Pfahlbausiedlungen seit ihrer Entdeckung Mitte des vergangenen Jahrhunderts heftig angeregt. Üppige Gemälde vermitteln, wie man sich in früheren Zeiten das Leben der Pfahlbaumänner und -frauen vorstellte:

Stolz kommen zwei halbnackte Pfahlbaumänner in einem bottichähnlichen Schiff angerudert, der vordere präsentiert auf einem geflochtenen Teller seinen

Oben: Ein Taucher beim Einmessen und bei Arbeiten am Profil des Grabungsschnittes.

Links: Mit rasterförmig aufgespannten Schnüren wird ein Pfahlfeld vermessen.

Rechte Seite: Der Taucher hat einen Schnitt freipräpariert. Unten in der »Kuhle« sind die – gelb gekennzeichneten – Funde zu sehen, im Hintergrund der Fundkorb.

Frauen das Fangergebnis. Diese, mit blondem, blumengeschmücktem, langem Haar, lehnen auf dem Steg ihrer Pfahlbausiedlung. Im Hintergrund tritt der vollbärtige, mit einem Fell bekleidete – und wohl rheumakranke – Pfahlbauopa aus der Holzhütte und begutachtet, was die Pfahlbaujugend zum Essen aus dem See gefischt hat.

Viktor von Scheffel, der im vergangenen Jahrhundert populäre, romantisierende Verfasser von Lyrik und historisierenden Erzählungen, Autor des »Trompeters von Säckingen«, wanderte mit einem Freund im Mai 1864 um den Bodensee und betrieb dabei, wie sein Biograph berichtet, »eingehende Studien über Pfahlbauten und Steinzeit«. Er widmete den Pfahlbauern am Bodensee folgendes Gedicht:

> Dichtqualmende Nebel umfeuchten
> Ein Pfahlbaugerüstwerk im See.
> Und fern ob der Waldwildniß leuchten
> Die Alpen in ewigem Schnee.

> Ein Mann sitzt auf hölzernem Stege
> In Felle gehüllt, denn es zieht;
> Er schnitzt mit der Feuersteinsäge
> Ein Hirschhorn und summelt sein Lied:
> »Da seht mein verschwollen Gesichte
> Und seht wie bei Durchzug und Wind...«

Scheffel endet mit folgender Selbstbetrachtung:

> Der diesen Sang schuf zum Singen,
> Hat selber den Moder durchwühlt,
> Und bei den gefundenen Dingen
> Einen Stolz als Culturmensch gefühlt.

Solche Vorstellungen vom Leben der Pfahlbaumenschen entstanden nach den ersten Ausgrabungen von Pfahlbausiedlungen 1854 am Zürichsee und 1856 in Wangen am Bodensee. Sie kamen seinerzeit einer Sensation gleich.

Der Winter 1853/54 war sehr kalt, es fielen ungewöhnlich geringe Niederschläge. Der Wasserspiegel des Zürichsees fiel so tief wie schon lange nicht mehr; tiefer als die niedrigste Wasserstandsmarke, die noch aus dem Jahre 1674 stammte.

Die Menschen versuchten, dem See neues Bauland abzutrotzen, Teilstücke zu ummauern und aufzufüllen. Dabei entdeckten die Arbeiter Merkwürdiges: zahlreiche morsche Pfähle, jede Menge Tierknochen, Hirschgeweihe, bearbeitete Gegenstände aus Stein, Ton, Holz und Knochen. Der Lehrer Johannes Aeppli aus dem Ort Obermeilen wurde gerufen. Er galt als gebildet, von ihm erhoffte man sich Rat.

Aeppli sammelte sofort eine Reihe dieser »Alterthümer« und schrieb dem Präsidenten der Antiquarischen Gesellschaft in Zürich, Ferdinand Keller, daß man in der Nähe seiner Wohnung in dem vom Wasser verlassenen Seebette Reste menschlicher Tätigkeit aufgehoben habe, die geeignet seien, über den frühesten Zustand der Bewohner dieser Gegend unerwartetes Licht zu verbreiten.

Keller selbst waren solche Funde bereits einmal vergönnt gewesen. Steinbeilklingen, Sicheln und Armspangen hatte er im Bieler See gefunden und an einem Vortragsabend der Antiquarischen Gesellschaft in Zürich präsentiert. Für ihn waren das Funde aus der Zeit vor den Römern, daher mußten sie von den Kelten stammen. Keller reiste höchstpersönlich an den Bieler See, betrachtete sich die Funde und schrieb das erste klassische Werk der Pfahlbauarchäologie: »Die keltischen Pfahlbauten in den Schweizerseen«.

Damit begann auch die erste große Auseinandersetzung um die Pfahlbauten: Haben die Menschen damals in Häusern auf ebener Erde, auf lehmigem Uferboden oder gar vollständig in Häusern im Wasser gelebt, die auf Pfählen stehen?

Die Idee, daß sie in Häusern gelebt haben, die auf Stelzen im Wasser standen, erregte damals ungeheures Aufsehen. Jedermann suchte an den Seeufern nach Resten alter Siedlungen – und viele wurden fündig.

Zeichnungen, die Entdeckungsreisende von einer Siedlung an der Doreh-Bai in Westneuguinea angefertigt hatten und die Kunde von Siedlungen auf Pfählen gaben, beflügelten die Phantasie. Keller erklärte kategorisch: Genauso mußten auch die Pfahlbauer am Bieler See gelebt und ihre Häuser gebaut haben. Wie die Pfahlbauten tatsächlich aussahen, wußte natürlich niemand. Lediglich die Phantasie half, ein Bild früherer Lebenswirklichkeit entstehen zu lassen. Mit heutigem Forschungsstand hat das freilich nicht viel gemein.

Damals wollten die Ausgräber nur schnell möglichst viele Fundstücke ergattern. In den Wintermonaten bei niedrigem Wasserstand wateten sie durch den Uferschlamm und holten Holzteile, Tongefäße und sonstige Gebrauchsgeräte heraus. Sie wurden überallhin verkauft. So finden wir heute in fast allen großen Museen Überreste der Pfahlbausiedlungen.

Doch das, was die moderne Archäologie vor allem wissen will, nämlich wo, wie und in welchem Zusammenhang die Funde lagen, interessierte in jener Zeit nicht sonderlich. Eine Dokumentation – heute das Wichtigste bei einer Grabung – gab es nicht. Wertvolle Hinweise auf die Geschichte der Pfahlbausiedler wurden somit bereits in den Anfängen zerstört.

Waren die ersten Grabungen noch bestimmt von einem romantisierenden, verklärten Blick, so erforschte man erst in den zwanziger Jahren unseres Jahrhunderts die Pfahlbausiedlungen mit modernen wissenschaftlichen Methoden, das heißt mit systematischer Ausgrabung und gründlicher Dokumentation. Die erste größere Siedlung, die wissenschaftlich exakt ausgegraben wurde, lag am Federseemoor, einem See im Oberschwäbischen bei Bad Buchau. Dieser flache See entstand genau wie die meisten anderen Gewässer im Voralpenland in der letzten Eiszeit, die vor rund zehntausend Jahren zu Ende ging. Der Federsee verlandete stetig, weil sich aus abgestorbenen und faulenden Pflanzenresten ein Sumpfgelände entwickelte, das schließlich zu einem Moor wurde.

Wissenschaftler des Urgeschichtlichen Forschungsinstitutes der Universität Tübingen gruben von 1919 bis 1930 rund fünfundzwanzigtausend Quadratmeter Moor auf, untersuchten Überreste von rund hundert Häusern der Jungsteinzeit und der Bronzezeit. Sorgfältig haben sie die ziemlich gut erhaltenen Balken vermessen und fotografiert. Sie konnten erstmals die Konstruktion der Häuser und Siedlungsformen aufdecken.

1921 initiierte der Bürgermeister und Heimatforscher Georg Sulger den »Verein für Pfahlbau und Heimatkunde« Unteruhldingen. Ein Jahr später bereits wurden zwei Pfahlbauhäuser in einer idyllischen, schilfreichen Bucht des Bodensees nachgebaut – das älteste Pfahlbau-Freilichtmuseum Deutschlands war entstanden. 1931 folgte eine Dorfgruppe aus der Bronzezeit, und 1939 wurde das steinzeitliche Dorf weiter ausgebaut: auf einer eigenen Plattform und mit Palisadenzaun. Das Dorf spiegelt den Stand der Forschung von rund fünfzig Jahren Pfahlbauarbeiten, von 1872 bis 1930, wider.

Unter den Nationalsozialisten verfiel auch die Archäologie der Ideologisierung. Hans Reinerth, einst als Assistent an der Universität Tübingen bei der Grabung am Federsee beteiligt, wurde Leiter des »Amtes Vorgeschichte im Amt Rosenberg« und Herausgeber der »Monatsschrift für Deutsche Vorgeschichte«. Unter dem Leitgedanken »Germanenerbe« sollte in den vierziger Jahren die Geschichte der Pfahlbauten in die historische Entwicklung der Deutschen gestellt und damit gleichzeitig die Vorherrschaft der »nordischen Rasse« begründet werden.

Reinerth oblag seit Gründung des Pfahlbauvereines die wissenschaftliche Leitung und Betreuung – übrigens bis März 1990. Nach der nationalsozialistischen Gleichschaltung freilich nahmen die Erbauer es dann nicht mehr so genau mit den wissenschaftlichen Erkenntnissen. Phantasie und ideologisches Wunschdenken ersetzten historisches Wissen. Auf Pfählen im Wasser entstand so eine komplette Siedlung wie aus dem »Pfahlbaubilderbuch«: Die Häuser sauber und ordentlich aufgeräumt, mit Sitzecke und Holztisch wie in einer zünftigen Kneipe, dazu das Bärenfell – natürlich an der Wand hängend.

Das läßt sich durch archäologische Ausgrabungen in keiner Weise belegen. Außerdem haben die Erbauer seinerzeit die Funde aus ihrer Grabung am Federsee als Quelle für das Pfahlbaumuseum genommen und kurzerhand am Bodensee aufgebaut. Heute steht aufgrund der Ausgrabungen der baden-württembergischen

Rechte Seite: Das rekonstruierte Innere eines Pfahlbauhauses mit Sitzecke, Holztisch und Tierfell an der Wand (oben). So, wie unten zu sehen, stellten sich die Archäologen in den zwanziger und dreißiger Jahren das Leben in einem Pfahlbauhaus vor.

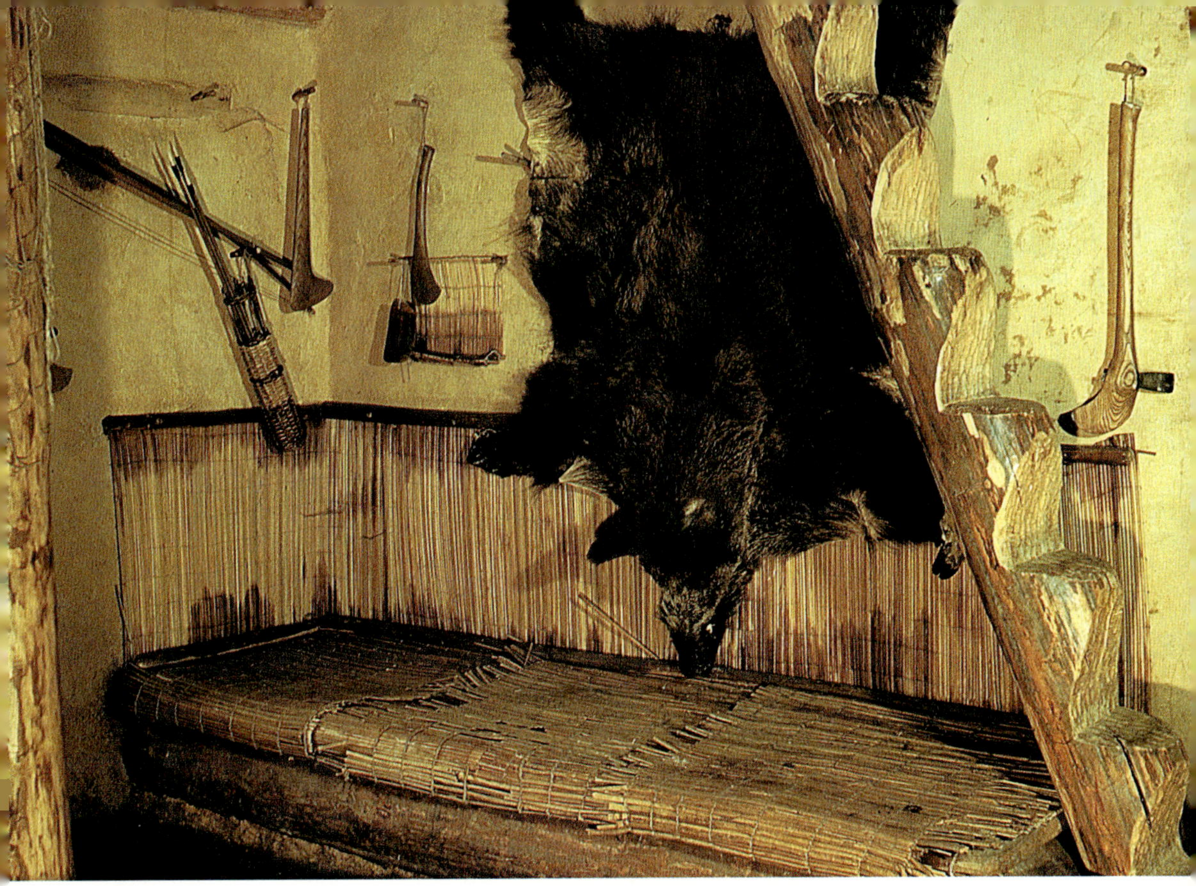

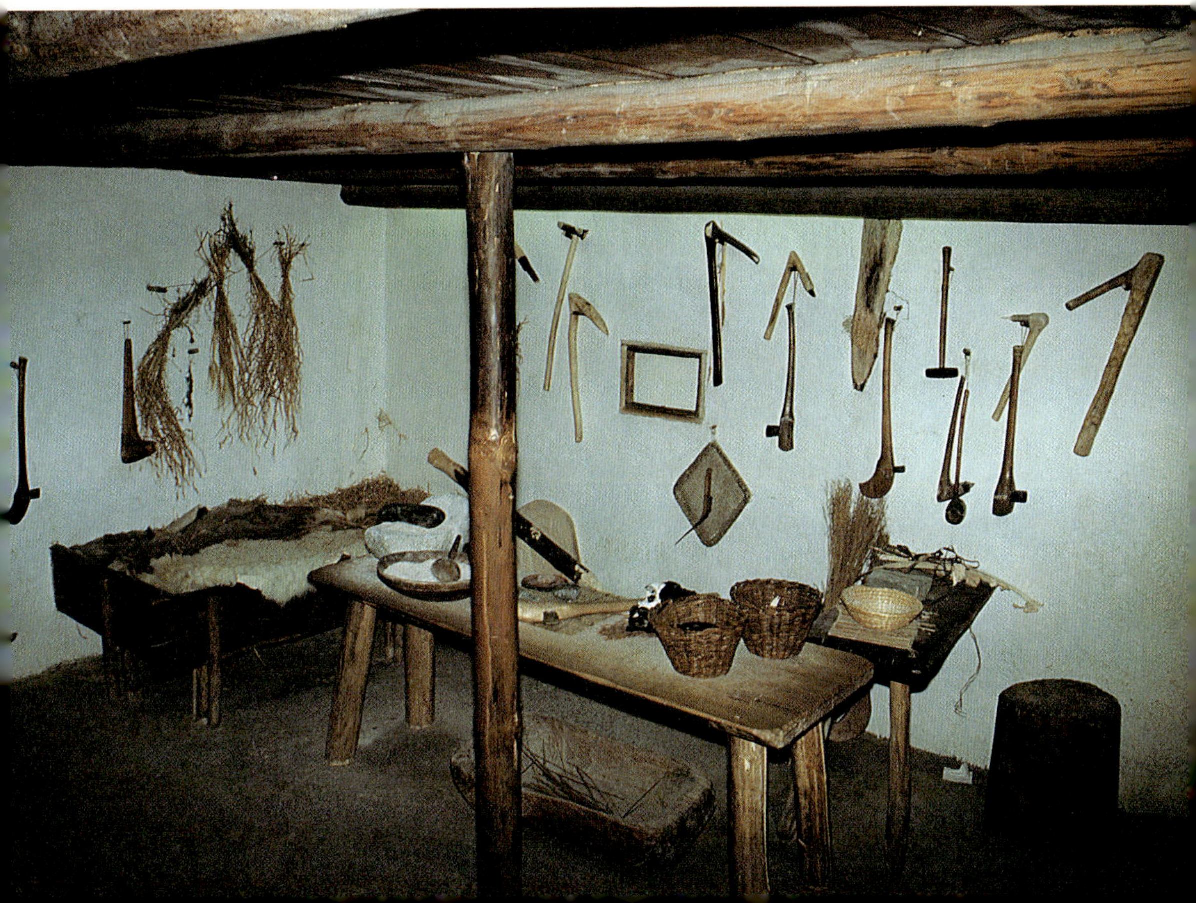

Archäologen fest, daß die Menschen in den Dörfern am Bodensee eher in der Art der in der Schweiz ansässigen Bewohner gelebt haben. Es gibt Unterschiede zur Entwicklung im Oberschwäbischen. Diese ähnelt mehr derjenigen der benachbarten bayerischen Gebiete.

Das Freilichtmuseum bildet auch heute noch einen attraktiven Publikumsmagneten. Zweihundertfünfzigtausend Menschen besuchen die Anlage in Unteruhldingen in einer Saison, lassen sich während eines dreiviertelstündigen Rundganges Museumsbauten und Originalfundstücke zeigen.

Das Pfahlbaumuseum will mit neuen Hausbauten den heutigen wissenschaftlichen Erkenntnisstand demonstrieren. Der jüngst berufene wissenschaftliche Leiter des Museums will mit modernen Konzepten Impulse für das Pfahlbaudorf geben, Geschichte enträmpeln. Die alten Häuser läßt man stehen, sie dienen als Beispiel für die Entwicklungsgeschichte der Pfahlbauforschung seit 1854. Für Schüler gibt es in eigens dafür errichteten Pfahlbauhäusern besondere Projekttage, an denen sie die früheren Lebens- und Umweltbedingungen in der Praxis kennenlernen. Ein kleiner Versuchsgarten wurde eingerichtet, der die Hauptanbaupflanzen und Unkräuter aus damaliger Zeit enthält. Künftig soll in einem Teilbereich des Bodenseeufers die frühere Ufervegetation rekonstruiert werden. Auch experimentelle Archäologie mit Bronzeguß, Herstellen von Keramik und Bearbeiten von Feuerstein beziehen die Wissenschaftler in die neue Museumskonzeption mit ein.

Nach dem Zweiten Weltkrieg war es um die deutsche Pfahlbauforschung lange Zeit still geworden. Erst 1979 begann das Landesdenkmalamt Baden-Württemberg mit dem Projekt »Pfahlbauarchäologie Bodensee-Oberschwaben« eine systematische Bestandsaufnahme aller Feuchtbodensiedlungen. Bis heute sind bereits über hundert Siedlungen in Seen und Mooren allein in Baden-Württemberg registriert.

In Frankreich und der Schweiz erforschten die Wissenschaftler die Geschichte der Pfahlbauten nach dem Kriege weiter und setzten damit hohe wissenschaftliche Standards. Funde von Pfahlbauten machte man nicht nur an Boden- und Federsee, sondern rund um die Alpen, in Ostfrankreich, in der Schweiz, in Italien, Jugoslawien und Österreich. Am Genfer und Neuchateler See, am Gardasee, am Züricher See, am Starnberger See sowie an Mond- und Attersee fanden Wissenschaftler Pfahlbausiedlungen.

Die Archäologen datieren die ältesten Pfahlbausiedlungen in den Zeitraum um 4200 v. Chr. Damals gab es den entscheidenden Wandel, den die Wissenschaftler als neolithische Revolution bezeichnen: den Übergang vom Wildbeuter zum Bauern. Hunderttausende von Jahren lebten die Menschen als Jäger und Sammler. Doch vor einigen tausend Jahren begannen sie, in die Natur gestaltend einzugreifen: Pflanzen säen, ernten, Tiere züchten. Diese neue Denk- und Wirtschaftsweise entstammte dem Vorderen Orient.

Menschen, die Ackerbau und Viehzucht betreiben, müssen seßhaft sein, dürfen nicht umherziehen. Sie benötigen neue Technologien, Werkzeuge und Vorratsmög-

48

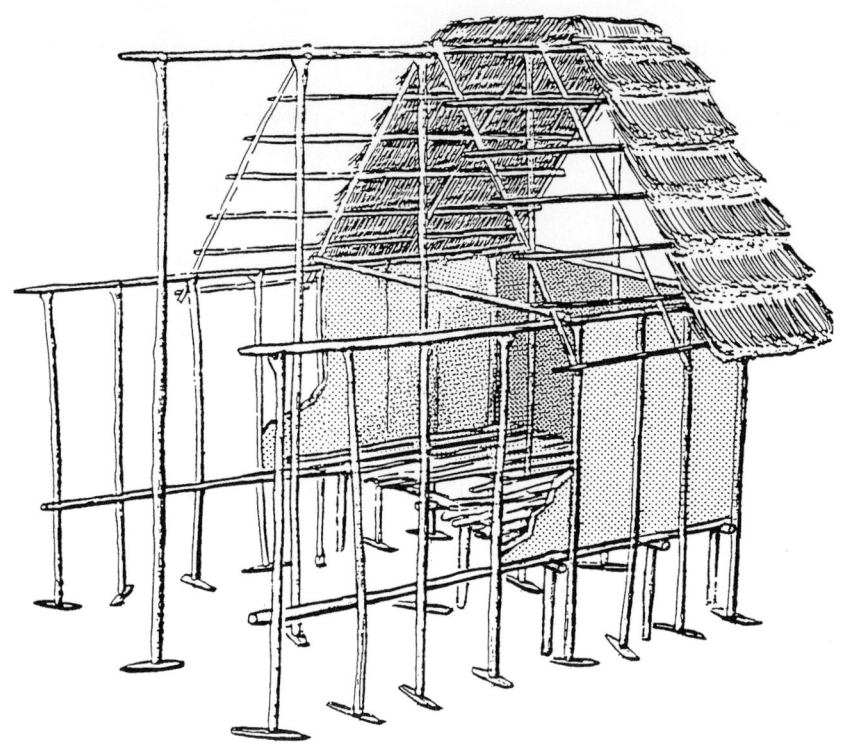

Pfahlschuhe – querstehende Hölzer am unteren Ende der Hauspfosten – verhinderten ein Einsinken der Häuser in den weichen Untergrund.

lichkeiten, andere Gefäße. Eine neue Keramik entstand. Und eine neue Gesellschaftsform, die auf der Arbeitsteilung basierte. All das hat eine veränderte Qualität der Ernährungs- und Lebensgrundlagen zur Folge.

Über die Ursachen für diese Wandlung gibt es verschiedene Ansichten. Eine besagt, daß Ackerbau und Viehzucht voneinander unabhängig in weit auseinanderliegenden Gegenden entstanden sind. Die Viehhaltung könnte sich ähnlich wie bei eiszeitlichen Rentierzüchtern des Nordens in den Steppen Zentralasiens entwickelt haben, der Ackerbau könnte dagegen aus tropischen Gebieten stammen.

Bis heute jedoch wurde kein archäologischer Beweis für diese Hypothese gefunden. Die ältesten Belege für Ackerbau und Viehzucht stammen aus dem Vorderen Orient, dem »Fruchtbaren Halbmond«, benannt nach dem ertragreichen sichelförmigen Landstreifen von Palästina über den Oberlauf des Tigris bis fast zum Persischen Golf. Archäologen studierten dazu die Verbreitung von wilder Gerste, Emmer, Einkorn und einigen Gemüsepflanzen.

Im Vorderen Orient, der bis ins südliche Anatolien reicht, entstand eine Wirtschaftsform, die dort teilweise bis in die Neuzeit unverändert blieb. Warum gerade

in dieser Region? Wissenschaftler erklären das mit besonders günstigen Umweltbedingungen in der Nacheiszeit. Effektiverer Getreideanbau und Viehzucht bewirkten ab dem Beginn des siebten Jahrtausends eine erheblich bessere Versorgung der Menschen mit tierischem Eiweiß. Eine Folge dieser besseren Eiweißversorgung war eine reiche kulturelle Entfaltung, eine andere ein kräftiges Bevölkerungswachstum.

Anhand der Veränderung der Beckenknochen der Frauen können Anthropologen die Zahl der Geburten hochrechnen: Durchschnittlich hat damals jede Frau vier bis fünf Kinder zur Welt gebracht. Statistisch gesehen, starben davon weniger als zwei Kinder. Das bedeutet bei zwanzig Menschen ungefähr vierundzwanzig Nachkommen. Innerhalb einer Generation hat sich die Bevölkerung damit immerhin um zwanzig Prozent vermehrt, und in knapp hundert Jahren hat sie sich verdoppelt! In achthundert Jahren sind auf diese Weise in einem Gebiet, in dem ursprünglich hundert Menschen lebten, aus diesen hundert über fünfzigtausend geworden.

Die Folge war ein gewaltiger Bevölkerungsdruck. Die Menschen sind damals offenbar in großer Zahl aus dem Vorderen Orient mit Schiffen durch den Bosporus ausgewandert. Funde im westlichen Mittelmeergebiet und im Mündungsgebiet der Rhone belegen, daß diese steinzeitlichen Siedler quer über das Mittelmeer gefahren sind. Sie brachten ihr Wissen mit, ihr »Know-how«: wie man systematisch Getreide anbaut, aus Wildgetreidearten neue Sorten züchtet, wie man Vieh hält, Vorräte anlegt und Transportfragen löst.

Heute finden Archäologen Reste dieser alten Zivilisation und können anhand dessen die Wege der Ausbreitung nachzeichnen. Das Donautal, Italien sowie das Rhonetal waren offenbar die großen Gebiete, über die die neolithischen Auswanderer und ihre Kultur nach Europa gekommen sind. Diese Menschen besiedelten zunächst Landschaften mit fruchtbaren Lößböden, und sie ließen sich wohl auch in Gebieten nieder, die bereits bewohnt waren: Möglich ist auch, daß ihnen nichts

Oben: So lebten die Pfahlbauleute gewiß nicht – Pfahlbauidylle in Öl.

Rechte Seite: Das steinzeitliche Dorf im Pfahlbaumuseum Unteruhldingen (oben). Wohnhäuser, Wehrpalisade und Landtor im steinzeitlichen Dorf des Pfahlbaumuseums (unten).

50

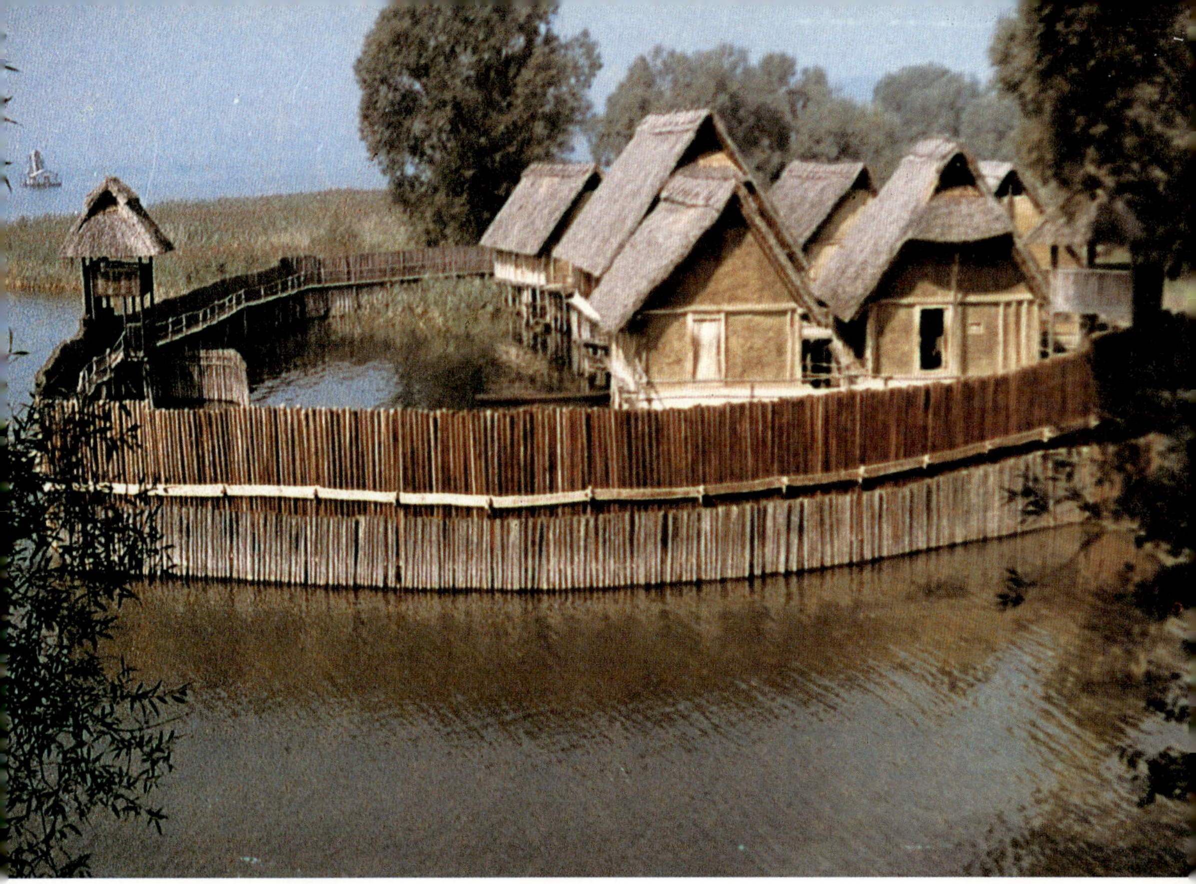

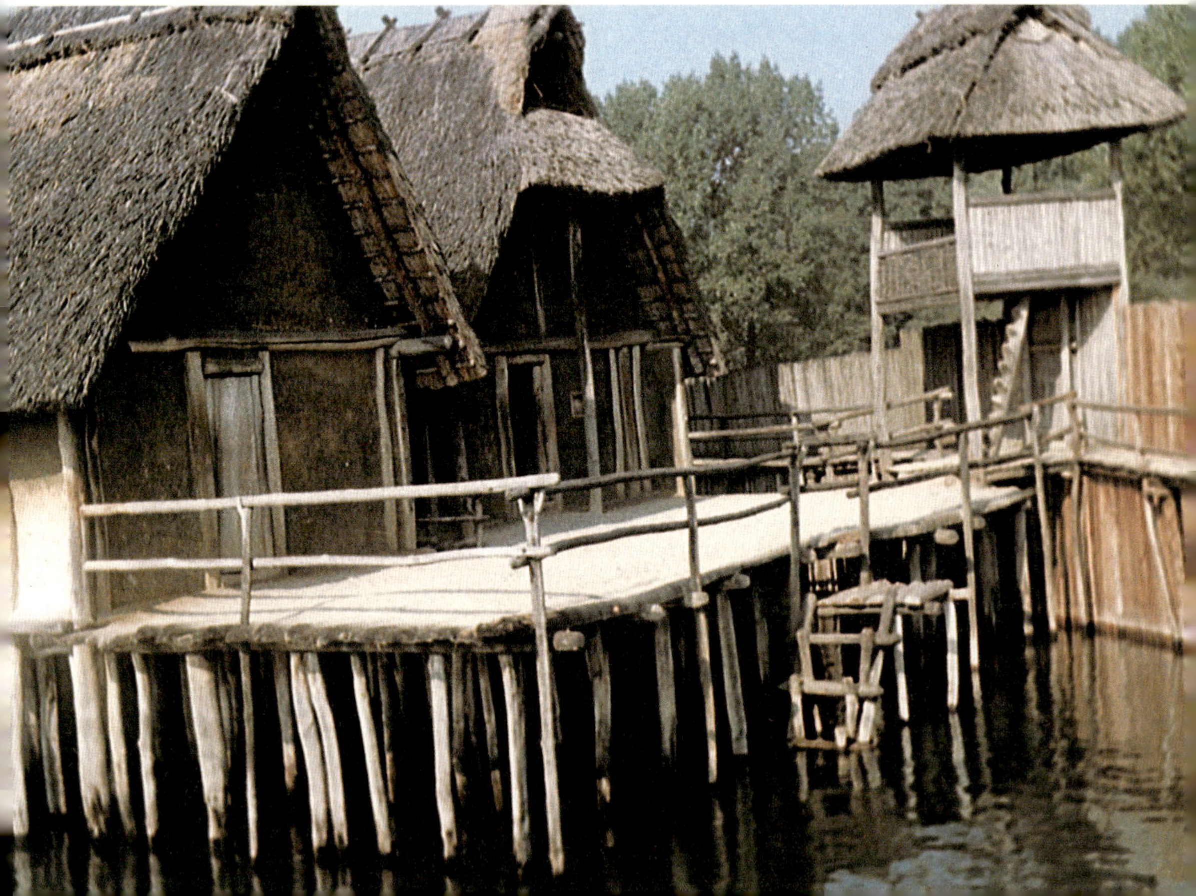

anderes übrigblieb, als sich am oder im Wasser niederzulassen. Die Siedlungen am Rande der Gewässer also als Folge eines Bevölkerungsdruckes?

Fest steht jedenfalls: Die Menschen paßten sich äußerst geschickt an ihre neuen Umwelt- und Lebensbedingungen an. Die neolithischen Bauern fanden weitgehend Eichenmischwälder vor. Sie rodeten weite Flächen für ihre Siedlungen und den Ackerbau. Die Viehherden, hauptsächlich Schafe, Ziegen, Rinder und Schweine, schickten sie in die Wälder. Dort fraßen die Tiere vor allem die Eicheln. Ein langsamer, aber stetiger Rückgang der Eichenwälder ist nachweisbar. An ihrer Stelle entstanden Buchenwälder. Das war die erste von Menschen bewirkte Umwandlung einer Landschaft.

Menschen siedelten ungefähr bis zum Jahre 850 v. Chr. in Feuchtgebieten, an Seeufern, in Mooren. Warum diese Siedlungsform genauso plötzlich aufgegeben wurde, wie sie aufkam, weiß bis heute niemand.

Die Überreste dieser Dörfer haben sich erstaunlich lange gehalten. Die feuchten Böden konservierten sogar organische Materialien außergewöhnlich gut. Doch heute sind die Siedlungen akut bedroht. Innerhalb nur weniger Jahre verschwinden ihre Überreste. Die Ursache dafür ist zum einen der sinkende Grundwasserspiegel. Denn Moore werden trockengelegt, um landwirtschaftliche Flächen zu gewinnen. Landwirte benutzen zum anderen immer tiefer in den Erdboden eindringende Pflüge, um ihre Erträge zu steigern. Die Holzkonstruktionen aus der Jungsteinzeit werden dabei zerstört. Fünf- bis sechstausend Jahre lang lagen sie dicht unter der Erdoberfläche. Doch wenn die feuchten Böden austrocknen, zerfallen die Hölzer zu Holzmulm und sind nicht mehr erkennbar. Die Pflüge tun ein übriges.

Ähnlich sieht die Situation am Bodensee aus. In nahezu allen Orten befinden sich Häfen, die ständig ausgebaggert werden. Dabei spülen die Saugbagger komplette steinzeitliche Siedlungen weg. Und die Motorboote fahren oft in Uferbereichen. Die Schiffsschrauben blasen die schützende dünne Schicht aus Sand und Schlick von den Siedlungsresten weg, die dann schneller zerstört werden.

Wie der Naturschutz, so sind auch archäologische Forschungsobjekte von der Umweltzerstörung betroffen. Am Bodensee stirbt der Schilfgürtel. Das Schilf bricht die Wellen des Sees, schützt so den Untergrund vor Erosion. Dieser Schutz entfällt so mehr und mehr. Innerhalb weniger Jahrzehnte wird durch menschliche Eingriffe zerstört, was sechstausend Jahre erhalten geblieben ist.

Die Archäologen fordern daher Schutzzonen, in denen ähnlich wie in Landschafts- und Naturschutzgebieten eine Reihe von Aktivitäten nicht mehr erlaubt sind. Denn nur dann, wenn die Wissenschaftler noch viel mehr über Landschaft, Verlauf der Seeufer und von weiteren Umweltbedingungen vor sechs- bis siebentausend Jahren erfahren, besteht die Möglichkeit, das Geheimnis der Siedler auf und am Wasser in Jungstein- und Bronzezeit zu lüften. Vielleicht kann dann geklärt werden, warum sich Menschen mühsam in unkomfortablen, feuchten Wohnungen niederließen.

Rita Knobel-Ulrich

Die Mumie im Elbsand

Was hat eine ägyptische Mumie in der Elbe zu suchen? Das fragten sich Bewohner des Elbortes Otterndorf unweit von Cuxhaven an einem Frühlingstag des Jahres 1822.

Es war ein ungemütlicher Jahresbeginn mit heftigen Nordweststürmen gewesen, und im Frühling hatte es gleich mehrere Schiffe erwischt: darunter auch die Galeasse »Gottfried«, Heimathafen Greifswald.

Und die war mit Mann und Maus und Mumien untergegangen. Doch sie hatte nicht nur Mumien an Bord gehabt. Das kleine Schiff war vollgestopft mit ägyptischen Altertümern. Vasen, Grabreliefs, einem Granitsarkophag, insgesamt neunzig Kisten voll. Also munkelten denn auch die abergläubischen Elbanrainer, bei dem Sinken des Seglers »Gottfried« sei es nicht mit rechten Dingen zugegangen. Da sei die Mannschaft bestimmt von der Rache der Pharaonen ereilt worden. Die Mumien wurden eilends im Elbsand vergraben. Mit so etwas wollten selbst die hartgesottenen Strandräuber von der Elbe nichts zu tun haben.

Das hinderte die Obrigkeit wenig später nicht daran, den Befehl zu erteilen, die Mumien umgehend wieder auszubuddeln. Vor der Rache der Pharaonen fürchtete sich ein echter Hamburger nun wirklich nicht.

Nicht genug des Sakrilegs: Die alten Ägypter wurden anschließend mitsamt weiterer angestrandeter Ladung der »Gottfried« versteigert, und zwar im Auftrag des Versicherungsunternehmens, das dadurch hoffte, wenigstens einen Teil der Verluste wieder hereinzubekommen. Teuer genug war die ganze Sache ja schließlich. Denn das meiste der Ladung ruhte auf dem Elbgrund.

Nun erhebt sich die Frage: Was fängt man im Jahr 1822 mit siebeneinhalb Mumien an? Nun, einige kamen in Privatsammlungen und dürften bei geselligen Abenden zu vorgerückter Stunde von der Hausherrin mit verheißungsvoller Miene einem ausgewählten Gästekreis vorgeführt worden sein; wieder andere wurden respektlos zu Pulver zermahlen und landeten dergestalt in dänischen und hamburgischen Apotheken, wo man vermutlich hinter vorgehaltener Hand dem Kunden zuflüsterte, daß dieses Mittelchen ein unfehlbares männliches Stärkungsmittel sei – woran man wieder einmal sehen kann, daß sich die Zeiten so grundsätzlich gar nicht ändern.

Doch zurück zum Segler »Gottfried«. Wie kam der zu seiner seltsamen Fracht?

Hier müssen wir ein wenig weiter ausholen. Ägypten war Anfang des 19. Jahrhunderts für Preußen so ungefähr das, was 1950 für die Deutschen der Mond war: unbekannt, exotisch und sehr fern. Selbst der sonst so gebildete Johann Wolfgang von Goethe fand das Land am Nil eher kurios, seine Altertümer vom kulturellen Wert her uninteressant.

Zwar fanden sich – wie an vielen europäischen Fürstenhöfen üblich – in der Kunstkammer des brandenburgischen Kurfürsten Friedrich III. auch ägyptische Altertümer. Seit dem 4. Mai 1698 sind Aegyptica in Berlin nachweisbar. Das Datum ist deshalb so genau festzustellen, da an diesem Tag die Sammlung des römischen Archäologen Giovanni Pietro Bellori für die kurfürstlichen Sammlungen erworben wurde, zu der auch elf altägyptische Stücke gehörten: Statuetten, Bronzefiguren, Uschebtis (Dienerfiguren). Dabei handelte es sich nicht um bedeutende Kunstwerke. Die Stücke wurden eher als Kuriositäten einer rätselhaften, fremden und exotischen Kultur betrachtet und befanden sich wohl eher zufällig unter all den anderen Stücken der Sammlung Bellori.

Professor Wildung, Ägyptologe und derzeitiger Direktor des Ägyptischen Museums in Berlin, weist jedoch darauf hin, daß zu diesem Zeitpunkt in Preußen eine intensive Auseinandersetzung mit dem alten Ägypten zwar nicht stattgefunden habe, dennoch müsse ein diffuses Interesse am Reich der Pharaonen vorhanden gewesen sein: Während des ganzen 18. Jahrhunderts ist Ägypten in und um Berlin präsent: »in den ägyptisierenden Elementen der Architektur seiner Schlösser und Gärten, ... in Obelisken mit Phantasiehieroglyphen am Neustädter Tor in Potsdam und am Eingang zum Schloßpark von Sanssouci. Die Orangerie im Neuen Garten in Potsdam wird mit ägyptisierenden Statuen geschmückt, nahebei erhält ein Eiskeller [!] die Form einer Pyramide.«

Diesem Schwelgen in der Exotik steht entgegen, daß sich in der langen Liste der Orientreisenden, die seit dem 16. Jahrhundert mit ihren Reiseberichten eine wichtige Quelle der Ägyptenforschung bilden, nur sehr vereinzelt deutsche Namen finden.

Der ägyptische Feldzug Napoleons, der 1798 begann, als der französische Konsul in Kairo die Hilfe seiner Heimat gegen die Gewaltmaßnahmen der ägyptischen Beys anrief, hatte, wenngleich die Franzosen schon einen Monat nach der Eroberung Ägyptens in der Seeschlacht bei Abukir dem britischen Admiral Nelson unterlagen, das Fenster zum Nil ein wenig geöffnet. So begannen auch andere europäische Nationen, sich für das exotische Land zu interessieren. Wobei viele Länder allerdings schneller waren als Preußen: die Franzosen sowieso, die Schweden, auch die Italiener hatten eine diplomatische Vertretung beim türkischen Statthalter Ägyptens, Mehmed Ali. Nur Preußen kam nicht so recht aus den Startlöchern: Weder ein Botschafter noch ein Konsul vertrat die Interessen Berlins.

Oben: Das Schiff, von dem aus nach dem verschollenen »Segler Gottfried« getaucht wird, ist der untergegangenen Galeasse nachempfunden.

Rechts: Dr. Karig vom Ägyptischen Museum in Berlin, Gisela Graichen und ein Taucher betrachten ein Fundstück aus der Elbe: Erst genaue Laboranalysen werden zeigen, ob das Fundstück zeitlich vom »Segler Gottfried« stammen könnte.

Die ägyptischen Sammlungen in London und Paris wuchsen rasch, und damit auch am preußischen Hof der Wunsch, hier mitzuhalten.

Also beauftragte der preußische König einen Herrn mit dem für heutige Ohren höchst merkwürdig klingenden Namen Menu von Minutoli mit einer Expedition, die sich am 23. Mai 1820 von Berlin aus auf den Weg nach Ägypten machte. Der königlich-preußische Generalleutnant hatte einen Plan für eine Forschungsreise vorgelegt, der von seiten der Obrigkeit Zustimmung und Förderung fand.

Wer war nun dieser Minutoli, der in Preußen mit seinen »Mitbringseln« die Grundlagen für die wissenschaftliche Beschäftigung mit der Kultur Ägyptens und den Grundstock für das Ägyptische Museum in Berlin legte? Geboren am 12. Mai 1772 in Genf als Stammhalter eines Uhrmachers, hatte man ihn dort in der evangelischen Kirche auf den Namen Nicolas Jean Henri Benjamin Menu getauft. Schon mit vierzehn trat er in den preußischen Heeresdienst ein, den er aber nach einer Verletzung in einem Feldzug gegen Frankreich sieben Jahre später schon wieder quittieren mußte. Sechzehn Jahre war er Ausbilder an der königlichen Kadettenanstalt in Berlin, bis er dann 1810 zum Erzieher des königlichen Prinzen Carl an den preußischen Hof berufen wurde.

Ob er aus seinem ihm vielleicht unscheinbar dünkenden Namen Nicolas Menu etwas machen wollte, ob die Nähe der vielen hochgewohlgeborenen Herrschaften bei Hofe ihn dazu veranlaßte – Nicolas Menu »entdeckte« in seinem Stammbaum das italienische Adelsgeschlecht Minutoli, das in einem Zweig aus Lucca stammte und 1651 in Genf das Bürgerrecht erhielt. Also hieß er fortan Menu von Minutoli. Damit nicht genug: Wahrscheinlich hatte er das Naserümpfen der Hofschranzen ob der niederen Herkunft des prinzlichen Erziehers satt, infolgedessen verlieh er sich noch flugs aus eigenen Gnaden den Freiherrntitel. Möglich, daß der König von Preußen den prinzlichen Erzieher nicht desavouieren wollte: Jedenfalls sanktionierte Friedrich Wilhelm III. mit »Allerhöchster Cabinettsorder« am 7. Mai 1820 die eigenmächtige Namensänderung.

Das gleiche bezüglich des Freiherrntitels zu tun, dazu konnte sich der König wohl doch nicht aufraffen. So wurde der gute Menu von Minutoli wieder auf den Boden der bürgerlichen Tatsachen zurückgeholt, im täglichen Umgang jedoch erhielt sich der »Freiherr«.

Diese kleine Vorgeschichte nur insoweit, als sie uns ein wenig mit dem preußischen Forschungsreisenden bekannt macht, der sich im Mai 1820 über Italien auf den Weg nach Ägypten begab. Sein Interesse für die Archäologie und seine umfangreiche Antikensammlung hatten ihm im selben Jahr die Ernennung zum Ehrenmitglied der Akademie der Wissenschaften eingebracht.

Seinen Reiseplan einer »antiquarischen Durchsuchung der Nilländer« begründet Menu von Minutoli mit dem Wunsch, »durch meine Reise, wo möglich, auch den Wissenschaften zu dienen«.

56

Ihm wird in diesem Wunsch von seiten der königlichen Ministerien größtmögliche Hilfe zuteil: So stellt ihm das königliche Ministerium des Kultus und öffentlichen Unterrichts einen Architekten zur Verfügung, und die Akademie ordnet zwei Naturwissenschafter zu seiner Expedition ab.

»Alles ward nun zur Reise angeordnet und von Seiten der Regierung auf das kräftigste und liberalste unterstützt. Die nöthigen Instrumente wurden in Paris bestellt. Jeder bereitete sich vor und versah sich mit literarischen Hülfsmitteln.«

Welcher Art diese »Hülfsmittel« waren, das hätte man doch gern gewußt, bemerkt Professor Wildung. Doch das entzieht sich unserer Kenntnis. Wir können heute nur in etwa seine Reiseroute nachvollziehen:

Minutoli fuhr nach Triest, segelte dann Richtung Alexandria und machte sich von dort mit zweiundvierzig Personen, einundvierzig Kamelen und fünf Pferden auf den Weg kreuz und quer durch Ägypten. Seine Reiseroute führte zum Orakelheiligtum des Jupiter Ammon in der Oase Siwa. Dann ging es weiter nach Oberägypten, bis nach Theben, Assuan und dem ersten Katarakt. Im März 1821 gelang ihm als erstem Europäer die Öffnung der Stufenpyramide des Djoser in Sakkara.

Von anderen Arbeiten in diesem Gebiet berichtet er später: »In einer auf meine Kosten aufgegrabenen Katakombe entdeckte ich einen Sarkophag von Granit und befahl ihn herauszuziehen. Zweihundert Arbeiter waren drei Monate lang beschäftigt, ihn mittels Flaschenzügen durch schachtartige Gänge, da er sehr tief unter der Oberfläche lag, ans Tageslicht zu befördern. Er war innen und außen mit Figuren bedeckt und, obgleich der Deckel fehlte, höchst interessant, ging aber mit so vielen anderen mühsam und durch bedeutende Geldopfer erworbenen Denkmälern am Ausfluß der Elbe verloren.«

Zimperlich war der Freiherr nicht: Er kaufte Mumien von den einheimischen Händlern und nahm Stein- und Alabastervasen, Grab- und Gedenksteine, Sarkophage aus Holz, reich bemalte Statuen, Gottheiten und Schrifttafeln mit. Hoch erfreut vermeldete er 1821 nach Berlin, daß er »eine ganz artige Sammlung ägyptischer Antiquitäten zusammengebracht« habe.

Minutoli muß ein abenteuerlustiger Mensch gewesen sein: Ägypten reichte ihm nicht, wenngleich es Anfang des 19. Jahrhunderts gewiß angenehmere Reiseziele gab. So wollte er eigentlich weiter nach Palästina, Syrien, Kleinasien, in den Libanon und nach Griechenland, doch politische Unruhen ließen es ihm wohl geraten erscheinen, mit seiner bis dahin zusammengetragenen umfangreichen Sammlung schnellstens nach Europa aufzubrechen.

Doch ob hier schon die Rache der Pharaonen wirkte?

Die Cholera war in Ägypten ausgebrochen, und so konnte er sich erst am 17. Juli 1821 auf dem österreichischen Schiff »Cleopatra« (!) von Alexandria aus wieder Richtung Triest einschiffen.

Es muß eine unangenehme Passage gewesen sein. Die See war stürmisch, Piraten gab es auch, doch schließlich erreichte »Cleopatra« Ende August die Stadt Triest,

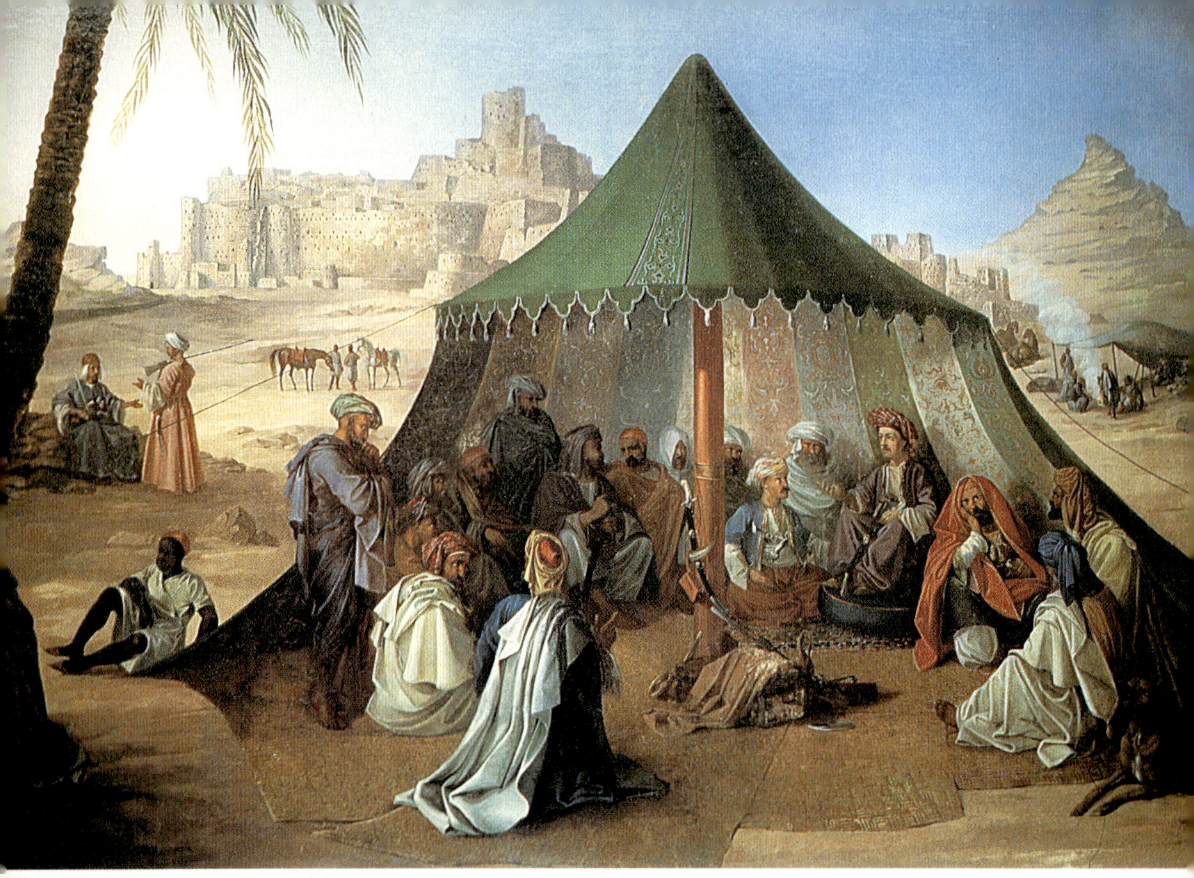

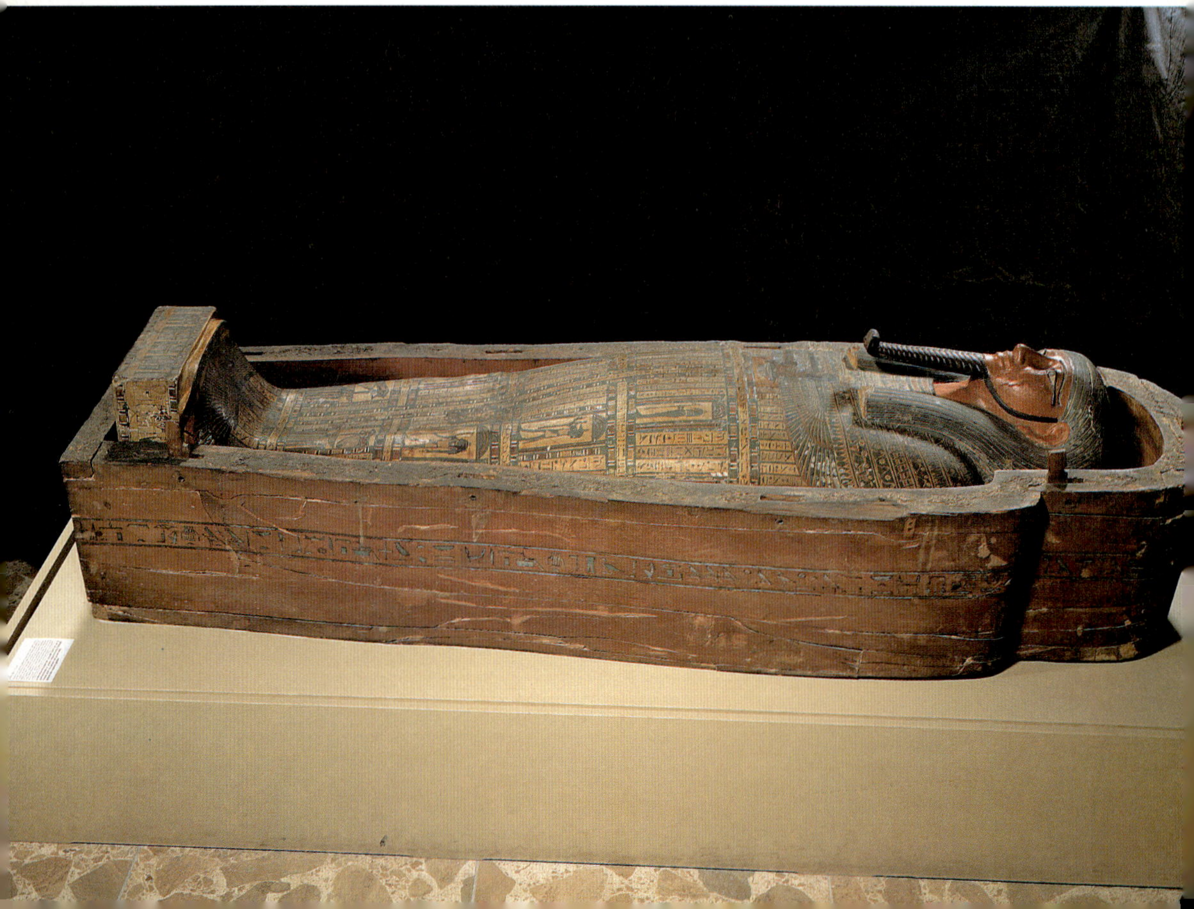

Oben: Ein Ausschnitt aus einem über zwei Meter langen Papyrus: Der Verstorbene betet vor Osiris, dem Gott der Unterwelt. Die Hieroglyphen nennen Namen und Titel der Personen.

Linke Seite: Freiherr Menu von Minutoli (rechts im dunkelroten Gewand sitzend) 1820 in der Oase Siwa. Gemälde von L. Faure (um 1823) (oben).
Sarg eines Priesters in Theben; 8. Jahrhundert v. Chr. Särge in Mumienform werden die herrschende Form im Neuen Reich (ab 1500 v. Chr.) (unten).

die damals zu Österreich gehörte. Da alle – Besatzung, Schiff und Ladung – aus einem Seuchengebiet kamen, wurde das Schiff wochenlang in Quarantäne gelegt. Man war noch nicht so hastig wie heute – Tropeninstitute gab es auch nicht –, und so warteten die Behörden erst mal ab, ob die Cholera auch jemanden von der »Cleopatra« erwischt habe. Da dies nicht der Fall war, bekam Minutoli nach einigen Monaten schließlich seine Ladung frei.

Für die Weiterbeförderung entschloß er sich, das Ganze zu teilen: Dreiundzwanzig Kisten mit leichteren Gegenständen ließ er auf dem Landweg nach Berlin bringen. Der weitaus größte Teil seiner mitgebrachten Schätze, nämlich siebenundneunzig Behälter, sollte auf dem Seeweg von Triest aus über Hamburg nach Berlin transportiert werden.

Während der Zeit, in der Minutoli in Triest auf die Freigabe seiner Sammlung gewartet hatte, lag dort im Hafen eine Galeasse beschäftigungslos an der Pier. Es war der Segler »Gottfried«, Heimathafen Greifswald, »ausgeflaggt« nach Dänemark.

Doch da es sich um einen ehemals preußischen Segler handelte, der Kapitän der »Gottfried«, Riesbeck, selbst auch aus Greifswald stammte und man von ihm annehmen konnte, daß er sich in nördlichen Gewässern auskennen würde, fiel die Wahl auf dieses Schiff, obwohl es ziemlich klein zu sein schien für eine so gewichtige und kostbare Fracht.

In den siebenundneunzig Kisten, welche die »Gottfried« an Bord nahm, lagerten ein schwerer Granitsarkophag, rund hundert Vasen aus Alabaster und anderem Material, etwa hundert Grab- und Gedenksteine, eine Anzahl von Tiermumien, ein arabisches Prunkzelt – Geschenk des Vizekönigs –, große Reliefs aus verschiedenen Epochen der ägyptischen Kunst, eine große Türeinfassung mit sämtlichen Verzierungen vom Eingang einer Katakombe und acht Mumienkästen mit guterhaltenen Mumien.

Menu von Minutoli ließ diese kostbare Fracht für siebenundzwanzigtausend Goldtaler, wie er schrieb, in Hamburg für den Seetransport versichern, ein Umstand, der heute, im Jahr 1992, noch die Gemüter heftig bewegt. Wenn Minutoli damals gewußt hätte, was er mit dem Kontrakt anrichtete!

Die Seereise stand von Anfang an unter einem unglücklichen Stern, und die Rache der Pharaonen brauchte eigentlich gar nicht mehr bemüht zu werden.

Als nämlich der preußische Gesandte endlich seine Fracht aus der Quarantäne bekam, war es Dezember geworden, was für die bevorstehende Schiffspassage nichts Gutes erwarten ließ: Zu dieser Jahreszeit waren auf dem Weg von Triest nach Hamburg eine Reihe von Schlechtwettergebieten zu passieren.

Doch bis zur Elbmündung kämpfte die Galeasse sich tapfer durch und tauchte dort Anfang März 1822 auf. Die Mannschaft war vermutlich erschöpft, und der schwere Orkan in der Elbmündung gab ihr dann den Rest: Die »Gottfried« sank.

Von der Mannschaft überlebte nur ein schwedisches Besatzungsmitglied, der Greifswalder Kapitän und alle anderen ertranken; mit ihnen ging der Hauptteil der Minutoli-Sammlung verloren und sank auf den Grund der Elbe. Nur die Stücke, die auf dem Landweg nach Berlin transportiert worden waren, kamen dort wohlbehalten an und wurden für die königlichen Museen angekauft. Sie bildeten den Grundstock für die Sammlung des Ägyptischen Museums und begründeten die Ägyptologie, die Wissenschaft von der Kultur Ägyptens.

Der Freiherr fertigte über seine Expedition 1824 einen voluminösen Bericht an unter dem Titel »Reise zum Tempel des Jupiter Ammon in der libyschen Wüste und nach Oberägypten in den Jahren 1820 und 1821. Von Heinrich Freiherr von Minutoli, Königlich-preußischer General-Lieutenant, Ritter des Rothen Adler-Ordens zweiter Klasse mit Eichenlaub und des Preußischen Johanniter-Ordens, Ehrenmitglied der Akademie der Wissenschaften zu Berlin« und dergleichen mehr.

Professor Dietrich Wildung bemerkt heute bewundernd zu Minutolis Bericht: »Seine wissenschaftliche Akribie verdient höchste Anerkennung. Er beschreibt äußerst genau die Arbeitsweise ägyptischer Bildhauer und Maler, wie er sie im Grab Sethos' I. im Tal der Könige beobachtet, das erst wenige Jahre zuvor von Belzoni entdeckt und geöffnet worden war; er interessiert sich vor allem für die in Altägypten verwendeten Materialien und Rohstoffe und trägt sich ernsthaft mit Plänen für eine Ausgrabung des Tempels Sethos' I. in Abydos...«: »So bin ich, falls sich Mitinteressenten finden sollten, nicht abgeneigt, das Memnonium von Abydus aus seinem Schutt hervorgraben und mit allen Bildwerken und Hieroglyphen vollständig darstellen zu lassen.«

Immer wieder ist er empört über die brutale Vernichtung der alten Kunstgegenstände durch die Einheimischen, aber auch durch Europäer. Er beobachtet in Dendera »einen französischen Spekulanten, der mit übereilender Heimlichkeit und gewissenloser Zerstörung der umgebenden Bildwerke die berühmte sphärische Darstellung des Sternenhimmels gewaltsam losgebrochen und entführt hat, um sie in Frankreich zu verhandeln. So sehr es zu wünschen ist, daß die Begünstigungen der jetzigen aufgeklärten Regierung Ägyptens zur Versetzung möglichst vieler Denkmäler nach Europa benutzt werden, so muß doch jeder Freund der Kunst und des Alterthums hoffen, daß jene Unternehmung einer rücksichtslosen Habsucht keine Nachahmer finden möge.«

Wenn Minutoli von den Touristenmassen in Pyramiden, Grabkammern und Tempeln gewußt hätte...

Nicht aus Habsucht, dafür mit bildungsbürgerlichem Impetus und dem Baedeker unterm Arm, als »Touristengruppe Ramses 1« oder »Cleopatra 3«, werden die altägyptischen Heiligtümer erobert, eine Invasion, die nicht aus Habgier zerstört, aber dennoch Jahrtausendealtes gefährdet. Erst kürzlich beschloß eine Kulturkommission, die Grabkammern zu schließen: Menschliche Ausdünstungen und Feuchtigkeit haben Reliefs und Malereien so zugesetzt, daß ihre vollständige Zerstörung absehbar ist. Touristen sollen in Zukunft nur originalgetreue Duplikate bewundern dürfen...

Im Berlin des Jahres 1822 war man, um sich mit Ägypten vertraut zu machen, auf die »Mitbringsel« des Herrn Minutoli angewiesen: Zweiundzwanzigtausend Goldtaler zahlt der preußische König Friedrich Wilhelm III. für die Sammlung. Als »ein neuer, unschätzbarer Beweis der Königlichen Sorge für Beförderung jedes wissenschaftlichen und Kunst-Interesses« wird gesehen, »daß diese köstliche Sammlung durch den liberalsten Ankauf mit den übrigen preußischen Denkmälern des Alterthums im Jahre 1823 vereinigt und dadurch zunächst eine neue reiche Abteilung in dem zu vollendenden Museum begründet und gestiftet ist«.

»Das war die Geburtsstunde des Ägyptischen Museums Berlin«, konstatiert sein derzeitiger Direktor Professor Dietrich Wildung.

Zunächst jedoch zieht die Sammlung Minutoli in die lange Galerie des Gartenschlosses Monbijou, im Zentrum Berlins an der Spree gelegen.

Ägypten wird nicht mehr als kulturlos und allenfalls exotisch betrachtet: Anläßlich einer Feier zur fünfundzwanzigjährigen Regentschaft Friedrich Wilhelms III. kommt es in der königlichen Akademie der Wissenschaften zu einem Vortrag mit dem Titel »Zur Würdigung der neuesten von dem General Freiherrn von Minutoli eingebrachten Sammlung ägyptischer Alterthümer«. Darin heißt es überschwenglich: »Glücklich, der sich an diesem schönen Tage zu den Preußen zählt; glücklich, der in dem Lande lebt, wo jeder nützlichen und schönen Thätigkeit nach dem Stande Lohn, Auszeichnung und Ehre wird.«

Staunend betrachtete man die ägyptischen Gottheiten, die jahrtausendealten Papyrusrollen und mußte feststellen, daß lange vor den großen monotheistischen Weltreligionen, Judentum, Christentum und Islam, die Ägypter eine genaue Vorstellung vom Leben nach dem Tode hatten. Sie stellten es sich als eine Fortsetzung des Alltags vor, allerdings in idealisierter Form.

Speisen sind auf den Papyrusrollen größer und mannigfaltiger abgebildet; die Arbeit auf dem Feld scheint leichter, das Getreide steht mannshoch. Um den Toten die alltägliche Arbeit abzunehmen, gab man ihnen Dienerfiguren, meist in einem schön bemalten sogenannten Uschebtikasten, mit ins Grab. Sie sollten ihn stellvertretend im jenseitigen Reich der Toten von allen Mühen befreien. Auch derartige Uschebtikästen brachte Minutoli mit.

Die Abbildungen der Toten schienen alterslos: Die Menschen sind nach ihrem Tod – so stellten es sich die Ägypter vor – frei von vergänglichen Zufälligkeiten, unabhängig von Lebensalter oder Tätigkeit.

Da man also von einem zeitlosen Idealalter ausging, fehlten Kinder- und Altersbildnisse fast völlig, und porträthafte Ähnlichkeit wurde von den Künstlern wohl auch nicht angestrebt. Reliefs hatten keine Perspektive, keine Schatten-, keine Farbspiele. Alle Objekte, auch Teile des menschlichen Körpers, wurden in der für

62

Ein Uschebti-Kasten um 1200 v. Chr.: Die Uschebtis, Diener, sollten an der Stelle des Verstorbenen Arbeiten im Jenseits verrichten. Die Bemalung zeigt den Toten und Götterfiguren.

sie charakteristischen Ansicht, also entweder von vorn oder von der Seite, dargestellt. Sie wendeten sich nicht an einen Betrachter, die Figuren schauten nicht aus
der Bildfläche heraus: Die Zeitlosigkeit der Darstellung ließ in einem Bild oft
mehrere Handlungsabläufe nebeneinander zu.

Die ägyptische Kunst wollte nicht Abbild der Wirklichkeit sein, sie wollte
Wirklichkeit schaffen und deuten, sie zum knappen Zeichen verdichten, an dem
sich alle wesentlichen Informationen ablesen lassen. Die Grenzen zwischen Kunst
und Schrift sind fließend.

Die Mumien und Sarkophage, die der Freiherr von Minutoli mitgebracht hatte,
vermittelten nur eine erste Vorstellung über die bis dahin fast unbekannte Kultur
und den Totenkult der Ägypter. Sie waren alle bedeckt von fremdartigen Zeichen,
bis heute Synonym für Unbekanntes, den Hieroglyphen: Die Hieroglyphenschrift,
vor fast fünftausend Jahren zur Zeit der ersten Dynastie erfunden, ist eine Bilder-
schrift, die in Ägypten selbst mit Einführung des Christentums und der Übernahme
des griechischen Alphabets im 3. Jahrhundert aufgegeben und dort nicht mehr
verstanden wurde.

Auch dem preußischen Gesandten Menu von Minutoli bleiben die seltsamen
Zeichen ein Buch mit sieben Siegeln. Der Herausgeber von Minutolis Reisebericht,
der »Ordentliche Professor der Kunstgeschichte und Mythologie an der Universität zu Berlin«, E. H. Toelken, vermerkt: »Hieroglyphen auslegen zu wollen ist ein
mißliches Vorhaben, und ich würde schwerlich vielen Dank erwerben, wenn ich
alles, was über manche der vorkommenden Zeichen vermuthet ist . . ., hier vortra-
gen wollte. Den Vorzug aber hat die Hieroglyphenschrift vor jeder alphabetischen
voraus, daß sie, auch unverstanden, mit Lust betrachtet wird.«

Minutoli verharrte – so Professor Wildungs Einschätzung – buchstäblich an der
Schwelle zur Ägyptologie. Sprachlich erwies sich ihm diese Schwelle als unüber-
windlich.

Erst der Franzose Jean-François Champollion begann, das Rätsel um die Hieroglyphen zu lösen. In einer Sitzung der Académie française, dem Gelehrtentempel
Frankreichs, hatte er am 27. September 1822 in Paris seinen »Lettre à Monsieur
Dacier rélative à l'alphabet des hieroglyphes phonetiques« vorgelegt mit dem
legendären Ausspruch: »Je tiens l'affaire« – die »Geburtsstunde« der Ägyptologie.

Er hat längst nicht alle Rätsel gelöst, doch er ist »der erste, der vor ägyptische
Denkmäler hintritt und mit einem Blick auf ihre Inschriften ihren Bauherrn be-
nennt, altägyptische Jahreszahlen liest, die alten Götter mit Namen versieht und
damit die Tür zu einem unendlich reichen Wissensgebiet öffnet«, so Emmanuel Le
Roy Ladurie, Generaldirektor der Nationalbibliothek Paris.

Champollion stirbt früh, doch keine Geringeren als die Gebrüder Humboldt
fühlen sich berufen und verantwortlich, für weitere Forschungen auf dem Gebiet
der Ägyptologie Sorge zu tragen. Alexander von Humboldt hatte den jungen

französischen Wissenschaftler auf der Akademiesitzung in Paris kennengelernt und war von dessen Arbeit tief beeindruckt. Er berichtete davon seinem Bruder, dem Sprachwissenschaftler Wilhelm von Humboldt. Beider Einfluß am preußischen Hof war es zu danken, daß der junge Sprachwissenschaftler und Archäologe Richard Lepsius Mittel und Möglichkeiten erhielt, das Werk Champollions fortzusetzen und der Ägyptologie, die damals als Wissenschaft noch ganz am Anfang stand, zum Durchbruch zu verhelfen.

An ihn ergeht die Aufgabe, sich »mit allem Ernst dem Studium der Schrift und Sprache der alten Ägypter hinzugeben«, und er wird offenbar auch von der Aussicht verlockt, wie er in einem Brief an seinen Vater schreibt, »später mit der Leitung der schönen ägyptischen Sammlung in Berlin... betraut« zu werden.

Die »schöne ägyptische Sammlung« besteht zu diesem Zeitpunkt im wesentlichen aus den mitgebrachten Stücken des Menu von Minutoli, und ihr größter Teil ruht immer noch auf dem Grund der Elbe, nach damaligem Kenntnisstand ohne Aussicht, geborgen zu werden.

Lepsius legt der Akademie in Berlin sprachwissenschaftliche Ergebnisse seiner ägyptologischen Studien vor. Dann versucht er sich den Einfluß seiner Gönner bei Hofe nutzbar zu machen für den Plan einer großen Ägyptenexpedition.

Erklärtes Ziel der Reise von Richard Lepsius ist neben der Erforschung wissenschaftlicher Probleme wiederum auch die Gewinnung von Objekten für das Ägyptische Museum in Berlin. Die Ausbeute des dreijährigen Unternehmens (1842–1845), also gut zwanzig Jahre nach Minutoli, ist außerordentlich reich: etwa fünfhundert Objekte, ein wahrhaft fürstliches Gegengeschenk des ägyptischen Vizekönigs Mohammed Ali für den preußischen König Friedrich Wilhelm IV., der als diplomatische Geste Vasen der königlichen Porzellanmanufaktur und ein persönliches Schreiben überreichen ließ.

Es hat damals nicht an kritischen Stimmen gefehlt, die Lepsius rücksichtslose Ausbeutung des Landes vorwarfen, doch seine Briefe ließen die Lage in anderem Licht erscheinen:

»Übrigens würde es von einer gänzlichen Unwissenheit über die heutigen ägyptischen Verhältnisse zeugen, wenn jemand nicht wünschen sollte, daß von den ebenso kostbaren als in ihrer Heimath mißachteten und noch täglich in Masse zerstörten Schätzen jener Länder möglichst viel in die öffentlichen Museen Europas gerettet würde.«

Professor Wildung weist darauf hin, daß diese Einstellung von Lepsius vor dem Hintergrund des heute kaum mehr vorstellbaren Raubbaus an altägyptischen Denkmälern in der ersten Hälfte des 19. Jahrhunderts betrachtet werden müsse. Ganze Tempel, die zur Zeit des Feldzugs Bonapartes noch als intakt vermerkt und in der »Description de l'Egypte« veröffentlicht worden seien, also um die Wende vom 18. zum 19. Jahrhundert, waren schon bei Champollions Aufenthalt, knapp

Linke Seite: Mumienmaske eines Mannes. 1. Jahrhundert v. Chr.

Oben: Bronzefigur einer Frau um 700 n. Chr.: Diese Figur gehörte zu den Stücken aus der Expedition des Menu von Minutoli.

Unten: Figur des Gottes Anubis, 1000 v. Chr. (aus der Minutoli-Expedition): Der als Schakal dargestellte Gott sollte als Wächter für die Grabruhe sorgen.

dreißig Jahre später, völlig verschwunden, mit Wissen der Regierung abgetragen und als Baumaterial für die Fabrikanlagen des sich zum Abendland öffnenden Ägypten wiederverwendet worden.

»Zwei Tempel in Esna, ein Tempel in Armant, zwei Tempel auf der Insel Elephantine . . . leben nur noch in den Zeichnungen der ›Description‹ fort. Daß die von Lepsius nach Berlin gebrachten Antiken heute in Ägypten wohl – wenn überhaupt – nur noch in stark beschädigtem Zustand vorhanden wären, darf als sicher angenommen werden«, so Dietrich Wildung.

Dies wird schon zwanzig Jahre nach der Expedition von Bonaparte, also zu Minutolis Zeiten, nicht viel anders gewesen sein, und dieser Umstand läßt auch den Teil der Minutoli-Sammlung, der von der Elbe verschluckt wurde, in neuem Licht erscheinen. Waren auf dem versunkenen Segler »Gottfried« Stücke, die für die Ägyptologie unersetzlich sind, weil damals schon gefährdet?

Möglich, daß diese Fragen durch die Auffindung der antiken Originale bald beantwortet werden können. Inzwischen ist es nämlich möglich, durch ausgefeilte naturwissenschaftliche Methoden den genauen Ort des Untergangs ausfindig zu machen: Historische Seekarten werden mit modernen Karten verglichen; die von damals überlieferten Aussagen der Lotsen und des einzigen Überlebenden können mit Schiffen auf dem historischen Kurs der »Gottfried« nachvollzogen werden.

Inzwischen gibt es Spezialschiffe, die mit neuartigen seismischen Instrumenten ausgestattet sind und speziell zur Wracksuche eingesetzt werden. Es ist nicht aussichtslos, den »Schatz aus der Elbe« zu bergen. Die Universitäten Kiel und Rostock haben zusammen mit dem Bundesamt für Seeschiffahrt und Hydrographie ein neues Verfahren zur Wracksuche entwickelt: Mit Hilfe eines Schallsenders oder Schallwandlers wird Energie in Schallwellen umgewandelt. Liegt nun ein Wrack auf dem Meeresgrund, so werden – je nach Dichte des Materials – Schallwellen ausgesendet und reflektiert. Hat normalerweise der Schall eine Geschwindigkeit von fünfzehnhundert Metern in der Sekunde, so verringert sich diese Laufzeit bei Erhebungen unter Wasser. Im Unterschied zum Echolot kann das neue Verfahren jedoch auch Hindernisse, die bis zu hundert Meter *unter* dem Meeresboden liegen, sichtbar machen: also nicht nur die aus dem Meeresboden ragenden Reste eines Schiffswracks, sondern auch jene Teile, die im Laufe der Zeiten und Gezeiten vom Sand verschüttet sind.

Über ein Hydrophon, das aussieht wie ein langer Gartenschlauch und hinter dem Forschungsschiff hergezogen wird, können Meßdaten an Kontrollgeräten verarbeitet und im Computer gespeichert werden. Man ist also in der Lage, mit dem neuen Verfahren nun auch bereits versandete Wracks ausfindig zu machen.

In der Schatzsuche liegt zwar nicht die Aufgabe dieser Forschungsschiffe. Es geht vielmehr in erster Linie darum, daß sich in deutschen Hoheitsgewässern rund tausend Wracks oder andere Hindernisse unter dem Meeresgrund befinden, die,

68

wenn sie freigespült werden, Schiffahrt und Umwelt gefährden könnten. Doch als Nebeneffekt sozusagen ließe sich dabei auch der Segler »Gottfried« wiederfinden.

Der Oberkustos am Ägyptischen Museum in Berlin, Dr. Joachim Karig, sieht einen Silberstreif am Horizont: »Auch wenn man berücksichtigt, daß natürliche und künstliche Veränderungen an den Schiffahrtswegen der Elbe eingetreten sind, ist doch anzunehmen, daß diese Anhäufung von steinernen Objekten in neunzig Kisten eine relativ stabile Masse bildet, die auch den Gezeiten genügend Widerstand bietet und durch geeignete Maßnahmen auffindbar sein dürfte.«

Doch die Rache der Pharaonen scheint auch hier nachzuwirken: Im Hamburger Staatsarchiv nennen einige den Segler »Gottfried« nur noch »Unfried«, denn inzwischen ist ein regelrechter Krieg entbrannt um die Rechte an der versunkenen Ladung. Und wer ist eigentlich deren Eigentümer?

Da geht es einmal darum, daß Minutolis damaliger Auftraggeber das Land Preußen war. Die Galeasse selbst lief unter der Flagge Dänemarks, untergegangen ist das Schiff in Dänemark, denn Schleswig-Holstein zählte damals zu dessen Hoheitsgebiet. Angeschwemmt wurden die Mumien aber auf dem Territorium des hannoverschen Königshauses, im heutigen Niedersachsen; versichert war das Ganze in Hamburg; der Bestimmungsort hieß Berlin, also Preußen.

So gibt es inzwischen einen gewaltigen Papierkrieg zwischen diversen Archiven, dem Ägyptischen Museum, der Wasser- und Schiffahrtsdirektion Kiel und einem Wrackmuseum in Cuxhaven, das sich wesentliche Anteile bei der Erforschung der Frage zuschreibt, wo genau die Havarie stattgefunden hat.

Sollte der Schatz nun gehoben werden – wem gehört er dann eigentlich? Für das Ägyptische Museum besteht in dieser Hinsicht keine Unklarheit: »Die Fracht des Schiffes bestand überwiegend aus der Sammlung des Generals Minutoli und war für die Königlichen Museen in Berlin bestimmt. Als Nachfolgeinstitution sind die Staatlichen Museen Preußischer Kulturbesitz an einer Bergung interessiert«, teilte Dr. Joachim Karig in einem Brief an die Wasser- und Schiffahrtsdirektion Kiel mit.

Doch ein Rechtsgutachten kommt zu einem anderen Schluß:

Die Fracht der »Gottfried« gehörte nicht Preußen, sondern dem Freiherrn von Minutoli selbst, der ja auch den Teil seiner ägyptischen Schätze, die auf dem Landweg nach Berlin gelangt waren, erst später an den König veräußert hatte.

Nach dem Schiffbruch ging demzufolge die Fracht in das Eigentum der Hamburger Versicherer über, die aber bisher nicht ermittelt werden konnten. Das Wrackmuseum in Cuxhaven nimmt dagegen als Versicherer die Gebrüder Schwartz an, die für den Weitertransport der Ladung nach Berlin sorgen sollten. Und so ermittelte man flugs einen Nachkommen: Im März 1991 meldete sich ein Carl-Heinrich von Schwartz – Martinsbüttel – über seinen Rechtsanwalt beim Generaldirektor der Stiftung Preußischer Kulturbesitz und hatte durchaus Unerquickliches zu vermelden, zumindest für das Ägyptische Museum in Berlin. Die Anwaltskanzlei ließ nämlich mitteilen: »Sollte es, nur mit Zustimmung unseres Mandanten, je zu einer Bergung kommen, ist es der Wille unseres Mandanten, daß die geborgenen Ladungsteile dem ägyptischen Volk zurückgegeben werden.«

Was nun? Dr. Joachim Karig vom Ägyptischen Museum Berlin sieht es so: Bis zum Beweis des Gegenteils seien die Kunstschätze des Herrn Minutoli als herrenloses Gut anzusehen, als Bodendenkmäler, wie beispielsweise Hünengräber, und unterlägen somit den Regelungen des Bürgerlichen Gesetzbuchs. Die eine Hälfte gehöre dem Eigentümer von Grund und Boden, die andere dem Finder.

Der Chef der Wasser- und Schiffahrtsdirektion Nord in Kiel, die für die Bergungsgenehmigung zuständig ist, hält sich da lieber raus: »Jede Seite ist offenbar bemüht, eine Quelle zu finden, die ihren Rechtsstandpunkt deckt«, sagt Regierungsdirektor Fridjof Berg.

Für ihn ist der Segler »Gottfried« ohnehin so etwas wie der »Fliegende Holländer«: Die Kosten der Bergung gingen in die Millionen, das Ganze sei technisch höchst kompliziert, und der genaue Ort des Untergangs sei noch nicht eindeutig identifiziert.

Hier irrt nun wieder der Herr Regierungsdirektor: Suchschiffe hätten die Position des Wracks schon herausgefunden, ließ das Ägyptische Museum verlauten. Vor der Bekanntgabe genauerer Daten werde man sich hüten, um keine Hobbyarchäologen und ein Heer von Tauchern in Bewegung zu setzen. Aber man sei zuversichtlich, noch 1992 zur Tat schreiten und die Ladung bergen zu können.

Dann könnten die Träume wahr werden, die Rainer Leive, Hobbyarchäologe, freier Mitarbeiter am Forschungsprojekt und Hauptrechercheur in den Archiven zwischen Stockholm und Triest, täglich neu beflügeln: Mit einem ähnlichen Schiff, wie es der Segler »Gottfried« einst gewesen, soll der Schatz gehoben und im Triumphzug die Elbe hinaufgeleitet werden. Und nach einer ersten Ausstellung im Hamburger Museum für Kunst und Gewerbe soll es dann festlich weitergehen im Triumphzug nach Berlin.

Wenn die Pharaonen nichts gegen diesen Plan einzuwenden haben, dann werden wir bald die Minutoli-Sammlung vollständig bewundern können, wo auch immer...

Aber da taucht schon ein neues Problem am grauen Horizont auf: Welcher Landesarchäologe, welcher Bodendenkmalpfleger ist eigentlich zuständig, wenn Minutolis Schätze geborgen werden – der aus Hamburg, der aus Niedersachsen oder vielleicht der aus Schleswig-Holstein?

Das wissen die Götter!

Utz Kastenholz

Kannibalen im Kyffhäuser

Spätsommer in Oberdorla, einem kleinen Ort in Thüringen nördlich von Eisenach. Seit der Wiedervereinigung Deutschlands liegt genau hier der geographische Mittelpunkt der Nation. Eine Linde wurde gepflanzt, ein Schild aufgestellt, denn schon kommen die ersten Touristen. Wenn die Besucher sich die Mühe machen, den Text auf der Tafel zu lesen, erfahren sie von der großen Vergangenheit dieses Platzes ab dem 6. Jahrhundert vor Christus. Seit damals kamen die Stämme der weiteren Umgebung hierher zu ihrem zentralen Heiligtum, um ihre Götter zu verehren – tausend Jahre lang. Heute wird alles von einem kleinen See überdeckt.

Am Ufer dieses Sees, eingebettet in eine Senke und von Schilf umstanden, gehen zwei Männer spazieren, die hier fünfundzwanzig Jahre lang gemeinsam gearbeitet haben. Der eine ist Alois Henning, der es vom Schuster und Torfstecher zum Grabungstechniker und wissenschaftlichen Mitarbeiter brachte. Der Mann neben ihm hat ihn dazu gemacht: Günter Behm-Blancke, Prähistoriker aus Weimar oder einfach der »Professor«, wie ihn seine Mitarbeiter nennen – oder auch: der »alte Schamane«.

Bei dem See handelt es sich um die mit Wasser vollgelaufene Grube eines ehemaligen Torfstichs. Arbeiter hatten hier immer wieder vereinzelt Knochen gefunden. Schließlich informierten sie die Archäologen. Der Professor war skeptisch, ob sich die Fahrt von Weimar nach Oberdorla lohnen würde. Er konnte nicht ahnen, daß unter dem Torf in vier Meter Tiefe ein Geheimnis wartete, das zu lüften sein Lebenswerk werden sollte: Er fand hier die Reste von neunzig Heiligtümern; Kultplätze aus über tausend Jahren.

Vielleicht ist es derselbe Kultplatz, den Tacitus als ein großes Heiligtum der Hermunduren erwähnt, das an der Werra lag. Er berichtet, nach dem Glauben dieses germanischen Stammes wölbe sich dort der Himmel so tief zur Erde, daß die Gebete der Menschen sich besser erhören ließen.

Schon die vorgermanische Bevölkerung der Hallstattzeit hatte hier ihren Göttern gehuldigt. Doch warum wurde gerade dieser Ort zu einem Kultplatz? Der Grund lag in seiner Entstehung: Über Nacht war hier durch Erdfall eine Senke entstanden, was die Menschen als göttliches Zeichen deuteten. Ihr Heiligtum lag am Südrand des Erdfallbeckens. Aus Muschelkalk errichteten sie einen Feueraltar, auf dem in Gefäßen Speiseopfer dargebracht wurden. In einem heiligen Bezirk daneben stand eine Steinstele als Symbol und Sitz der Gottheit, der Ziegen geopfert wurden.

Im Laufe der Zeit füllte sich die Vertiefung mit Grundwasser: Ein kleiner See bildete sich. An seinen Ufern entstand in den folgenden Jahrhunderten eine Vielzahl von Heiligtümern, deren Gestalt durch die im feuchten Boden erhaltenen Holzteile rekonstruiert werden konnte. Die Bevölkerung war offensichtlich stark von keltischer Kultur beeinflußt. Dann wanderten Germanen ein.

Ende des 1. Jahrhunderts vor Christus übernahm der germanische Stamm der Hermunduren den heiligen Platz und errichtete ein Rundheiligtum. Innerhalb dieses Bezirks entstanden kleinere »Gehege«, in denen Kultpfähle und Astgabel-Idole der verschiedenen Gottheiten aufgestellt wurden, denen hölzerne Altäre geweiht waren. Neben den Knochen von rituell geschlachteten Tieren fanden sich auch Reste von Menschenschädeln, die auf Menschenopfer schließen lassen, besonders im Kultbereich eines Kriegsgottes. Damals führten die Hermunduren, wie Tacitus berichtet, einen erbitterten Krieg mit den benachbarten Chatten an der Werra.

Im 3. Jahrhundert nach Christus taucht in dem Heiligtum die kleine hölzerne Statuette einer Göttin auf, deren Darstellung gallorömische Einflüsse zeigt: Sie kann mit der römischen Diana verglichen werden, denn auch ihr brachte man Hirsche, Eber und Wildvögel dar. Ein weiterer Beleg für eine Verbindung mit dem gallorömischen Kulturkreis sind die Skeletteile römischer Ochsen, die als Haustieropfer dienten und deutlich größer waren als die einheimischen.

Das »Diana«-Heiligtum wurde im 4. Jahrhundert zerstört: Der Baumsarg einer jungen Frau – vielleicht einer Priesterin – war in den See geworfen worden. In der Folgezeit errichteten die Bewohner Schiffsheiligtümer – weit weg vom Meer. Der Bug der Kultschiffe wies Richtung Sonnenaufgang. Das Boot war ein Sinnbild der Göttin Isis, die vielleicht hier bei den Germanen eine Entsprechung hatte. Behm-Blancke hält es für möglich, daß dieser Schiffskult auch mit dem Erscheinen der Angelsachsen in Thüringen zusammenhing.

Dann müssen die ersten christlichen Missionare auf den Plan getreten sein. Mit ihren frühen Kirchenbauten endet die tausendjährige Geschichte dieser zentralen heidnischen Kultstätte. Der See vertorfte. Doch auch im 10. und 11. Jahrhundert opferten die Menschen hier noch ihren alten Göttern, obwohl es bei Todesstrafe verboten war. Die Reaktion der Kirche bestand in der Installation eines Archidiakonats, um der weiterhin großen Wertschätzung des Heiligtums durch die Thüringer etwas Gleichwertiges entgegenzusetzen.

Behm-Blancke hat in Oberdorla die Übergangsphase zwischen Naturreligion und Christentum ans Tageslicht befördert. Nicht ohne Stolz berichtet er, daß sogar der Papst auf seine Arbeit aufmerksam geworden sei und sie mit seinem Segen begleitet habe.

Im Museum für Ur- und Frühgeschichte von Weimar stehen die hölzernen Götzen aus dem Moor von Oberdorla in Vitrinen. Sie sind stark stilisiert – Astgabeln, die mit beiden Enden in der Erde verankert wurden und auf das äußerste reduzierte Verkörperungen von Naturkräften darstellen: Ein Paar ins Holz gehackte Kerben am oberen Ende deuten die Augen an, ein Schlitz in der Astgabelung die Vulva der weiblichen Gottheit, ein stehengelassener Ast an derselben Stelle den Penis der männlichen Gottheit. Das genügte, um die Kraft, die sie symbolisierten, zu kennzeichnen – und zu beschwören.

Anfang der fünfziger Jahre barg das Weimarer Haus eine kleinere urgeschichtliche Sammlung. Günter Behm-Blancke hat es zum Thüringischen Landesmuseum für Ur- und Frühgeschichte gemacht. Dank eines ansprechenden Konzepts vermittelt es dem Besucher ein anschauliches Bild über die Lebensgewohnheiten der frühen Bewohner Thüringens. Der Professor kann die Menschen von seinem Fach begeistern – und sie richtig ansprechen. Hier im Museum spürt man, daß bei allem, was Günter Behm-Blancke angepackt hat, der Mensch im Mittelpunkt steht. Daher rührt auch sein Bemühen, in die Glaubensvorstellungen unserer Ahnen vorzudringen.

In seiner von Zigarrenrauch geschwängerten Gelehrtenstube im Erdgeschoß des Museums, in der der Achtzigjährige noch jeden Tag arbeitet, erzählt er aus seinem erfüllten Leben, das hier und da recht abenteuerlich anmutet. Sicher hätte er gern auf das eine oder andere »Abenteuer« verzichtet. Aber die Archäologie ist keine Wissenschaft, der man sich im stillen Kämmerlein widmen kann – schon gar nicht in den sechs Jahrzehnten, in denen Behm-Blancke sich mit ihr beschäftigt hat. Nazis und Kommunisten benutzten die Archäologie als Vehikel, um ihre Ideologien »wissenschaftlich« zu untermauern, und hatten auch immer willfährige Helfer. Behm-Blancke hat sich und seine Wissenschaft diesen Kräften verweigert.

Der gebürtige Berliner, Jahrgang 1912, gründete schon als Gymnasiast in Nauen einen archäologischen Verein. Er und seine Mitschüler durchwühlten dort die Erde nach Urnengräbern – illegal natürlich. Die örtlichen Archäologen bekamen Wind davon und erklärten den Pennälern, daß sie das zu unterlassen hätten: Scherben sammeln, ja – graben, nein.

So nahm Behm-Blancke Abschied vom illegalen Graben – nur ein einziges Mal noch wollte man es versuchen. Doch sie fanden nichts. Er rief seine enttäuschten Mitschüler auf dem Acker zusammen, hielt den Spaten über seinen Kopf, rief, halb im Scherz: »Wotan! Laß mich eine schöne Urne finden!« und stieß die Schaufel in die Erde.

Wotan erhörte ihn. Der Schüler förderte ein Fürstengrab zutage, prächtig ausge-

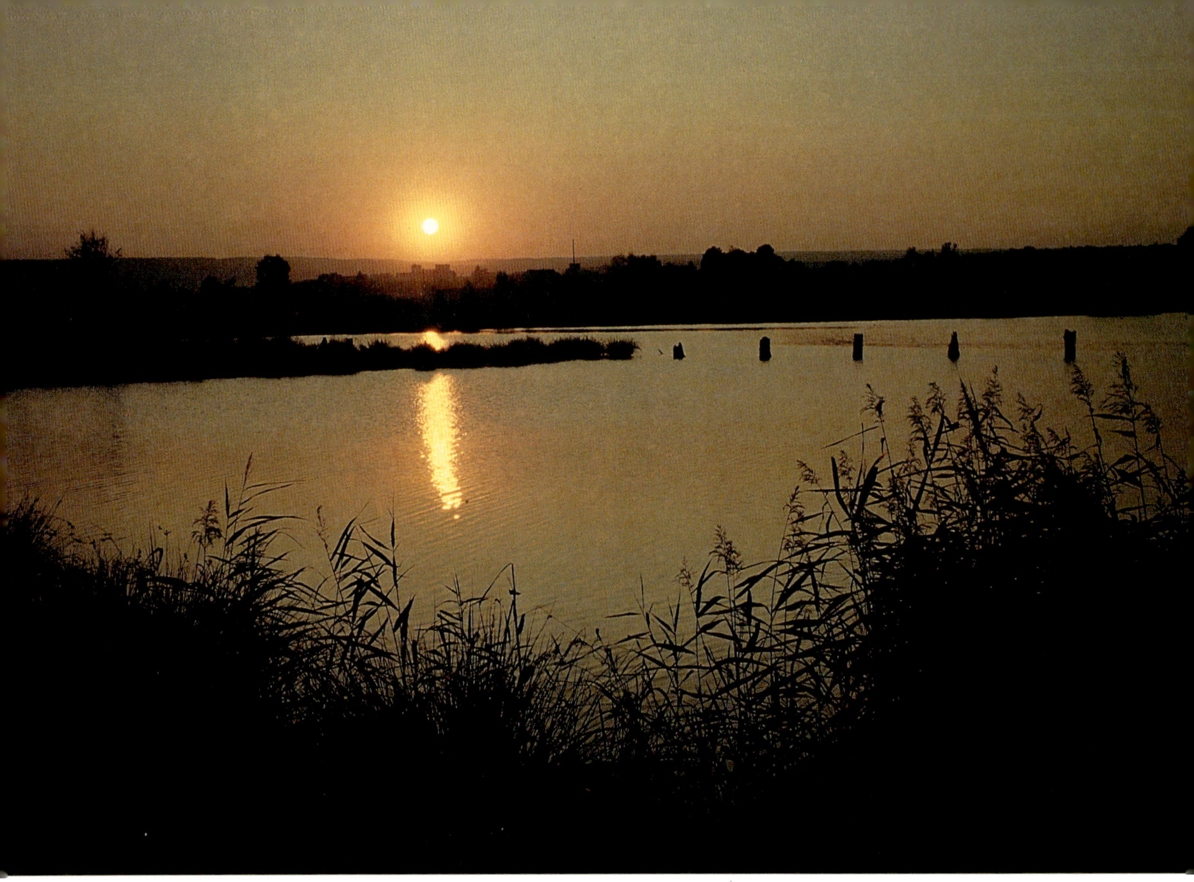

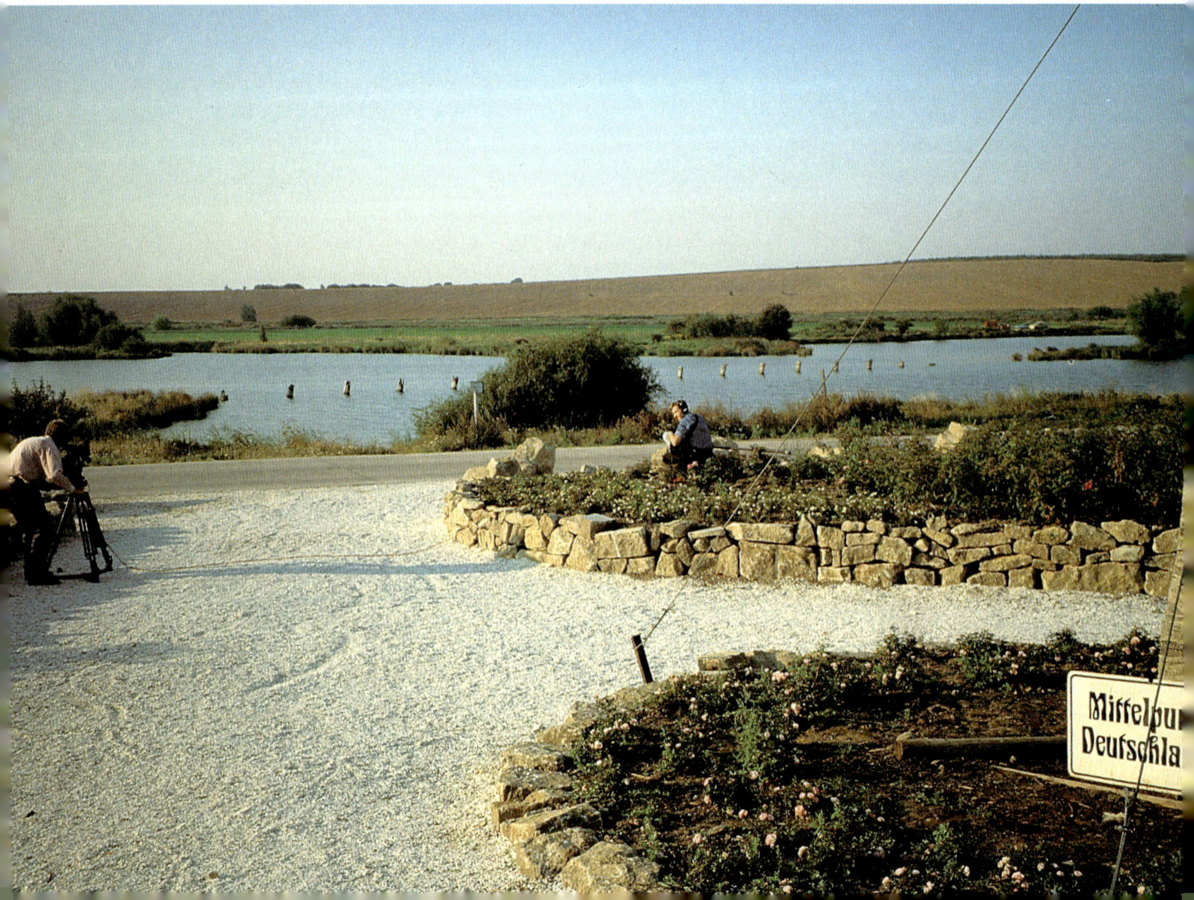
Mittelpu
Deutschla

Oben: Diese stark stilisierten Astgabel-Idole verkörperten Gottheiten, die im Opfermoor von Oberdorla verehrt wurden.
Linke Seite: Am See von Oberdorla hat der Archäologe Günter Behm-Blancke über fünfundzwanzig Jahre lang gegraben (oben).
Der geographische Mittelpunkt Deutschlands am Torfsee – einem alten Heiligtum – bei Oberdorla (unten).

stattet mit wertvollen Grabbeigaben. Er selbst war noch verwirrter als die ungläubig staunenden Kameraden...

1937 war Behm-Blancke wieder in Nauen – diesmal als Archäologe. Ein germanisches Dorf wurde freigelegt. Die Hilfskräfte rekrutierten sich aus Reichsarbeitsdienst und SS. Aus Sicht der Nazis hatte die Archäologie den alleinigen Zweck, »wissenschaftliche« Grundlagen für ihren Germanenkult zu liefern, die die Idee der angeblichen Überlegenheit der germanischen Rasse untermauern sollten.

So machte Behm-Blancke die Bekanntschaft von Heinrich Himmler. Der Chef der SS betrachtete sich als Hüter des »Ahnenerbes« und infolgedessen als obersten Archäologen des Reiches. Er machte auch keinen Hehl daraus, daß es ihm nicht um Wissenschaft, sondern um Weltanschauung ging. Behm-Blancke erinnert sich lebhaft an die Besuche der SS auf dem Grabungsfeld. Schon von weitem kündigten sich die hohen Herrschaften an – durch eine schwarze Abgaswolke und Schüsse: Man ballerte mit Pistolen auf die Kaninchen, die von dem Wagen aufgescheucht wurden.

In diesen Tagen muß Himmler an Behm-Blancke herangetreten sein, um ihn als eine Art »Oberarchäologen« für seinen Germanenkult zu gewinnen. Es gehe um eine heilige Sache, der er sich nicht verschließen könne. Doch der Forscher zögerte. Hätte er zugesagt, wäre er zwangsläufig Mitglied der SS geworden, was in seinem sozialdemokratisch geprägten Elternhaus auf wenig Gegenliebe gestoßen wäre. Seine Lehrer und sein Mentor Professor Unverzagt rieten ihm ab; »er müsse noch soviel lernen«. So gab Behm-Blancke den Nazis einen Korb mit der Begründung, er sei noch nicht qualifiziert genug für eine derartige Aufgabe. Einstweilen ließ die SS sich noch abwimmeln, doch was dann? Wer nicht für sie war, war gegen sie – und was das bedeutete, darüber waren sich die Menschen damals nur zu sehr im klaren.

Bei der Grabung in Nauen stieß Behm-Blancke auf Dinge, die ihn stutzig machten. Unter den Löchern für die Pfähle, die das Dach der germanischen Häuser trugen, und unter den Herdstellen fand er Gegenstände, die absichtlich dort deponiert worden sein mußten: zum Beispiel Symbolträchtiges wie Spinnwirtel. Er schloß daraus, daß die Menschen mit diesen Gaben von ihren Göttern den Schutz für Heim und Herd erflehten. Dies war für ihn der Anlaß, in die geistige, die religiöse Welt der Germanen vorzudringen, was seine spätere Arbeit prägen sollte.

Seine Ausbildung verlief, wie er selbst beschreibt, unter dem Zeichen der drei großen »V«: Vorgeschichte, Volkskunde und Völkerkunde. Ein solches breit angelegtes Studium ist im Rahmen der wissenschaftlichen Ausbildung heute kaum noch üblich. Doch ohne dieses umfassende Wissen hätte er nie die Erklärung für die Phänomene gefunden, die er später dem Kult der jeweiligen vorgeschichtlichen Bevölkerung zuschreiben konnte. Und ohne das Wissen über die Religionen der verschiedensten Völker dieser Erde wäre er nie in der Lage gewesen, in die geistige Welt unserer Vorfahren einzudringen. Er bedauert, daß das heutige Studium der

Vorgeschichte nach seiner Auffassung auf Spezialisierung abzielt und das Geistige vernachlässigt.

Im geistigen Hintergrund liegt für ihn der Schlüssel zu diesen alten Kulturen: In der Welt unserer Vorfahren bestand keine Trennung zwischen Geist und Materie. Die ganze Umwelt war von guten und bösen Geistern bewohnt; sie war »beseelt«. Der Kult gehörte zum zentralen Lebensinhalt der vorzeitlichen Menschen. In allem, was man tat, galt es rituelle Vorschriften zu beachten. Den guten und bösen Kräften opferte man, versuchte sie zu besänftigen, günstig zu stimmen oder stattete ihnen Dank ab. Oft geschah dies an topographisch auffälligen Orten, beispielsweise bei markanten Felsen. An solchen magischen Plätzen glaubte man den Vorfahren, Geistern und Dämonen näher zu sein. Noch heute werden – wie wir aus der Völkerkunde wissen – Rituale und Opferhandlungen an derartigen »heiligen Orten« vollzogen.

Damals, während der Naziherrschaft, war es sehr suspekt, sich mit Völkerkunde, also mit anderen Kulturen als mit der germanischen, zu beschäftigen. Das hieße, die überlegene germanische Rasse mit minderwertigen Völkern zu vergleichen, also mit Slawen oder gar mit »Negervölkern«. Behm-Blancke tat es deshalb heimlich – ebenso wie er sich über Religionen und Kulte informierte.

Dann kam der Zweite Weltkrieg. An der »Heimatfront« wurde Behm-Blancke beauftragt, Museumsinventar des Märkischen Museums in einem Stollen bei Nordhausen zu deponieren. Mit seiner Fracht dort angekommen, fand er einen hochrangigen SS-Mann vor, der ihm sagte, daß der Stollen schon mit Beschlag belegt sei. Es stellte sich heraus, daß dieser Offizier ein Schulkamerad war; und so kamen die beiden ins Erzählen. Der SS-Mann plauderte mehr aus, als er eigentlich sagen durfte, aber unter Schulkameraden... Er gab ein schreckliches Geheimnis preis.

Der Stollen fungierte als Außenstelle eines Konzentrationslagers. In der Nähe lagen die berüchtigten unterirdischen Anlagen der »Dora-Mittelbau«, in denen Flugzeuge, Raketen und kriegswichtige Produkte hergestellt wurden. Dort unten waren Zwangsarbeiter untergebracht. Die Gefangenen sollten vor dem Einmarsch der Amerikaner eingeschlossen werden. Er habe den Befehl, die Fördertürme zu sprengen. Niemand würde die verhungerten Häftlinge je dort finden.

Nun war der Gelehrte ungewollt zum Mitwisser eines grauenerregenden Vorhabens geworden. Wie konnnte er den Wahnsinn verhindern? Da gab es die christliche Sekte der »Bibelforscher«, die die Gefangenschaft als Prüfung Gottes betrachteten und sich unter den Augen der SS-Schergen relativ frei bewegen durften. Mit ihnen nahm er Kontakt auf und riet ihnen, so viele Lebensmittel und Wasser mit nach unten zu nehmen, wie sie zu organisieren fähig waren.

Einer der »Bibelforscher« stellte sich als Spitzel heraus, und Behm-Blancke kam vors Standgericht. Der SS-Mann verurteilte ihn zum Tode, doch als Schulkamerad

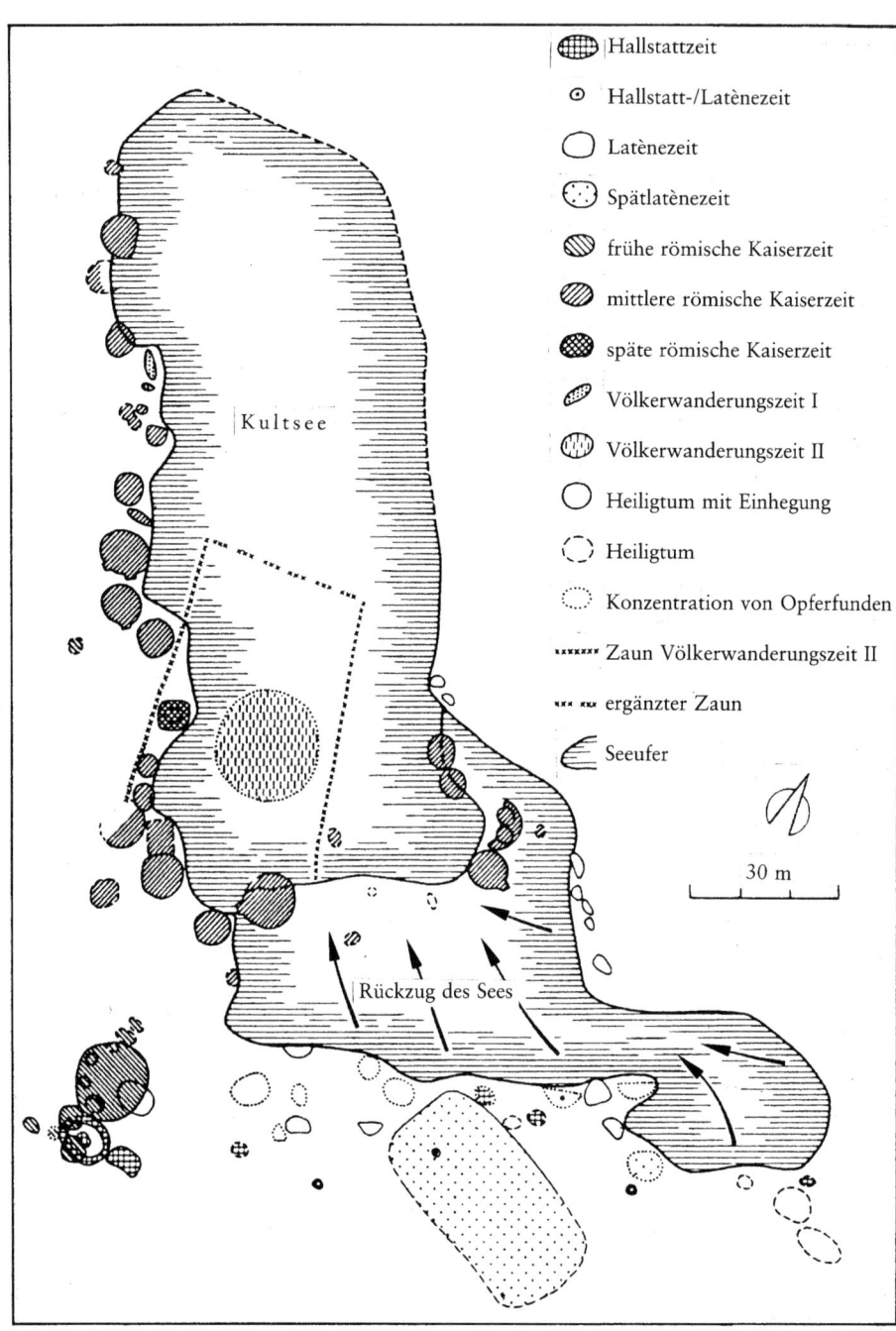

Legend:

- Hallstattzeit
- Hallstatt-/Latènezeit
- Latènezeit
- Spätlatènezeit
- frühe römische Kaiserzeit
- mittlere römische Kaiserzeit
- späte römische Kaiserzeit
- Völkerwanderungszeit I
- Völkerwanderungszeit II
- Heiligtum mit Einhegung
- Heiligtum
- Konzentration von Opferfunden
- Zaun Völkerwanderungszeit II
- ergänzter Zaun
- Seeufer

Kultsee

Rückzug des Sees

30 m

Die Kultstätte von Oberdorla bei Mühlhausen, wie Behm-Blancke sie rekonstruiert hat, mit Heiligtümern aus frühen Zeiten.

wolle er ihm noch eine Chance geben. Er solle verschwinden, bevor er es sich anders überlege.

So rannte der Gelehrte um sein Leben, bis er auf die ersten amerikanischen Panzer stieß. Die Amerikaner überprüften seine Geschichte und bescheinigten ihm schriftlich, daß er achthundert KZ-Häftlingen das Leben gerettet hatte.

Dieses Papier hat den Professor später vor Unannehmlichkeiten mit den Kommunisten bewahrt. Einen Antifaschisten, der den Nazis so ins Handwerk gepfuscht hatte, dem ehemalige Häftlinge Dankschreiben schickten, den konnte man nicht ohne öffentliches Aufsehen abservieren.

Irgendwann einmal erkundigte sich die erste Kulturministerin der DDR nach seinen Motiven für diese Tat – wohl insgeheim hoffend, ein Bekenntnis zur kommunistischen Staatsideologie zu hören. Doch Behm-Blancke beteuerte, aus rein menschlichen Gründen solcherart gehandelt zu haben. Die Ministerin war enttäuscht, und der Professor galt fortan als unsicher und weltanschaulich nicht gefestigt. Als er Ende der sechziger Jahre in die UNESCO gewählt wurde, empfanden die Regierenden das als einen Affront gegen die DDR.

Die Stasi war ständiger Gast im Museum. Nach jeder Vortragsreise ins Ausland, nach jedem Besuch eines ausländischen Kollegen in Weimar tauchten zwei mehr oder weniger diskrete Herren in seinem Arbeitszimmer auf. Bei einer dieser Sitzungen, deren Verlauf äußerstes rhetorisches Geschick verlangte, da ein falsches Wort der Anfang vom Ende sein konnte, erfuhr der Professor, daß er durch einen Spitzel im eigenen Haus bestens überwacht würde. Bis heute weiß er nicht, wer der gut getarnte Mitarbeiter in seinem Haus war (oder ist). Big Brother macht auch vor der Wissenschaft nicht halt.

Und doch stieg Günter Behm-Blancke auf zum Ordinarius für Ur- und Frühgeschichte an der Universität Jena. Viele seiner ehemaligen Studenten sind heute renommierte Wissenschaftler. Der »alte Schamane« hat sie beeinflußt und ihnen empfohlen, bei Untersuchungen vorgeschichtlicher Kulturen deren geistigen Hintergrund, ihre Religion und Kulte nicht aus den Augen zu verlieren.

Da die Beschäftigung mit dem Germanentum als Relikt der »Forschungen« während des Dritten Reichs diskreditiert war – und stellenweise heute noch ist –, befaßte er sich gleichzeitig mit Grabungen, die sich der slawischen Bevölkerung widmeten. Slawen waren »in« in der DDR. Zum Museum für Vor- und Frühgeschichte in Weimar gehörte von Anfang an eine Restauratorenwerkstatt, auf die bald eine heikle Aufgabe zukommen sollte.

Weimar, die Stadt Goethes, hatte den Leichnam des Dichterfürsten am 12. Mai 1945 wiedererhalten, der in den Kriegsjahren zunächst in einem Jenaer Bunker versteckt worden, dann den Amerikanern und schließlich den Russen in die Hände gefallen war. 1952 nun wollte man in Weimar die sterblichen Überreste auf

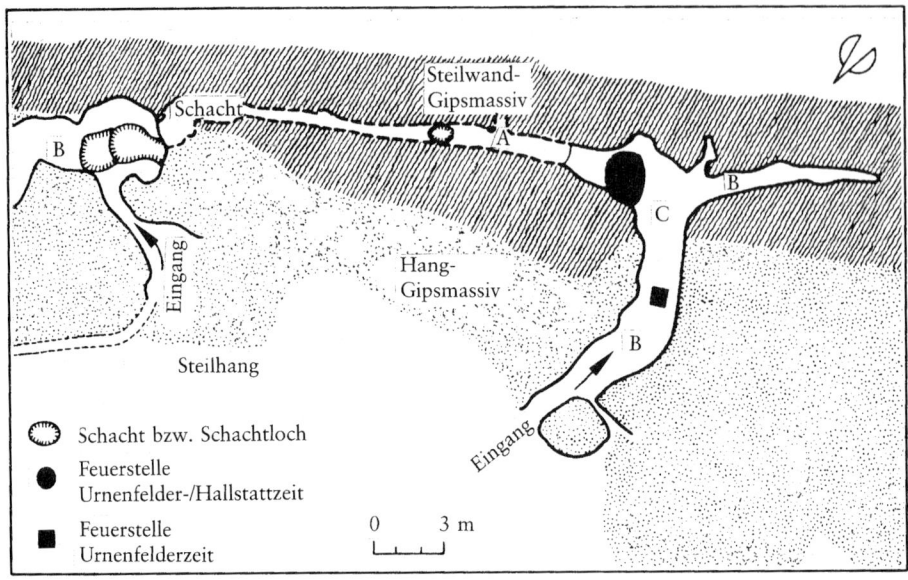

Am Rand des Kyffhäuser-Höhenzuges liegen die Zugänge zu den Höhlenheiligtümern, wie zum Beispiel am Kosakenberg bei Bad Frankenhausen.
A Hügelgräberbronzezeit, B Urnenfelderzeit, C Urnenfelder-/Hallstattzeit

Schäden, hervorgerufen durch die lange Odyssee, überprüfen. Die Wissenschaftler hatten nämlich festgestellt, daß an dem Sarg manipuliert worden war.

Günter Behm-Blancke war als zuständiger Bodendenkmalpfleger zugegen, als eines Nachts Mitglieder der »Nationalen Forschungsstelle Goethe« aus Weimar und der Rektor der Jenaer Universität die Gruft öffneten.

Der Leichnam war in einem schrecklichen Zustand. Das, was die Würmer von der sterblichen Hülle übriggelassen hatten, vertrug sich nicht mit der Würde des Dichterfürsten. Die Herren beschlossen, den Toten zu konservieren und in einen »ansehnlichen« Zustand zu versetzen.

So kam der Geheimrat ins Museum für Ur- und Frühgeschichte nach Weimar, freudig in Empfang genommen von Behm-Blancke, der ihn als »Kollegen« begrüßte. Auch Goethe hatte sich mit Urgeschichte beschäftigt: 1827 vermerkte er, daß man ihm ein »übersteintes Skelett von Ehringsdorf« gebracht habe. Ehringsdorf, heute ein Vorort Weimars, ist durch seine mittelpaläolithischen Fundschichten berühmt geworden, die Feuerstellen und Steingeräte bargen. Behm-Blancke hat nach 1948 in Ehringsdorf gegraben.

Bei der Untersuchung des Leichnams Goethes stellte sich heraus, daß ein Trophäensammler von dessen Totenhemd aus Damast die sechs Orden gerissen hatte. War der Leichenschänder ein GI oder ein Russe? Letzteres ist nach Behm-Blanckes

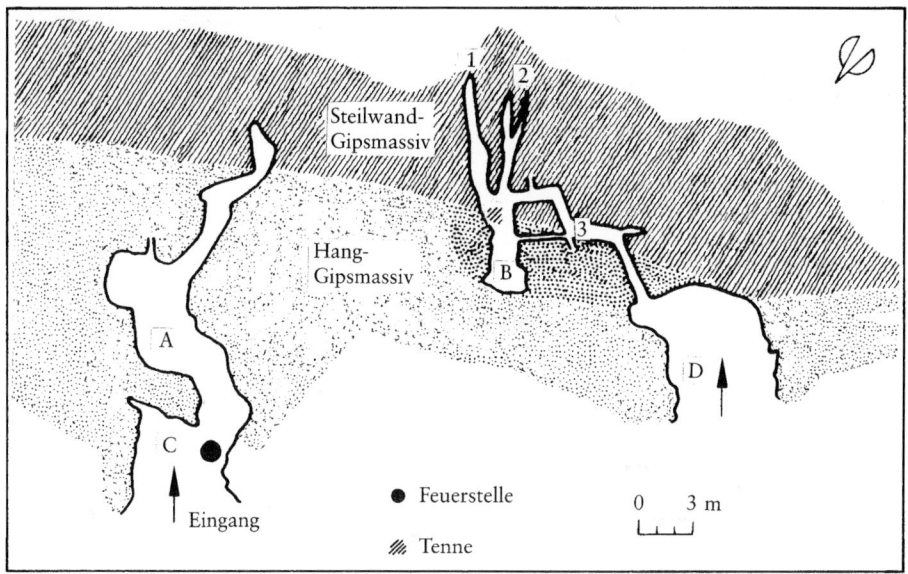

Klüfte und Spalten hat das Wasser aus dem Gipsmassiv des Kyffhäusers gewaschen. Vor den Höhleneingängen lagen die Feuerstellen.
A Urnenfelder-/Hallstattzeit, B Urnenfelderzeit, C Vorplatz der Höhle A,
D Vorplatz der Höhle B, 1 und 2 Spalten der Höhle B, 3 Kluftgang in die Höhle B

Meinung unwahrscheinlich, denn die Hochachtung der Sowjets vor dem großen Deutschen war so enorm, daß sie sofort nach ihrem Einmarsch in Weimar eine Ehrenwache vor dessen Mausoleum postierten. Vielleicht tauchen Goethes Orden als »Kriegstrophäen« eines Tages ja in Texas auf...

Die Weimarer Forscher hatten die Idee, den berühmten russischen Anthropologen Gerassimow zu bitten, den Leichnam des Geheimrats näher zu untersuchen. Er sollte herausfinden, ob dieser vielleicht unter schweren Krankheiten gelitten habe. Doch der Russe lehnte ab. An Goethes Leiche dürfe nur ein Deutscher Hand legen. Der Dichterfürst sei deutsches Nationalgut.

Nebenbei: Gerassimow war berühmt für die plastische Rekonstruktion von Gesichtern anhand der Schädel. Die Weimarer baten ihn, ein Gesicht über den Schädel zu modellieren, der ebenfalls in Goethes Gruft aufbewahrt war und von dem angenommen wurde, er gehöre zu Schiller. Was sich tatsächlich bewahrheitete, als man später den rekonstruierten Kopf mit zeitgenössischen Darstellungen Schillers verglich.

Von der Restaurierung des berühmten Leichnams existieren Fotos und Filme, welche die Forschungsstätte heute sorgsam unter Verschluß hält. Dies soll auch so bleiben; deshalb haben wir uns bei den Dreharbeiten in Weimar erst gar nicht um das Material bemüht – wir hätten es sowieso nicht bekommen. Solcherart soll man

81

am Andenken des Dichters der Deutschen nicht rühren. Gerassimow spürte das. Wenn man von den Russen eines lernen kann, dann ist es die Ehrfurcht, die sie ihren Dichtern – und offensichtlich auch fremden – gegenüber hegen. Möge der alte Geheimrat in Frieden ruhen.

Behm-Blancke ist der letzte noch lebende Mensch, der Goethe noch einmal sehen durfte. Seine sechzigjährige Arbeit als Archäologe und sein ganzes Leben waren in vielerlei Hinsicht ungewöhnlich. Anfang der fünfziger Jahre gelang ihm eine sensationelle Entdeckung, die seinen Ruf als Kultspezialist begründete: Er fand die Kannibalenhöhlen im Kyffhäuser.

Eines Tages im Jahr 1951 stand ein junger Mann aus Bad Frankenhausen in seinem Büro und zog einige vorzeitliche Scherben aus einer Aktentasche. Er habe sie mit Schulkameraden in einer Höhle im Eschentälchen am Kyffhäuser geholt – aus einem Loch, das andere vor ihnen gegraben hätten. Nun sei er hier, um das Urteil eines Fachmanns einzuholen.

Behm-Blancke kannte die Höhlen und wußte, daß dort ein Geheimnis verborgen lag. Es mußte etwas dran sein an diesem von alters her sagenumwobenen Höhenzug. Als Student träumte er davon, ein richtiges Heiligtum im Kyffhäuser zu entdecken.

Der Sage nach schläft dort Kaiser Rotbart. Sein roter Bart ist durch die steinerne Tischplatte gewachsen. Alle hundert Jahre fragt er einen Zwerg, ob die Raben noch um den Kyffhäuser fliegen. Wenn dies noch der Fall ist, dann muß er weitere hundert Jahre schlafen.

Diesen Sagen liegen oft viel ältere Wurzeln zugrunde, die bis in vorgeschichtliche Zeiten reichen können. Ein Volkskundler wie Behm-Blancke weiß das. In seinem Buch »Höhlen, Heiligtümer, Kannibalen« beschreibt er die Ausgrabungen in den Kyffhäuserhöhlen (und ihre abenteuerlichen Umstände) und wie er, von alten Erzählungen ausgehend, sich bis in vorgeschichtliche Glaubenswelten zurückgetastet hat. Das Buch liest sich auch heute noch wie ein Detektivroman.

Da ist also Kaiser Rotbart, auf dessen Wiederkunft das Volk wartet. Doch hinter diesem Kaiser verbirgt sich nicht Friedrich Barbarossa als historische Gestalt, sondern sein Enkel Friedrich II. Er war ein erbitterter Gegner des Klerus, der sich beim Volk, das unter den Abgaben für die Kirche zu leiden hatte, großer Beliebtheit erfreute. Mit seinem Tod 1250 wurden auch die Hoffnungen der geplagten Menschen zu Grabe getragen. Friedrich wurde zu einer messianischen Gestalt verklärt, die eines Tages wiederkommen und die Menschen von ihrem Joch befreien würde.

Erst Jahrhunderte später kam es zur Verwechslung mit Barbarossa. Zufall oder nicht? Floß in die Volkssage eine viel ältere mythische Gestalt ein, vielleicht die des rotbärtigen Donar oder jene Wotans? Und wie ist es mit dem sagenhaften Hofstaat, der bei Barbarossa im Berg haust, zum Beispiel die Frau Holle? In ihrer Gestalt vereinigen sich viele germanische Göttinnen, einige haben sicher mit dem Toten-

Oben: Der Kyffhäuser – ein Höhenzug, der von uralten Sagen umrankt ist.

Unten: Die Höhlen und Spalten im Kyffhäuser waren für die vorchristliche Bevölkerung magische Orte, an denen sie ihren Göttern nahe war. Zu ihren Kulten gehörte auch das Menschenopfer.

mythos der Germanen zu tun. Sie verkörpert das Prinzip der großen Erdmutter, die Fruchtbarkeit spendet und die Toten in ihr Reich aufnimmt – also Leben gibt und Leben nimmt.

Aber warum verbinden sich alle diese Überlieferungen mit dem Kyffhäuser? War er vielleicht ein »Seelenberg« beziehungsweise ein Heiligtum? Archäologische Beweise fehlten bis dahin. Die Menschen um den Kyffhäuser glaubten allerdings fest daran, daß dort oben märchenhafte Schätze zu finden seien. Immer wieder gruben sie danach. Dabei zerstörten sie – ohne es zu wissen – viele archäologische Fundstätten.

Die Scherben, die der junge Mann präsentierte, stammten aus der Hallstattepoche, also aus dem 6. bis 7. Jahrhundert v.Chr. Jetzt war die Zeit gekommen, am Kyffhäuser zu graben. In den Südhängen des Höhenzuges, östlich der sogenannten »Barbarossahöhle«, einer Touristenattraktion, lagen die kleinen Höhlen und Spalten, die bald aufregende Funde preisgeben sollten.

Das war 1951. Der Professor und sein Team sollten hier oben sieben Jahre verbringen – und sein Traum sollte in Erfüllung gehen. Doch Behm-Blancke fand keine Goldschätze, sondern die Überreste eines Kults, zu dem auch kannibalische Rituale gehörten. Die vorgermanische Bevölkerung verehrte an diesem Berg lebenspendende Götter, von denen sie glaubte, daß sie im Inneren der Erde wohnten. In den Höhlen des Kyffhäuser wollte man ihnen nahe sein.

Der Südhang des Berges besteht aus einer kargen Landschaft mit einer seltenen Trockenbodenvegetation. Die Niederschläge versickern in den Spalten, die den Berg durchziehen – er besteht aus Gips. Im Laufe der Jahrtausende hat das Wasser tiefe Höhlen in den Berg gewaschen.

Ein kalter Luftzug läßt sich schon einige Meter vor den Höhlen verspüren, wenn man sich ihnen heute nähert. Der Hauch scheint den Tiefen der Mutter Erde zu entströmen. Die Höhlen sind klein und verlieren sich in Spalten, die schräg in den Berg führen. Zunächst gruben die Forscher in den Plateaus vor den Höhlen, weil sie wußten, daß die Menschen sich dort gern aufgehalten hatten. Und prompt kamen auch Feuerstellen und ein steinernes Werkzeug zum Vorschein.

Bald tauchten die ersten Menschenknochen auf. Aber etwas daran machte den Forscher stutzig: Sie waren genauso wie die großen Mengen von Tierknochen geöffnet worden, um an das Mark zu gelangen. Die Schädel waren eingeschlagen oder am Hals durchtrennt: Man hatte die Opfer geköpft. Fast immer waren es junge Menschen oder Kinder, die auf diese Art gewaltsam umkamen.

Viele Knochen wiesen merkwürdige Schnittstellen auf. Der Kommentar eines Anthropologen, dem Behm-Blancke die Stücke vorlegte: Es müsse ein Krankenhaus in der Nähe sein, denn diese Schnittstellen sähen aus, als ob sie von einer Sektion stammten, ausgeführt von heutigen Fachleuten, von Pathologen, die genau wüßten, wie man einen Körper zerlegt. Doch der Fundzusammenhang ließ die

84

Theorie platzen: Die Knochen waren zusammen mit fast dreitausend Jahre alten Keramiken aus sechs Meter Tiefe zutage gefördert worden.

So wurde zur Gewißheit, daß der Professor ein Kannibalennest ausgegraben hatte. Hier waren – nach den Scherbenfunden zu urteilen – vor drei Jahrtausenden Menschen erschlagen, zerlegt, gebraten und anschließend verzehrt worden. Insgesamt kamen die Reste von etwa hundert Individuen zum Vorschein.

Kannibalen am Kyffhäuser: Es wäre falsch, diese Menschen als finstere Barbaren zu bezeichnen. Ethnologen haben nachgewiesen, daß Stämme, die rituellen Kannibalismus betrieben, meist auf einer relativ hohen Kulturstufe standen.

Die Menschen am Kyffhäuser verzehrten ihre Mitmenschen auch nicht aus Hunger oder weil sie sich nicht anders mit Proteinen versorgen konnten – das beweisen die großen Mengen ausgegrabener Tierknochen. Es muß ein anderes, ein starkes Motiv gewesen sein, das die Menschen veranlaßte, dieses große Opfer zu bringen. Dieser Antrieb kann nur ihr Glaube gewesen sein. Die Angehörigen der frühen Bauernkulturen begannen ihr Schicksal in die eigene Hand zu nehmen; sie wollten die Kräfte, die sie umgaben, positiv beeinflussen: Die Fruchtbarkeit ihrer Böden, ihr Vieh und sie selbst sollten mittels Magie beschworen werden. War die Not besonders groß, konnte nur ein entsprechendes Opfer die Götter versöhnen – die Tötung eines Menschen, der eine göttliche Kraft versinnbildlichte. Indem man die Jungen und Mädchen diesen Göttern weihte und sie dann verzehrte, glaubte man dieser göttlichen Stärke teilhaftig zu werden und sie günstig beeinflussen zu können. Dazu wurden den Göttern Getreide oder ein Brei aus Getreideschrot, Fett und Wasser oder Brotfladen dargeboten, deren Reste ebenfalls in den Höhlen auftauchten.

Nach der Kultmahlzeit warfen die Teilnehmer alle Überreste und alle beim Ritual benutzten Gegenstände in tiefe Opferspalten, den Wohnsitz dieser Mächte: Opfergaben waren den Göttern geweiht, und keine menschliche Hand sollte sie je wieder berühren. Meist wurden sie deshalb absichtlich zerbrochen.

In den Spalten lagen auch vielerlei weibliche Opfergaben: Schmuck, Spinnwirtel, Nadeln, Armreifen, Schnüre aus Menschenhaar, magische Knoten und Fakkeln, die auf die Verehrung einer Fruchtbarkeits- und Todesgöttin hinwiesen. Auch griechische Göttinnen, wie etwa Demeter, wurden in Höhlen und Klüften verehrt.

Kannibalismus war in den alten Kulturen weit verbreitet, wie Knochenfunde im gesamten mitteleuropäischen Raum zeigen. In anderen Gegenden der Welt wurde Kannibalismus noch in unserem Jahrhundert praktiziert – einige Stämme fern der Zivilisation essen wahrscheinlich heute noch Menschenfleisch –, aus den unterschiedlichsten Motiven. Diese Varianten (göttlicher Kannibalismus, mystischer Ahnenkannibalismus, funeraler Kannibalismus usw.) hat der Professor versucht, in Beziehung zu den Funden im Kyffhäuser zu setzen, um die Vorstellungswelt der dortigen Bewohner zu ergründen.

Die Menschen, die sich auf den Plateaus vor den Höhlen zu ihrer uns heute

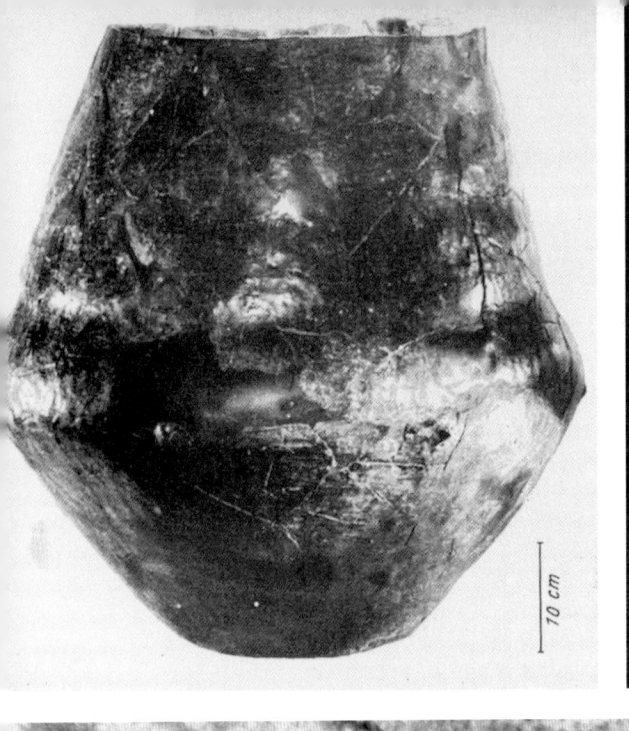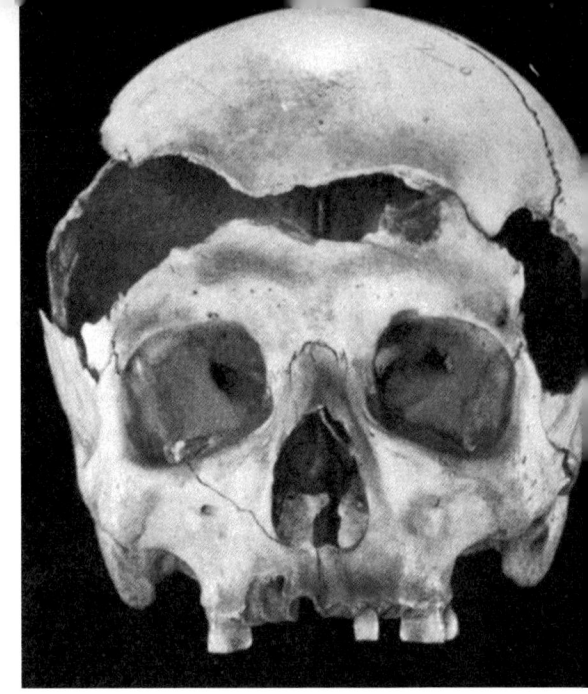

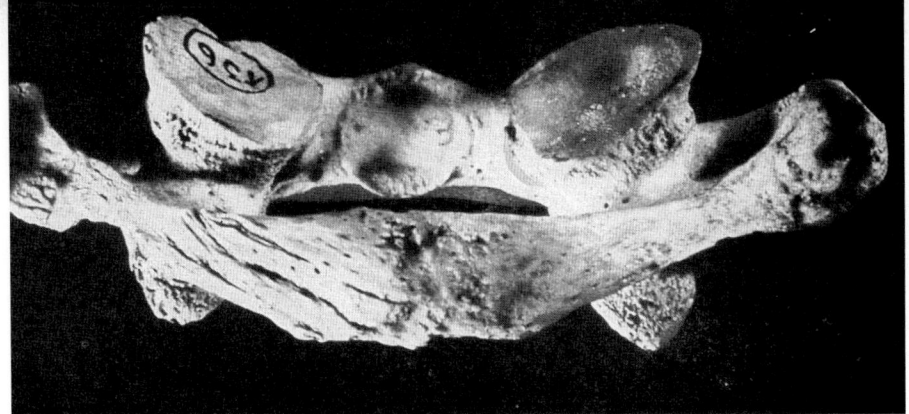

Linke Seite: Ein großes Tongefäß, in dem die Kannibalenmahlzeit zubereitet wurde; gefunden vor einer der Kulthöhlen (oben links).

Dieser Menschenschädel wurde durch Beilhiebe zertrümmert (oben rechts).

Schädel, Teile der Wirbelsäule und ein angebrannter Beckenknochen. Die Reste dieses Opfers fanden die Archäologen in einem Felsspalt (unten).

Oben: Ein menschlicher Halswirbel, der Atlas. Die tiefen Scharten sind Schnittspuren: Das Opfer wurde geköpft.

Unten: Zu den Opfergaben aus den Höhlen gehörten auch solche bronzenen Radnadeln, die zur Befestigung der Kleidung dienten.

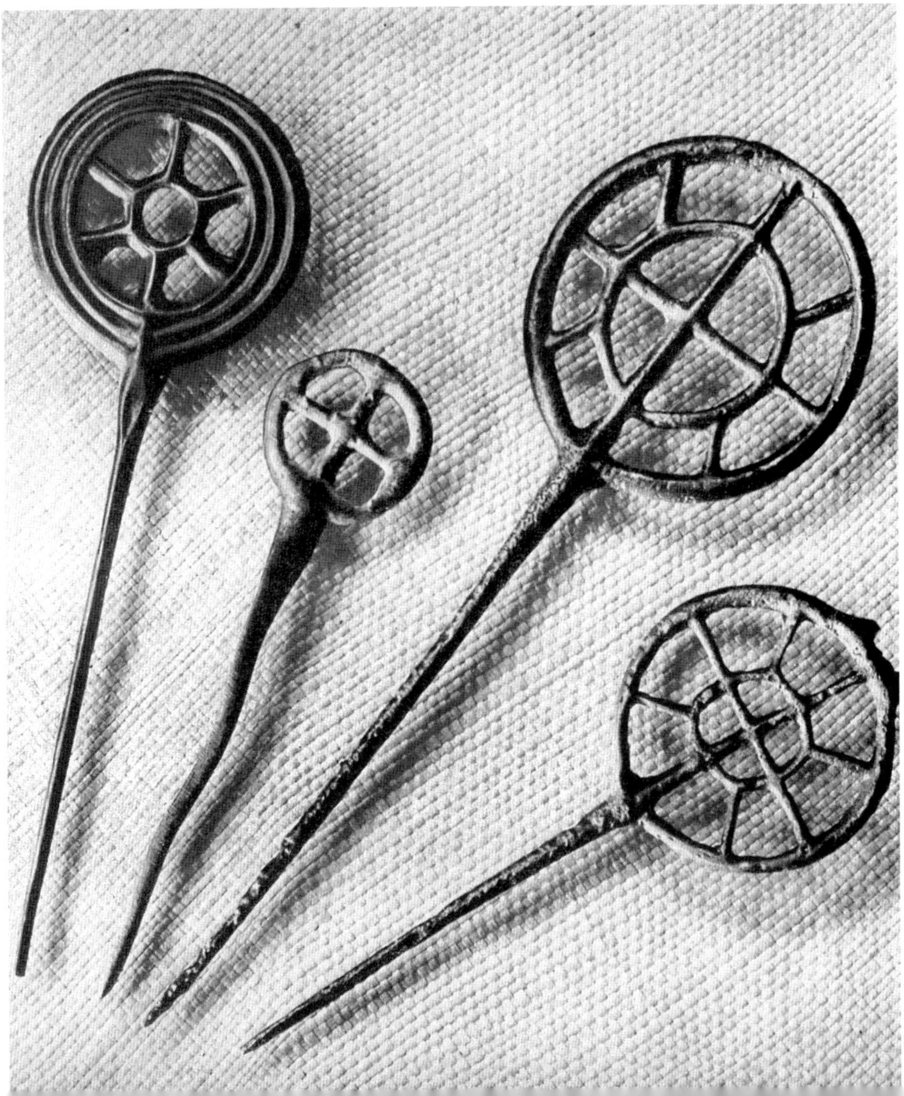

grausam erscheinenden Ritualmahlzeit versammelten, waren Veneto-Illyrer, die hier zwischen 1400 und 600 v. Chr. wahrscheinlich einem Kult der Muttergottheit huldigten. Sie wurden von den Germanen verdrängt. Der Kyffhäuser aber blieb ein magischer Ort.

Heiligtümer und Opferstätten, Kult und Religion – eine lebenslange Passion des Professors. Doch unumstritten ist er nicht. Manche seiner Kollegen werfen ihm vor, seine Aussagen seien teilweise zuwenig wissenschaftlich fundiert. Er überzieh in seiner Interpretation, denn Behm-Blancke wagt auch mal populärwissenschaftlich zu schreiben. In seinem schon erwähnten Buch »Höhlen, Heiligtümer, Kannibalen« entwirft er das Szenario einer Opferhandlung im Kyffhäuser. Archäologische Funde, volkskundliches Wissen, antike Quellen und eine Prise Phantasie verschmelzen darin und versetzen den Leser dreitausend Jahre zurück:

»... Jetzt dringt ein leiser eintöniger Gesang zu mir: Eine Prozession nähert sich dem Heiligtum. Im engen Spalt müssen die Teilnehmerinnen hintereinander gehen. Sie tragen Fackeln, das unerläßliche Requisit bei allen Opferhandlungen für die Unterweltsgottheiten... – Darstellungen der Mond- und Todesgöttin Artemis zeigen sie als fackeltragende Frau, deren Scheitel ein Halbmond schmückt. Auch Hekate, die Todesgöttin, trägt eine Fackel. Im Mysterienkult der ›Kornmutter‹ Demeter hielten Priester und Eingeweihte während des nächtlichen Marsches nach Eleusis und während der heiligen Handlungen Fackeln in den Händen. – Nun sind die schweigenden Frauen im Höhlenheiligtum. Ein Feuer flammt vor der Steinschuttspalte auf. Schrot, Wasser und Fett werden verrührt, ein Brei zubereitet, kleine Klöße daraus geformt. Unter den Anrufungen des Priesters werden die Speiseopfer für die Gottheit niedergelegt: ein einfacher Mehlbrei, ähnlich dem Demeter-Opfer der Griechen, vielleicht ein mit Salz gewürzter Opferschrot, wie ihn die Römer herstellten – jedenfalls ein Brei, wie er heute noch als ›Seelenkleister‹ und ›Seelenpapp‹ während des Allerseelenfestes in katholischen Gegenden auf die Gräber gestellt wird.

Die Frauen beten. Für sich und ihre Kinder, für die Familie, für das Vieh und um gute Ernte. Aber die Göttin verlangt noch mehr Opfer. – Man schlachtet Rinder, Ziegen, Schweine, vor allem Ferkel, röstet das Fleisch über dem Feuer und verteilt es dann an die auf dem Boden hockenden Gläubigen, die das heilige Mahl schweigend verzehren, die Knochen aufschlagen und aussaugen... Erschauernd vor der Nähe der Göttin legen die Frauen Schmuckgürtel und Kopfbinden ab, breiten sie Haar- und Kleidernadeln auf dem Opferteppich aus, stellen sie andere Schmuckstücke in kleine Seitenspalten. Gesang begleitet die Opferhandlung und das magische Geschehen.

Nun verlassen die Frauen die Höhle. Dunkelheit hüllt die heilige Stätte ein. Doch eines Tages verlangt die Göttin neue Opfer, damit das Leben draußen in den Dörfern und Fluren pulsieren kann. Doch wehe, wenn zur rechten, festgesetzten

Zeit nicht geopfert wird und die Göttin zürnt! Dann hält der Mond, ihr Gestirn, den Regen zurück, die Quellen aus dem Reich der Unterwelt versiegen, die Felder trocknen aus, die Saat verdorrt, die dürren Weiden können das Vieh nicht ernähren. Schreckliche Hungersnot bricht aus, Seuchen verwüsten das Land, das Strafgericht der ›Großen Mutter‹ lastet schwer auf Mensch und Tier, die sie in Scharen in ihr Totenreich holt. Die Göttin muß also gnädig gestimmt werden. – Es muß gesühnt, es muß gedankt werden ...«

Behm-Blancke versteht es, Leser und Zuhörer in seinen Bann zu ziehen. Dabei beweist er in der Interpretation seiner Funde Mut, was nach Meinung einiger Kollegen den Wert seiner wissenschaftlichen Arbeit schmälert. Wissenschaft ist in seinen Augen für die Menschen da. Warum nicht deren Vorstellungskraft auf die Sprünge helfen?

Einmal im Monat hat Behm-Blancke Gäste in seiner Gelehrtenstube: den Bischof von Erfurt und einen Vertreter der protestantischen Kirche. Die Kirchenmänner suchen das Gespräch mit dem Archäologen, der soviel über den Kult der vorchristlichen Zeit »ergraben« hat. Während solcher Diskussionen kristallisieren sich erstaunliche Überschneidungen und Parallelen zwischen heidnischen Riten und christlicher Liturgie heraus. Das frühe Christentum hat bei der Missionierung von »Heiden« ältere kultische, »heidnische« Formen der Verehrung aufgenommen und dabei so manche Götterfigur vereinnahmt. Auch ältere Glaubensinhalte wurden in christliches Gedankengut umgemünzt. Das drängt die Vermutung auf, daß auch die christliche Religion keine endgültige Wahrheit, sondern eine Stufe in einer »Evolution des Glaubens« sein muß.

Zurück zu den beiden Männern am Rand des abgetorften Moores von Oberdorla. Nur die genaue Kenntnis der überlieferten religiösen Vorstellungen ermöglichte es Behm-Blancke, einen Sinn in seinen Entdeckungen zu finden. In Oberdorla war es zum Beispiel entscheidend, in welche Himmelsrichtung die Altäre wiesen: Daraus konnte er schließen, welche Gottheit hier verehrt wurde.

Andere Funde, die zunächst rätselhaft schienen und nicht eingeordnet werden konnten, erfuhren später überraschende Erklärungen: so etwa Asche und Holzkohle, die kreisförmig um einen Altar verstreut lagen und die der Archäologe zunächst nicht zu deuten in der Lage war. Er dokumentierte dieses Phänomen trotzdem, bemühte seine Phantasie und kam zu folgendem Schluß: Es handelte sich um Überreste von Fackeln oder etwas Ähnlichem, die zu Boden fielen, während der Priester oder Gläubige damit um den Altar gingen. Ein ähnliches Kultelement findet sich noch im Christentum: Der orthodoxe Priester umrundet dreimal mit einem Weihrauchgefäß den Altar. Heute Weihrauch – damals der Rauch aromatischer Hölzer.

Die Beschäftigung mit der Religion im offiziell atheistischen Arbeiter-und-

Bauern-Staat war anrüchig. Religion sei – nach Marx – nichts anderes als »Opium des Volkes«. Doch die Wissenschaftler fanden auch im real existierenden Sozialismus immer ein Hintertürchen – schließlich beschäftigte man sich ja mit der Religion der »anderen«, des Klassenfeindes, der auf diese Weise die Arbeiterschaft »ruhigstellte«.

Kaum einem deutschen Archäologen sind so viele spektakuläre Funde geglückt wie dem Professor aus Weimar. Er scheint einen Riecher für verborgene vorgeschichtliche Stätten zu haben. Vielleicht findet nicht er sie, sondern sie finden ihn ...?

Günter Behm-Blancke nimmt für sich in Anspruch, das älteste Heiligtum der Welt entdeckt zu haben – um vieles älter als die Tempel von Malta und Jericho, die bis jetzt als die ältesten erhaltenen Heiligtümer der Welt galten. Bei Oelknitz fand er in den Resten eines großen Zeltes eiszeitlicher Jäger noch aufrecht stehende Stelen, die nach der Theorie von Ethnologen die Urformen aller Götter darstellen sollen: die »Mutter der Tiere« und den »Vater der Tiere« – göttliche Kräfte, denen die Beeinflussung des Jagdglücks oblag. Dieses Heiligtum wäre dann mit seinem Alter von zehn- bis zwölftausend Jahren erheblich älteren Datums als jene bereits erwähnten von Malta und von Jericho.

Wie so vieles, was der Professor ergraben und erforscht hat, wurde auch dieser Fund noch nicht veröffentlicht. Die Publikation über Oberdorla ist in der Drucklegung, doch die Ergebnisse der Kyffhäusergrabung warten noch darauf.

Behm-Blancke erhielt vor dem Mauerbau lukrative Angebote aus dem Westen, doch Oberdorla war ihm wichtiger. Er harrte aus, um diese einmalige Kultstätte zu erforschen. Doch das Leben in der DDR war kein Zuckerschlecken.

Die Wiedervereinigung hat dem »alten Schamanen« nicht viel Gutes gebracht: Seine sämtlichen wissenschaftlichen Mitarbeiter wurden entlassen. Er verfügt nicht einmal über eine Schreibkraft für seine Manuskripte. Sein Lebenswerk ist in Gefahr, er und seine Frau werden auf ihre alten Tage aus der Wohnung gedrängt: Sie können mit ihren schmalen Renten die Miete nicht mehr bezahlen. Der Archäologe hat Nazis und Kommunisten überlebt, jetzt scheint er der Bürokratie und den »Segnungen« des Kapitalismus zum Opfer zu fallen.

Sechzig Jahre Archäologie in Deutschland – das waren schwierige Jahre, in denen immer die Gefahr bestand, unter die Räder der Ideologien zu geraten. Günter Behm-Blancke ist keiner auf den Leim gegangen. Er ist ein Humanist.

Als ich ihn einige Tage vor den Dreharbeiten in seiner mit Modellen und Büchern vollgestopften Stube im Museum besuchte, sprach er acht Stunden von seinen Entdeckungen und seinem Leben, das er ausschließlich der Archäologie widmete. Der charismatische Erzähler ließ im Halbdunkel seines Zimmers längst vergangene Welten vor mir erstehen; er hat die Gabe, auf seine Weise Kontakt mit den Geistern herzustellen, welche die Welt unserer Vorfahren bevölkerten – wie ein alter Schamane.

Rita Knobel-Ulrich

Der Jäger des vergrabenen Schatzes

Nomen est omen: Sein Ruf eilt ihm schon voraus. Unter Museumsleuten gilt Dr. Klaus Goldmann als »Jäger des verlorenen Schatzes«. Mit geradezu kriminalistischem Spürsinn, Hartnäckigkeit und Charme verfolgt er die Spuren von Gemälden, Schätzen, Kunstgegenständen, die in den Nachkriegswirren aus deutschen Städten scheinbar auf Nimmerwiedersehen verschwanden.

Doch wer sich nun eine Art Sherlock Holmes oder gar eine zweite Ausgabe des tollkühnen Recken vorstellt, der sich in dem Spielberg-Film »Jäger des verlorenen Schatzes« den Attacken von Riesenschlangen und Bösewichten mit einem dreifachen Salto entzieht und sich je nach Regieanweisung über steile Bergwände abseilt, aus dem Hubschrauber springt oder durch unterirdische Flußläufe robbt – der ist bei der Begegnung mit Dr. Goldmann auf den ersten Blick enttäuscht. Der nicht sehr herkulische Mann, dem man ansieht, daß er gern und gut ißt, hat so gar nichts mit dem Spielberg-Supermann gemein. Doch bei näherem Hinsehen ist die Realität – wie ja fast immer – spannender als jeder noch so gut gemachte Actionfilm, und wenn Klaus Goldmann anfängt zu erzählen, dann verursachen sogar Schätze aus der Bronzezeit beim Zuhören das gewisse Magenflattern.

Die Liebe des Klaus Goldmann galt schon als kleiner Junge der Vor- und Frühgeschichte. Mit Cerams Buch »Götter, Gräber und Gelehrte« wuchs er auf und beschloß bald, Archäologe zu werden – eine Absicht, die dem Vater gar nicht behagte, da er die Pläne seines Sohnes für spinnert und die Archäologie für eine brotlose Kunst hielt. Er hätte den Sohn lieber als Juristen brillieren sehen.

Doch damals wie heute: Sohn Klaus erwies sich als hartnäckig und setzte sich durch. Als Oberkustos am Berliner Museum für Vor- und Frühgeschichte ist er seit nunmehr zwanzig Jahren auf der Suche nach Kunstschätzen, die seit dem Krieg in den Berliner Museen vermißt werden, was ihn weltweit in einschlägigen Museumskreisen nicht gerade beliebt gemacht hat.

Besonders verbissen fahndet er seit zwanzig Jahren nach dem Goldschatz von Eberswalde, Deutschlands größtem Goldfund, »das Beste aus Deutschlands Vorgeschichte« (Originalton Goldmann), der zu den größten und bedeutendsten Entdeckungen der Bronzezeit in Mitteleuropa zählt. Schon damals war er zwanzigtausend Goldmark wert, heute ist er wahrscheinlich einige Millionen teuer. Solche

Zahlenspielereien liebt Klaus Goldmann übrigens nicht. »Man kann in Zahlen gar nicht ausdrücken, was dieser Schatz wert ist«, sagt er energisch. »So etwas ist unschätzlich und unersetzlich.«

Die Geschichte dieses Schatzes ist eng mit der jüngsten deutschen Geschichte verbunden: 1913 beschloß in Eberswalde, das eine knappe Autostunde nordöstlich von Berlin im Brandenburgischen liegt, der größte Arbeitgeber und Inhaber eines Messingwerks, Aaron Hirsch, seinen Arbeitern ein neues Wohnhaus zu errichten. Es steht heute noch – als roter Klinkerbau – auf dem Gelände der ehemaligen Fabrik. Bei den Ausschachtungsarbeiten zu diesem Wohnhaus stieß nun am 16. Mai jenes Jahres ein Arbeiter auf ein bauchiges Tongefäß. Neugierig eilten die übrigen am Bau Beschäftigten herbei: Sie entnahmen dem irdenen Behälter mit flachem Deckel acht ineinandergesteckte Goldgefäße, die mit dreiundsiebzig goldenen Gegenständen gefüllt waren. Das Ganze wog über fünf Pfund und war damit, wie sich später herausstellte, einer der größten Schätze, die je in Deutschland entdeckt wurden, und einer der bedeutendsten urgeschichtlichen Funde in Mitteleuropa überhaupt.

Der Werksleiter stellte den Fund sicher. Der spätere Fundbericht des damaligen Direktors des Museums für Vor- und Frühgeschichte in Berlin, Carl Schuchhardt, lautete wörtlich: »Beim Ausschachten der Fundamentgrube für ein neues Arbeiterwohnhaus war ein Arbeiter mit dem Spaten auf eine Urne gestoßen. Sie zerbrach im oberen Teil und ließ gelbe Metallgeräte zum Vorschein kommen. Der Maurerpolier trat hinzu, hob das ganze Gefäß aus der Erde und stellte es beiseite. Dem Bureau wurde Bescheid gegeben, und alsbald kam einer der beiden Direktoren des Werkes und nahm den Fund ins Haus. Am folgenden Tage erkundigte sich der Chef, Aaron Hirsch, in der Stadt nach sachverständigem Rat. Am 3., einem Sonntag, teilte er mir (Carl Schuchhardt) telefonisch die Angelegenheit mit, und am 4. fuhren alle gemeinsam in aller Frühe im Automobil zusammen nach dem Messingwerk hinaus.« Aaron Hirsch überließ den Schatz der Öffentlichkeit beziehungsweise dem Museum. Doch auch Kaiser Wilhelm II. meldete Interesse an.

Karl Goldmann liebt die Klarheit. Drumherumreden gibt es bei ihm nicht, und als geübter Vater von zwei Kindern drückt er sich manchmal aus wie der hoffnungsvolle Nachwuchs: »Der Kaiser war natürlich scharf auf den Schatz«, sagt er unverblümt.

Briefe wechselten hin und her, in denen es an »alleruntertänigsten Wünschen für des Allergnädigsten Kaisers Wohlergehen« nicht mangelte.

In dieser Hinsicht war man wohl höflicher als heutzutage. Doch an der Kernaussage des Schriftverkehrs bestand kein Zweifel: Aaron Hirsch legte Wert darauf, daß der Schatz der Öffentlichkeit zugänglich gemacht wurde, und die Museumsleute, hoch erfreut, damit ihr Museum zu schmücken, dachten gar nicht daran, das Gold alleruntertänigst der allergnädigsten Majestät in den Rachen zu werfen.

In dem mit einem Deckel sorgsam verschlossenen Tongefäß lag der Goldschatz: acht aus Goldblech getriebene, reichverzierte Schalen, Hals- und Armringe, viele aufgewickelte Drähte, ein Barren und manches Bruchgold. Am auffälligsten waren die Goldschalen. Sie gehören zu einem Typus, der in der jüngeren Bronzezeit, auch sonst im Norden, weit verbreitet ist. Meistens hat man solche Goldgefäße in Mooren oder verlandeten Seen entdeckt, wo sie sehr wahrscheinlich als Opfer niedergelegt worden waren.

Die Methode, mit der sie hergestellt wurden – getriebenes Metall –, war dem nordischen Kreis der Bronzezeit, ungefähr tausend Jahre vor unserer Zeitrechnung, allerdings fremd. Das Ursprungsgebiet der Treibtechnik liegt vielmehr im südlichen und südöstlichen Mitteleuropa oder noch weiter entfernt: jenseits der Alpen.

Ob es sich nun bei dem Goldschatz von Eberswalde um im Speziellen eingeführte Stücke oder eine Nachahmung durch einheimische Handwerker handelt, diese Frage hat die Forschung immer wieder beschäftigt. Carl Schuchhardt, der damals von Aaron Hirsch als Sachverständiger mit dem Fund betraut wurde, hat sowohl das eine wie das andere für möglich gehalten.

Woher wissen die Forscher überhaupt, daß das Gold aus der Bronzezeit stammt? Die Antwort ist einfach: Eines der ersten Metalle, die auch schon zu Beginn der jüngeren Steinzeit verarbeitet wurden, war neben Kupfer auch Gold, was in Nordeuropa vereinzelte Funde von halbmondförmigen Schmuckkragen beweisen. In größerem Umfang kam Gold aber erst mit der beginnenden Bronzezeit in Mode. Es kommt zum Beispiel in den reichen mitteldeutschen Gräbern der frühen Bronzezeit wie in den zeitgleichen Hortfunden vor. Auch im Norden Europas, in Dänemark und Schleswig-Holstein sowie in Niedersachsen, häuften sich Goldfunde aus jener Zeit, die teils aus Gräbern, teils aus Mooren geborgen wurden. Eine ausgesprochene Blüte erlebte das goldverarbeitende Handwerk jedoch erst in der jüngeren Bronzezeit, nicht zuletzt wohl aufgrund von Anregungen, die zum Teil aus dem süddeutsch-österreichisch-ungarischen Raum kamen.

Der Goldschatz war in einem Tongefäß deponiert und in der Erde vergraben, also nicht in einem Moor oder See versenkt, wie es im Rahmen von Opferhandlungen zu jener Zeit sonst bevorzugt wurde.

Im Fall von Eberswalde wurde Bruchgold zahlreich verwendet, und auch insofern rätselt die Forschung, ob es sich um eine Opfergabe handelt, weil man dann vermutlich ausschließlich intakte Gegenstände verwendet hätte. Oder handelte es sich nur um ein echtes Versteck, vielleicht um das Depot eines Händlers, der unweit der großen Wasserstraßen, die damals wie heute Mitteleuropa mit den wichtigen Handelszentren im Süden bis zum Schwarzen Meer verbanden, seine Geschäfte betrieb?

Nicht nur der Schatzfund von Eberswalde, auch ein weiterer aus Werder, Kreis Potsdam, zeigt, wie sehr das Edelmetall in der späten Bronzezeit nicht nur in Skandinavien, sondern auch in der Mark Brandenburg begehrt war. Desgleichen geben andere, meist einzeln geborgene goldene Gegenstände aus der gleichen Zeit dies zu erkennen. In erster Linie sind hier die sogenannten Eidringe zu erwähnen, von denen einige schon im vergangenen Jahrhundert in das damalige »Königliche Museum« zu Berlin gelangten. Wie vieles andere aus Gold sind sie sämtlich den Kriegs- und Nachkriegswirren zum Opfer gefallen.

Um so erfreulicher ist es, daß ein solcher Ring unmittelbar nach dem Zweiten Weltkrieg beim Kartoffelsammeln bei Nauen gefunden und am 10. April 1972 dem Berliner Museum für Vor- und Frühgeschichte als Leihgabe übergeben wurde. Inzwischen ist er in den Besitz des Museums übergegangen. Der Schatzfund von Eberswalde dagegen existiert heute nur noch als Nachbildung, die von der Firma WMF nach dem Ersten Weltkrieg angefertigt wurde. Das Original ging während der Nachkriegszeit verloren. Die Geschichte des Eberswalder Goldes ist insofern eng mit der deutschen Geschichte verbunden.

Unser Team begleitet den »Jäger des verlorenen Schatzes« auf seiner Suche nach den Spuren des Goldfundes. Wir fahren mit ihm von Berlin in die Mark Brandenburg, nach Eberswalde, wobei wir genießen, wie einfach das jetzt möglich ist: Kein mißtrauisches Nachfragen, kein Herumstochern in unserem Gepäck, kein unangenehmes Gefühl, das alle Autoinsassen beim Passieren der ehemaligen innerdeutschen Grenze beschlich. Für den Museumsmann gestaltet sich die Arbeit jetzt um vieles leichter.

In Eberswalde scheint die Zeit stehengeblieben zu sein wie in vielen kleinen Ortschaften und Städten der ehemaligen DDR: ein Kolonialwarenhändler dort, wo der ehemalige HO-Laden war; eine NVA-Kaserne, in die jetzt die Bundeswehr eingezogen ist; ein kleiner Reparaturbetrieb, der die Verstaatlichungswut der ehemals in der DDR Herrschenden überlebt hat. Dazwischen: Kopfsteinpflaster, ein paar Hühner und Gänse, die gemütlich über die Straße wackeln, unbeeindruckt von den wenigen Fords und Opels, den Zeichen der neuen Wendezeit, die sich hier noch sehr zaghaft ankündigt.

Dr. Klaus Goldmann hat eine Skizze in der Aktentasche. Redakteure der »Berliner Zeitung« haben ihn kürzlich in seinem Museum aufgesucht mit einer Nachricht, die ihn förmlich elektrisierte: Es soll in Eberswalde noch Zeitzeugen geben, die sich an den damaligen Fund von 1913 erinnern können. Mehr sei den Journalisten auch nicht bekannt. Nur ein Herr Meier oder Müller, der in Eberswalde lebe, wisse darüber Bescheid.

Rechte Seite: Gebäude der ehemaligen Preußischen Staatsbank. Hier lagerte seit Januar 1941 zum Schutz vor Bombenangriffen im Tresorraum 5 der Schatz von Eberswalde (oben).
Vertrag zwischen der Preußischen Staatsbank und dem Museum für Vor- und Frühgeschichte über die Einlagerung von Schatzkisten (unten links).
Schreiben des Geheimen Kabinetts-Rats von Kaiser Wilhelm II. an den Direktor des Museums für Vor- und Frühgeschichte, Carl Schuchardt, über die zeitweilige Überlassung des Schatzes von Eberswalde (unten rechts).

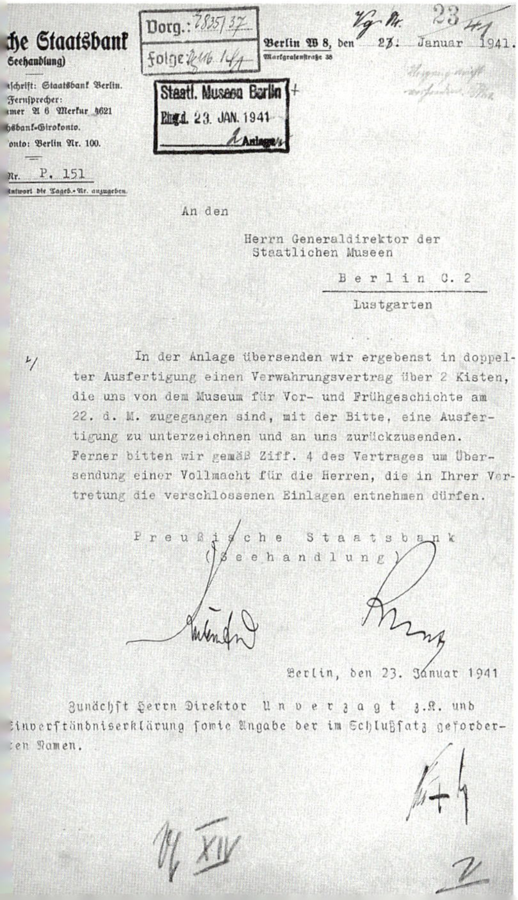

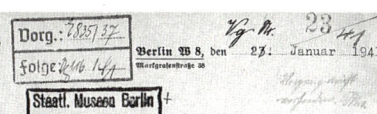

Left document:

...che Staatsbank
(Seehandlung)

Dorg. 7805737
Folge ...

...schrift: Staatsbank Berlin.
Fernsprecher:
...mer A 6 Merkur 9621
...bank-Girokonto.
...konto: Berlin Nr. 100.

Nr. P. 151

Berlin W 8, den 23. Januar 1941.
Markgrafenstraße 38

Hg. Nr. 23

Staatl. Museen Berlin
Eing. 23. JAN. 1941
2 Anlagen

An den
Herrn Generaldirektor der
Staatlichen Museen

B e r l i n C. 2

Lustgarten

In der Anlage übersenden wir ergebenst in doppelter Ausfertigung einen Verwahrungsvertrag über 2 Kisten, die uns von dem Museum für Vor- und Frühgeschichte am 22. d. M. zugegangen sind, mit der Bitte, eine Ausfertigung zu unterzeichnen und an uns zurückzusenden. Ferner bitten wir gemäß Ziff. 4 des Vertrages um Übersendung einer Vollmacht für die Herren, die in Ihrer Vertretung die verschlossenen Einlagen entnehmen dürfen.

P r e u ß i s c h e S t a a t s b a n k
(Seehandlung)

Berlin, den 23. Januar 1941

Zunächst Herrn Direktor U n v e r z a g t z.R. und Einverständniserklärung sowie Angabe der im Schlußsatz geforderten Namen.

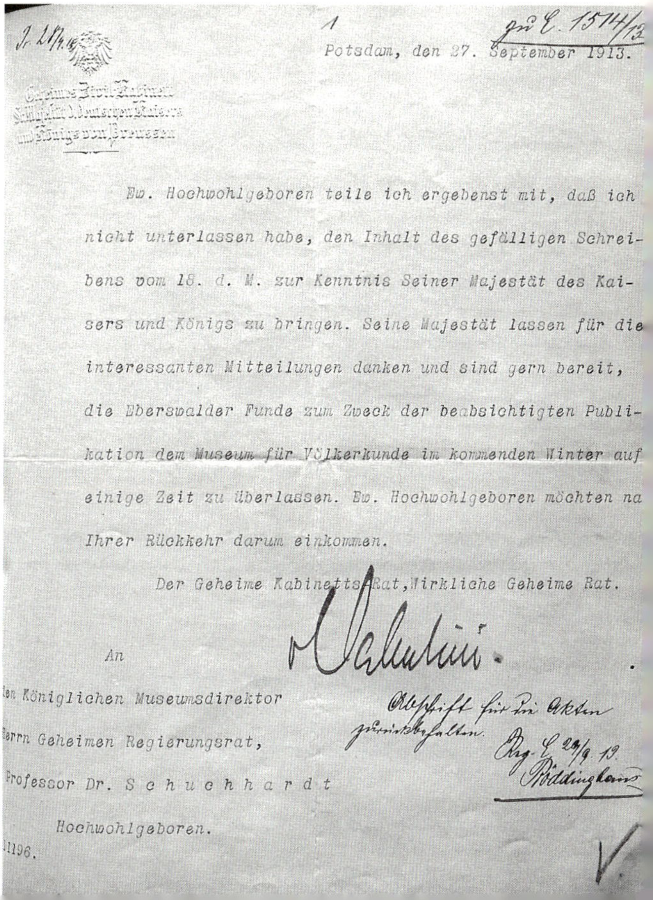

Right document:

Potsdam, den 27. September 1913.

zu E. 1514/13

Geheimes Zivil-Kabinett
Seiner Majestät des Kaisers
und Königs von Preußen

Ew. Hochwohlgeboren teile ich ergebenst mit, daß ich nicht unterlassen habe, den Inhalt des gefälligen Schreibens vom 18. d. M. zur Kenntnis Seiner Majestät des Kaisers und Königs zu bringen. Seine Majestät lassen für die interessanten Mitteilungen danken und sind gern bereit, die Eberswalder Funde zum Zweck der beabsichtigten Publikation dem Museum für Völkerkunde im kommenden Winter auf einige Zeit zu überlassen. Ew. Hochwohlgeboren möchten na Ihrer Rückkehr darum einkommen.

Der Geheime Kabinetts-Rat, Wirkliche Geheime Rat.

Valentini.

An
den Königlichen Museumsdirektor
Herrn Geheimen Regierungsrat,
Professor Dr. S c h u c h h a r d t
Hochwohlgeboren.

So klein ist Eberswalde nun auch wieder nicht, daß man einen Meier oder Müller sofort auffindet, und so macht sich der Doktor der Archäologie unverdrossen daran, wie ein Staubsaugervertreter »Klinken zu putzen«, zu klingeln, nachzufragen, sich vorzustellen. Die Leute haben zwar in diesen Zeiten andere Sorgen als Goldschätze, die vor über achtzig Jahren in ihrem Örtchen gefunden wurden, aber dennoch wird der Museumsmann freundlich von Tür zu Tür weitergereicht: Man habe gehört, der und der wisse Näheres. Er könne ja auch dort und dort mal fragen; der sei alteingesessener Eberswalder; man selbst stamme von weiter her, aus dem Osten, und habe von dem Goldschatz nur läuten gehört, nichts Genaues, aber vielleicht wisse die Frau mehr. Ob man nicht hereinkommen wolle zu einer Tasse Kaffee und alles bereden.

Auch das gehört zu der Arbeit eines engagierten Museumsmanns in diesen Zeiten: daß man auf einem Kanapee unter dem Bildnis eines röhrenden Hirsches Platz nimmt, über die Zeitläufte plaudert, über die Preise und die schweren Zeiten heutzutage – bis man zu dem Thema kommt, das Dr. Goldmann mehr als alles andere interessiert: der Goldschatz. Wer könnte ihm die gewünschte Auskunft im Ort geben?

Endlich eine Adresse: Auf der Hauptstraße das letzte Haus auf der rechten Seite, ein graues Tor – er werde schon sehen –, da wohne ein Herr Müller. Der könne bestimmt weiterhelfen. Wieder klingeln, wieder erklären, wer er ist, was er will, woher er kommt. Diesmal ein verstehendes Lächeln auf dem Gesicht des Gegenübers:

Natürlich wisse er Bescheid. Der Großvater nämlich, der sei damals bei der Freiwilligen Feuerwehr von Eberswalde gewesen und habe zusammen mit anderen Freiwilligen den Goldschatz mit einem großen Pferdegespann und unter schwerer Bewachung nach Berlin gebracht.

Eine Sensation sei das Ganze ja damals gewesen, vor allem auch deswegen, weil der Finder, ein Arbeiter des Messingwerks, sich von dem Finderlohn, fünftausend Goldmark, damals ein tolles Haus habe bauen können, worum ihn alle Eberswalder beneidet hätten. Das war wie ein Sechser im Lotto. Der Großvater habe ihm oft davon erzählt.

Solche Momente sind Sternstunden im Leben des Klaus Goldmann. Einträchtig wandern die beiden zu den Arbeiterwohnungen des ehemaligen Kupfer- und Messingwerks von Eberswalde. »Billig und jut«, sagt Herr Müller, seien die Wohnungen gewesen. Sozial sei der Jude ja gewesen, »da jibt es nischt«. Und die Frau Hirsch, die sei immer so empfindlich gewesen, habe der Großvater erzählt. »Früher nämlich hat es in Eberswalde noch Holzbohlen auf den Straßen gegeben. Und da darauf die Fahrzeuge immer so gerumpelt haben, konnte die Frau Hirsch nicht schlafen.«

Und so wurden nicht nur neue Arbeiterwohnungen gebaut, sondern die Straßen auch mit einem Katzenkopfpflaster versehen, damals das Modernste vom Moder-

96

nen. Das Katzenkopfpflaster aus der Zeit der nervösen Frau Hirsch gibt es übrigens heute noch.

Nur die Straßennamen haben sich geändert: Hirschplatz hat der Teil zunächst geheißen, wo der sozial denkende Aaron Hirsch die Wohnungen erbauen ließ, bei deren Ausschachtung der Schatz gefunden wurde. Als wenig später Juden in Deutschland »unerwünscht« waren, verließ Aaron Hirsch Eberswalde rechtzeitig. Die Firma wurde arisiert, wie es in der Sprache des Dritten Reichs hieß. Der Platz wurde zum Bismarckplatz.

Nach Kriegsende wurde aus dem Bismarckplatz der Rote Platz. Die Inschrift ist nur noch mühsam zu entziffern, denn die Wende ging auch am Roten Platz von Eberswalde nicht spurlos vorüber. Jemand hat versucht, das Straßenschild abzukratzen. »Ja, was jetzt wird, det weeß noch keener«, sagt Herr Müller.

Hitler – das hieß nicht nur, daß Herr Hirsch seinen Besitz aufgeben und aus Deutschland fliehen mußte. Hitler hieß auch Krieg, und der wurde bald unbarmherzig an allen Fronten geführt – besonders grausam an der sogenannten Ostfront in Rußland. Siebenundzwanzig Millionen Sowjetbürger verloren in diesem Krieg ihr Leben. Er bedeutete nicht nur unendliches Leid für die Zivilbevölkerung, die Zerstörung von Städten, Dörfern, Kulturschätzen, sondern auch systematische Ausplünderung der okkupierten Gebiete.

In der Sprache des Dritten Reiches waren Russen, Ukrainer, Weißrussen Untermenschen, allenfalls geeignet, der selbsternannten Herrenrasse zu dienen. Zählen sollten sie bis hundert können und nur so viel buchstabieren, daß sie den Nazis nicht gefährlich werden konnten. Kultur und Geschichte – das brauchten sie in den Augen der braunen Horden nicht.

Praktisch hieß das, daß Archive, Bibliotheken, auch manche Museen von Minsk bis Smolensk, von Odessa bis Kiew akribisch leer geräumt und Spezialtrupps eingesetzt wurden, die »Beutestücke« sicherten und sie nach Deutschland in »Sonderdepots« brachten: auf NS-Ordensburgen, auch nach Neuschwanstein und Bad Altaussee.

Heute noch gibt es Dutzende solcher Beutestücke im Museum für Vor- und Frühgeschichte in Berlin. Die Museumsleute kauften sie allerdings gutgläubig Privatleuten ab. Häufig wurden nach dem Krieg die einstigen »Sonderdepots« aufgelöst und »privatisiert«. Erst später dämmerte die Erkenntnis, aus welchen Quellen die erworbenen Stücke stammten. Eines davon zeigte uns Klaus Goldmann: eine Lanze, verschämt untertitelt mit »Herkunft aus Südrußland«. Als Klaus Goldmann kürzlich einen russischen Kollegen durch sein Museum führte, erkannte der das Exponat sofort wieder. Dr. Goldmann hätte es ihm am liebsten gleich mitgegeben, doch die hohe Politik, sprich: das Auswärtige Amt, war dagegen.

Alle derartigen Dinge sollten in »Gesamtverhandlungen« einbezogen werden, die anstehen, um Beutegegenstände von hüben und drüben auszutauschen und sie dem jeweiligen rechtmäßigen Besitzer, der damaligen UdSSR und der Bundesrepublik Deutschland beziehungsweise den jeweiligen Museen, wieder zuzuführen.

Klaus Goldmann findet den politischen Weg nicht in Ordnung: Die Russen hätten die unbürokratische Rückgabe sicher für eine honorige Geste gehalten und wären dann auch bereit gewesen, eher mit sich reden zu lassen, meint er. Wenn man erst Politiker an solche Dinge heranlasse, dann könne es noch Jahrzehnte dauern, bis sich in Sachen Austausch etwas bewegt...

Doch zurück zur Geschichte des Schatzes von Eberswalde, die allerdings eng mit den Kriegs- und vor allem Nachkriegswirren verbunden ist.

Der Blitzkrieg verlief nicht so schnell, wie sich die Nazis das vorstellten: Der Endsieg ließ auf sich warten. Inzwischen waren zahlreiche besonders wertvolle Stücke eingelagert worden, um sie vor Bombenangriffen zu retten, darunter auch das Eberswalder Gold.

Die Berliner Museen hüteten unersetzliche Kostbarkeiten der Weltkultur. Daß diese Schätze im Falle eines Kriegs durch Luftangriffe äußerst gefährdet waren, das stand für die Museumsdirektoren und Kustoden schon lange vorher fest. Offenbar rechneten sie angesichts der politischen Lage der dreißiger Jahre und in der Folge der Weltwirtschaftskrise mit neuen kriegerischen Auseinandersetzungen. So trafen die Berliner Museen unter ihrem Generaldirektor Otto Kümmel bereits 1934 (!) erste Vorsorgemaßnahmen, um wertvolle Kulturgüter in einem solchen Fall zu schützen.

Die Museen mußten Auflistungen erstellen, in denen die Bestände in drei Kategorien einzuteilen waren: Erstens »unersetzliche« Stücke (dazu gehörten der Schatz des Priamos aus den trojanischen Ausgrabungen Heinrich Schliemanns, aber auch »unser« Schatz von Eberswalde). Unter die zweite Gruppe fielen »wertvolle« Güter, zu denen zum Beispiel die meisten Werke von Rubens und Rembrandt gerechnet wurden, und dann gab es noch eine dritte, in der »Übriges« subsumiert wurde.

Diese Aufstellungen dienten zunächst dazu, einen Überblick über »im Falle eines Falles« eventuell benötigten Bergungsraum zu gewinnen, denn die Entwicklung der Flugtechnik hatte seit dem Ersten Weltkrieg solch entscheidende Fortschritte verzeichnet, daß es in erster Linie darum ging, alle Sammlungsstücke vor möglichen Luftangriffen zu schützen. An eine Eroberung oder dauerhafte Besetzung Deutschlands und in deren Folge eine Gefährdung der Kunstschätze dachte damals niemand.

Und selbst wenn irgendein ahnungsvoller Museumsmann sich so etwas hätte vorstellen können: Sich öffentlich darüber auszulassen, geschweige denn sich auf eine solche Situation vorzubereiten, hätte niemand wagen dürfen, ohne des Defätismus bezichtigt zu werden, was im Dritten Reich den sicheren Tod bedeutete.

Oben: Bei Ausschachtungsarbeiten für den Bau dieser Arbeiterwohnungen wurde 1913 hier – unter der Baugrube des Hauses ganz links in der Reihe – der Schatz von Eberswalde gefunden.

Unten: Die Fundstätte des Schatzes von Eberswalde liegt unweit des Finow-Kanals, einer alten Handelsstraße, wodurch einige Forscher zu der Überzeugung gelangt sind, bei dem Goldfund müsse es sich um das Versteck eines Händlers gehandelt haben, der in dieser Gegend seine Geschäfte betrieb.

Früher und umfassender als in anderen Städten bemühten sich also die Verantwortlichen um eine Sicherung ihrer Schätze, um eventuelle Auslagerungsmöglichkeiten: Orte, die bombensicher zu sein schienen, von Schlesien bis zum Bodensee. Schlösser, Gutshäuser, sogar Salinen wurden ausersehen, wertvolle Museumsbestände zu bergen.

Der damalige Direktor des Museums für Vor- und Frühgeschichte, Wilhelm Unverzagt, hatte gute Verbindungen zu hohen und höchsten Vertretern der preußischen und der Reichsregierung. Er war im Ersten Weltkrieg als Hilfsreferent beim Verwaltungschef für Flandern im deutschen Kunstschutz an der Westfront beschäftigt. Später war er bevollmächtigter Kommissar der deutschen Waffenstillstandskommission. Als Angehöriger des Auswärtigen Amtes hatte er bis 1924 im Reichskommissariat für Reparationslieferungen gearbeitet. Zwar suchte ihn das Auswärtige Amt wegen seines Spezialwissens zu halten, doch als ihm das Amt des Direktors des Museums für Vor- und Frühgeschichte in Berlin angetragen wurde, nahm er an. Seine guten Verbindungen zur Politik aus dieser Zeit bekamen entscheidende Bedeutung für die Geschichte der Museumsschätze in Berlin, darunter auch für jenen von Eberswalde: Die Berliner Museen konnten bereits sechs Tage vor dem deutschen Angriff auf Polen (!) mit der Sicherung ihrer wertvollsten Bestände beginnen. Der Tip kam vom preußischen Finanzminister Popitz, der später, am 2. Februar 1945, wegen seiner Kontakte zum Kreis der Attentäter um Graf Stauffenberg hingerichtet wurde.

Also begann auch das Museum für Vor- und Frühgeschichte am 26. August 1939 mit dem Verpacken seiner kostbarsten Exponate – wie es der Alarmplan vorsah. Ein Teil der Sammlungen wurde außerhalb Berlins untergebracht. Doch das Wertvollste und Beste wollte man lieber selbst im Auge behalten. Das gab jedenfalls der frühere Generaldirektor der Staatlichen Museen, Otto Kümmel, in einem Bericht vom November 1945 zu Protokoll.

Auch das Eberswalder Gold landete im Tresorraum des Museums, dessen Fenster nun zugemauert wurden. Der Tresorraum lag im Keller. Ein Platz, der noch mehr Schutz vor Luftangriffen bot, stand dort nicht zur Verfügung.

Erst im Verlauf des Krieges entschloß man sich, das Wertvollste Räumen anzuvertrauen, die nach damaliger Einschätzung als absolut sicher galten: Das waren die unterirdischen Tresore der Großbanken in Berlin, etwa der Reichsbank mit der Neuen Münze, verschiedener Geschäftsbanken und der Preußischen Staatsbank. Dort, im Tresorraum fünf, mietete das Museum für Vor- und Frühgeschichte Platz an: Drei koffergroße Kisten wurden dort hingeschafft. Die erste enthielt neben dem Schatz des Priamos, der auch die beiden anderen Kisten füllte, den Goldfund von Eberswalde. Alle drei Kisten wurden am 22. und 31. Januar 1941 in der Preußischen Staatsbank deponiert.

Bankleute waren schon immer vorsichtige Geschäftspartner: Sie verlangten aus Sicherheitsgründen ein genaues Inhaltsverzeichnis der bei ihnen eingelagerten

Stücke. Diesem Umstand ist es zu verdanken, daß zumindest zu diesen drei Kisten eine genaue Inventarangabe erhalten blieb.

Doch mit Fortdauer des Krieges häuften sich die Bombenangriffe auf Berlin und bildeten zunehmend eine Gefahr für Menschen wie für Güter. Deshalb waren mehrere Flaktürme errichtet worden: mächtige Betonkonstruktionen, auf denen Flugabwehrgeschütze standen. Zu jedem Geschützturm gehörte ein kleinerer Leitturm, der, entsprechend dem heutigen Radar, die Feuerleitzentrale beherbergte. Man war der festen Überzeugung, daß die Betonmauern dieser Flaktürme auch nicht durch das heftigste gegnerische Bombardement beschädigt werden könnten.

Für Berliner Museumsstücke, die als besonders wertvoll galten, wurden drei Depots in Berlin ausgewählt: der Flakturm am Zoo, der unterirdische Tresor im Neubau der Neuen Münze und der Leitturm Friedrichshain.

Der Flakturm am Zoo wurde mit fünfzehnhundert Quadratmetern Fläche Berlins größtes Museumsdepot, das speziell ausgerüstet und für die Aufnahme der Kostbarkeiten sogar mit einer Klimaanlage versehen war. Dorthin kamen auch der Pergamonaltar und die »Nofretete«. In den Räumen zehn und elf wurden zwischen dem 24. und 26. November des Jahres 1941 die wichtigsten Gegenstände des Museums für Vor- und Frühgeschichte deponiert, darunter auch die drei Kisten aus der Preußischen Staatsbank mit dem Priamosschatz und dem Goldfund von Eberswalde.

Für dieses Museumsdepot im Flakturm Zoo war Professor Unverzagt, der Direktor des Museums für Vor- und Frühgeschichte, gemäß einer Anordnung Otto Kümmels vom 26. August 1943 im Falle eines Großangriffs hauptverantwortlich. Unverzagt hatte noch während der zweiten Jahreshälfte 1944 und Anfang 1945 versucht, für die weiteren Bestände seines Museums, die mittlerweile zwölfhundert Kisten füllten, einen Platz in Salzbergwerken im Werra- oder Elbe-Saale-Gebiet zu organisieren. Beim Besuch der Saline Schönebeck bei Magdeburg stellte Unverzagt im November 1944 den verantwortlichen Bergleuten die Frage, ob es möglich sei, einzelne Kisten zur besseren Sicherung unter Tage einzumauern. Hatte er dabei die besonders wertvollen Kisten mit dem Priamosschatz und dem Eberswalder Goldfund im Sinn?

Er entschied sich dann für diese Saline als Bergungsort, weil sie leicht von Berlin aus auf dem Wasserweg erreichbar war. Doch zur Jahreswende 1944/45 wurde es furchtbar kalt: Selbst die Wasserwege vereisten, und so konnten die gepackten Kisten zunächst nicht, zumindest nicht im Dezember 1944 und im Januar 1945, verschifft werden.

Erst als Tauwetter einsetzte, im Februar und März 1945, wurden mit zwei Kähnen etliche Kisten nach Schönebeck aus dem immer stärker gefährdeten Berlin abtransportiert. Soweit man heute weiß – so Klaus Goldmann –, befanden sich der Schatz des Priamos und der Goldfund von Eberswalde zu diesem Zeitpunkt noch im Flakturm am Zoo.

Sicher ist allerdings auch, daß der zweite Kahn »Cosel 1583«, der Museumsgut von Berlin nach Schönebeck brachte, zuvor Material an Bord hatte, das aus den Flaktürmen stammte und das durch Kunstschätze der »ersten Kategorie« (»Unersetzliches«) anderer Abteilungen der Berliner Museen ergänzt worden war.

Waren etwa hierbei doch die drei Kisten aus dem Flakturm am Zoo?

Die Auslagerung nach Schönebeck hatte auch politische Gründe: Die Kriegsgegner Deutschlands hatten auf ihrer Außenministerkonferenz im Oktober 1943 eine »European Advisory Commission«, EAC, gebildet. Sie sollte sich mit der Frage befassen, was, nach dessen erwarteter Niederlage, mit dem Dritten Reich zu geschehen habe. Unter anderem wurde auch eine Politik der »restitution« beziehungsweise »replacement in kind« verabredet. Übersetzt und im Klartext bedeutete das: Deutschland sollte Ersatz leisten für Kunstgüter, die in den okkupierten Ländern »verlorengegangen« beziehungsweise verschleppt worden waren, und zwar mit erstrangigem Material aus öffentlichen und privaten Museen, Archiven und Bibliotheken.

Unten: Verzeichnis der in der Preußischen Staatsbank 1941 eingelagerten Kisten mit dem Schatz von Eberswalde.
Rechte Seite: Der Flakturm am Zoo wurde Berlins größtes Museumsdepot. Als die Bombenangriffe auf Berlin im Verlauf des Krieges immer heftiger wurden, brachte man die Kisten mit dem Eberswalder Gold aus der Preußischen Staatsbank hierher in die Räume 10 und 11 (oben). Inhaltsverzeichnis der in den Kisten eingelagerten Kostbarkeiten: Zusammen mit dem Eberswalder Gold war in den Kisten auch der berühmte Priamosschatz mit dem trojanischen Gold, das zusammen mit dem Eberswalder Fund seit 1945 verschwunden ist (unten).

```
                          Blatt 4                    Liste 1

    Eberswalde  Goldschatz mit 80 Stücken

    Grünewald   Kat.Nr. II  6581  Gold.Armreif
                    "   II  6582          "
                    -   II  6583 a,b      "
                        II  6584          "

    Sonnenwalde         II  5715  Gold.Spirale
                        II  5716          "
                        II  5718          "
                        II  5719          "

    Ungarn              II  9748 h Goldblättchen
                        II  9748 c        "
                        II  9748 d        "
                        II  9748 a        "
                        II  9748 f        "
                        II  9748 b        "
                        II  9748 i        "
                        II  9748 e        "
                        II  5858  Gold.Schildbuckel
                        II  5723          "
                        I f 10013 f Goldene Spirale
                        I f 10013 g        "
                        II  4729          "

    Apostag             IV d 2907 Gold.Schildbuckel
    Verötze             IV d 1352 a "      Buckel
                        IV d 1352 b "        "
```

102

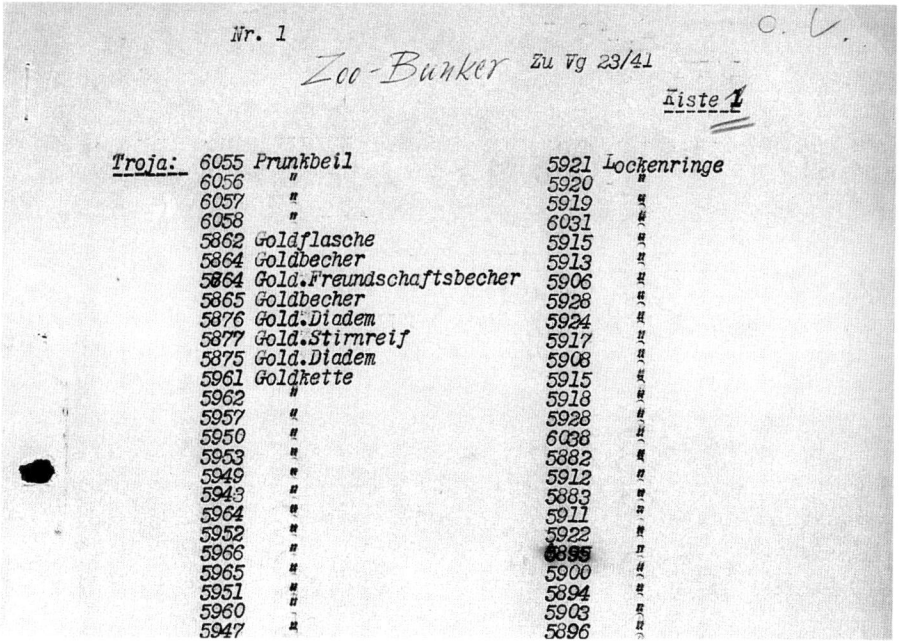

Nr. 1

Zoo-Bunker Zu Vg 23/41

o. V.

Liste 1

Troja:	6055	Prunkbeil		5921	Lockenringe
	6056	"		5920	
	6057	"		5919	"
	6058	"		6031	
	5862	Goldflasche		5915	
	5864	Goldbecher		5913	"
	5864	Gold.Freundschaftsbecher		5906	"
	5865	Goldbecher		5928	
	5876	Gold.Diadem		5924	"
	5877	Gold.Stirnreif		5917	"
	5875	Gold.Diadem		5908	"
	5961	Goldkette		5915	"
	5962	"		5918	
	5957	"		5928	
	5950	"		6038	
	5953	"		5882	"
	5949	"		5912	
	5943	"		5883	"
	5964	"		5911	
	5952	"		5922	
	5966	"		5855	
	5965	"		5900	
	5951	"		5894	
	5960	"		5903	
	5947	"		5896	

103

Was die Russen unter dem Begriff »restitution in kind« verstanden, wurde 1945 in einem Protokoll der zweiundzwanzigsten Sitzung des Alliierten Kontrollrats festgehalten. Da hieß es wörtlich: »Im Falle, daß Eigentum durch den Feind zerstört oder verschlissen wurde oder aber als Ergebnis einer Feindeinwirkung seinen Wert verloren hat, ist das Recht, dieses durch identisches oder vergleichbares Eigentum zu ersetzen, beschränkt auf Objekte von einzigartiger Beschaffenheit wie Kunstwerke, Objekte von historischem Wert, Bibliotheken, einzigartige Einrichtungen usw.«

Die Vermutung liegt nahe, daß man diesen Plan, der übrigens nur eine logische Folge des zuvor von deutscher Seite verübten Kunstraubs in den besetzten Ländern darstellte, in Berlin kannte. Wie ja kurz vor Kriegsbeginn schon deutlich wurde, pflegte Professor Unverzagt selbst sehr gute Beziehungen bis in die höchsten Regierungsstellen. Sein Kustos am Museum für Vor- und Frühgeschichte, Alexander Langsdorff, war bei Kriegsende höchster deutscher »Kunstschutzoffizier« in Italien und direkt dem SS-Obergruppenführer und General der Waffen-SS, Karl Wolff, unterstellt. Jener hatte seit dem 8. März 1945 unter dem Tarnnamen »operation sunrise« in der Schweiz mit Allan Dulles vom US-Geheimdienst OSS Verhandlungen wegen eines Sonderfriedens an der Westfront geführt. Insofern dürften Unverzagt Pläne der Alliierten für die Nachkriegszeit bekannt gewesen sein.

Am 6. März, als sich die Rote Armee immer mehr der Reichshauptstadt näherte und damit feststand, daß Berlin nicht von den Amerikanern, sondern von den Russen eingenommen würde, erging aus dem Führerhauptquartier der Befehl, Bergung und Sicherung wertvollster Berliner Kunstschätze seien sofort in Angriff zu nehmen. Aus dem Flakturm am Zoo, dem Tresor der Neuen Münze und dem Leitturm Friedrichshain wurden nun noch schnell die bedeutendsten Bestände nach Westen in Salzbergwerke umgelagert. Nur für den Pergamonaltar war es zu spät: Vierzig Steinmetzen hatten vier Wochen gebraucht, ihn in den Flakturm zu schaffen. An eine schnelle Evakuierung des antiken »Monstrums« war also angesichts der knappen Zeit gar nicht zu denken. Der Altar mußte in Berlin bleiben.

Man kannte auch die Pläne der Alliierten hinsichtlich einer Teilung Deutschlands und versuchte, die Kunstschätze an Plätze jenseits der vorgesehenen Demarkationslinie zu bringen; sie sollten auf keinen Fall den Russen in die Hände fallen, weil man offenbar von den Westalliierten eine schonendere Behandlung erwartete.

So gingen die letzten Kunsttransporte nach Ransbach und Merkers im Werragebiet, nach Schönebeck bei Magdeburg und Grasleben bei Helmstedt. Und hier verliert sich die Spur der drei Kisten mit dem Priamosschatz und dem Goldfund von Eberswalde.

Die Sendungen für Grasleben am 6. und 7. April 1945 enthielten das Gold der Antikenabteilungen und den Bestand der Goldkammer des Völkerkundemu-

104

seums; ob auch das Gold des Museums für Vor- und Frühgeschichte darunter war, ist nicht klar zu überprüfen, weil die Listen des letzten Transports vom 7. April bis heute fehlen.

Fest steht nur, daß nach Grasleben etwa fünfzig Kisten aus dem Bestand des Museums für Vor- und Frühgeschichte abgehen sollten, die bis April im Flakturm Zoo einlagerten. Ob darunter auch die besagte Kiste mit dem Goldfund von Eberswalde war? Man weiß es nicht, denn es sind seitdem nicht nur das Inventarverzeichnis, sondern auch zwanzig Kisten aus diesem Transport spurlos verschwunden.

Anhand amerikanischer und deutscher Dokumente aus dem Jahr 1945 kann man zwar nachvollziehen, daß nach der Besetzung des Bergwerks Grasleben fünf deutsche Bergungsverantwortliche vom amerikanischen Geheimdienst CIC in strengen Arrest genommen wurden und in dieser Zeit die US-Truppen die wertvollsten und bedeutendsten Teile der dort deponierten Berliner Kunstschätze abtransportierten. Man weiß auch, daß die Amerikaner danach, am 1. Juni 1945, das Bergwerk der eigentlich zuständigen britischen Besatzungsmacht überließen.

Doch konnte nicht festgestellt werden, ob die Amerikaner auch die drei Kisten mit dem Priamosschatz und dem Gold von Eberswalde mitnahmen. Haben sie vielleicht damals Berlin gar nicht verlassen?

Klaus Goldmann bemerkt dazu: »Es gibt ein merkwürdiges Protokoll vom 12. November 1945, geschrieben von Gerda Bruns, die 1945 für den als Luftschutzbeauftragten bestellten Direktor der Antikenabteilungen, Carl Weickert, die Abtransporte beaufsichtigte.« Danach habe Professor Unverzagt, als die Rettung der wertvollsten Kunstschätze angeordnet worden sei, zunächst nicht den Schlüssel zu dem Verschlag gefunden, in dem die Kisten mit dem Gold standen. Schließlich, nach Öffnung des Verschlages, habe er seine Goldkisten nicht identifizieren können; sie seien also in Berlin zurückgeblieben.

Weitere Hinweise auf den Verbleib des Schatzes kamen nach dem Krieg von Unverzagt persönlich. Er habe später mehrfach – so Goldmann – mitgeteilt, allerdings ausschließlich in persönlichen Gesprächen oder Privatbriefen, daß nach der Kapitulation die Goldkisten mit dem trojanischen Schatz sowie dem Gold von Eberswalde von ihm einer hochrangigen sowjetischen Kommission übergeben worden seien.

Da ein an dieser Aktion beteiligter deutscher Dolmetscher später aussagte, das Ganze sei sehr bürokratisch und sorgfältig ausgeführt worden, geht Goldmann davon aus, daß eine Plünderung mit ziemlicher Sicherheit nicht in Frage komme. Als noch weniger wahrscheinlich sieht er an, daß das Gold eingeschmolzen worden sei, denn im Vergleich zu dessen unermeßlich hohem ideellen Wert sei der eigentliche Goldwert eher als gering einzuschätzen.

Er hält es aber auch für möglich, daß Unverzagt die Unwahrheit gesagt hat. Vielleicht seien ja doch einzelne Kisten, darunter die mit dem Priamos- und dem

Linke Seite: Carl
Schuchhardts Zeich-
nung des Schatzes
von Eberswalde.

Oben: Der Gold-
fund von Ebers-
walde: Das Tonge-
fäß ist ein Original,
die anderen Gegen-
stände – Schalen,
Hals- und Armringe,
Drähte und Barren –
sind Nachbildungen,
da der Schatz seit
1945 verschollen ist.
Der Fund dürfte aus
der Bronzezeit stam-
men, da Gold erst
mit Beginn dieser
Epoche in Mode
kam.

Unten: Nachbildun-
gen von drei Schalen
der seit 1945 ver-
schollenen Origi-
nale, die aus dem
9. Jahrhundert v.
Chr. stammen.

Eberswalder Schatz, in das Bergwerk Ransbach gebracht und dort eingemauert worden. Da dieses Bergwerk in Hessen unmittelbar an der ehemaligen innerdeutschen Grenze lag, wäre es Goldmann zufolge möglich gewesen, in der Nachkriegszeit die Kisten zu holen, ohne daß die Besatzer dies hätten erfahren müssen. Auch für diesen Fall lasse sich aber ausschließen, daß das Gold verlorengegangen sei.

Klaus Goldmann macht seinem Namen »Jäger des verlorenen Schatzes« alle Ehre; er geht jedem, selbst dem kleinsten Hinweis nach: Mit seinem Kollegen Alfred Kerndl fuhr er Mitte 1990 in die Sowjetunion und sprach dort mit russischen Museumskollegen über seine Suche nach dem Priamos- und dem Eberswalder Schatz.

Die Moskauer Zeitschrift »Soveršenno sekretno« (»Streng geheim«) veröffentlichte hierzu ein Interview:

»Einige sowjetische Gelehrte schließen die Möglichkeit nicht aus, daß diese Kunstgegenstände im Finanzministerium der UdSSR aufbewahrt werden. Ist das wirklich so? Der Schatz des Priamos beläuft sich auf Hunderte von Gegenständen aus massivem Gold... Das gilt in gleicher Weise für den berühmten Fund von Eberswalde, der bei Berlin im Jahr 1913 entdeckt wurde und der aus einigen Kilogramm Gold bestand. Anläßlich der Rückgabe der kulturellen Schätze an die DDR durch die UdSSR hat der ehemalige Botschafter Semjonow sich bei unseren (Ost-)Berliner Kollegen dafür interessiert, ob auch der Fund von Eberswalde zurückgekehrt sei. ›Das müssen Sie besser wissen‹, antwortete man nebelhaft, ›denn dieser Hort ist doch von der Roten Armee beschlagnahmt worden.‹ Semjonow ließ dann Untersuchungen über das Schicksal der wertvollen Dinge anstellen. Aber es war erfolglos, man sagte ihm, sie seien nicht in der UdSSR.«

Doch es gibt Hinweise darauf, daß sich beide Schätze, sowohl jener des Priamos als auch der von Eberswalde, noch in der Rußland befinden.

So stieß Klaus Goldmann auf einen Beitrag des Petersburger Archäologen Lew Klein, den dieser in der Jugendzeitung »Smena« im Oktober 1990 veröffentlichte, also kurze Zeit nach dem Besuch Goldmanns und Kerndls in Moskau. Klein berichtet in diesem Artikel von einem Gespräch, das er einmal mit seinem verstorbenen Lehrer, Michail Artamonow, dem langjährigen Direktor der Leningrader Eremitage, geführt habe. Der habe ihm erzählt, er sei Ende der sechziger Jahre zur Begutachtung und Schätzung ins Finanzministerium nach Moskau bestellt worden. Dort habe er im Keller des Ministeriums oder dem der Staatsbank – so genau erinnerte sich Lew Klein nicht an alle Einzelheiten des Gesprächs – persönlich Teile aus dem Priamosschatz gesehen.

Sollte diese Angabe der Wahrheit entsprechen, so müßte sich auch das Eberswalder Gold dort befinden, da beides in einer Kiste lagerte. Auch ein anderer renommierter sowjetischer Archäologe habe den Schatz dort gesehen, so Lew Klein.

Warum gerade das Finanzministerium und nicht ein Museumskeller? Klaus

Goldmann hat dafür eine überzeugende Erklärung, die sich auch wieder auf die Kriegszeit bezieht: Danach hatten die Westalliierten wie auch die Rote Armee für die Besetzung Deutschlands Spezialeinheiten aufgestellt, die auf ganz bestimmte Ziele (targets) angesetzt waren. Zu den Objekten höchster Priorität gehörten bei den Westalliierten und den Russen deutsche Kunst- und Kulturgüter. Eine Bestimmung lautete, daß alle Verwahrer, Amtspersonen und dergleichen, die solche »Vermögenswerte« in Besitz hatten, laut Befehl der Militärregierung »den Besitz oder die Kontrolle solchen Vermögens und alle darauf bezüglichen Bücher, Aufzeichnungen und Abrechnungen übertragen und aushändigen« mußten.

Das Ganze klingt nicht nach Kunstsachverständigen, sondern nach Buchhaltern, Verwaltern, Bürokraten. Und so war es wohl auch.

Die Kunstschätze wurden nicht nach ihrer Einzigartigkeit bezüglich ihres ideellen Wertes beurteilt, sondern als Vermögenswerte betrachtet. Und aus diesem Grund wurden sie nicht den eigens dafür gebildeten Kunstschutzabteilungen der Streitkräfte unterstellt, sondern dem jeweiligen Finanzministerium.

Dies ist aktenkundig betreffend die Amerikaner und die Briten und trifft vermutlich auch auf die Sowjetunion zu, weil es Folge einer zuvor abgesprochenen gemeinsamen Politik war. Aber auch hier ist man auf Indizien wie den Artikel des Petersburger Archäologen angewiesen, denn weder die Akten des US Treasury Departments zu den Jahren um 1945 noch die des sowjetischen Finanzministeriums sind bisher freigegeben.

Ist nun der Hinweis von Lew Klein ein sicheres Indiz dafür, wo Klaus Goldmann suchen muß? Dieser prüft akribisch jeden Hinweis und hält es nach einem Gespräch, das er persönlich mit Professor Piotrowskij in Sankt Petersburg geführt hat, für möglich, daß sich Lew Klein geirrt habe. Piotrowskij hat – so Klaus Goldmann – ihm ebenfalls erzählt, daß er nach Moskau ins Finanzministerium gerufen worden sei, um dort einen Goldschatz zu inventarisieren. Doch habe es sich nicht um den Priamos- oder den Eberswalder Goldschatz gehandelt, sondern um den Goldschatz aus der Hallstattzeit von Michalkow/Ukraine. Vielleicht habe Lew Klein sich geirrt, gibt Goldmann zu bedenken, und die Namen beider Schätze verwechselt...

Vielleicht seien der Priamosschatz und der Goldfund von Eberswalde tatsächlich einmal in der Sowjetunion gewesen; vielleicht hätten aber auch die Russen einen Teil des Schatzes aus Devisennot verhökert, zum Beispiel an einen reichen Unbekannten, der sich ab und zu an den Goldbechern in einem New Yorker Tresor delektiert!

Oder haben vielleicht sogar Devisenhaie in der damaligen DDR nach einer teilweisen Rückführung beider Schätze zugeschlagen!? Schalck-Golodkowski läßt grüßen... Doch Goldmann lebt seit zwanzig Jahren vom Prinzip Hoffnung. Und er wird in seiner Einstellung manchmal auch nicht enttäuscht:

Ende März 1991 stieß er auf einen Artikel des amerikanischen Kunstmagazins

»Art News«. Darin war die Rede von geheimen sowjetischen Depots mit Kunstgütern, die die Rote Armee 1945 in die UdSSR gebracht habe...

Die Verfasser, zwei junge sowjetische Kunstwissenschaftler, K. Akinsha und G. Kozlow, nannten in dem Artikel ausdrücklich die Gegenstände, nach denen Klaus Goldmann seit zwanzig Jahren fieberhaft fahndet: das trojanische Gold, den Eberswalder Goldschatz und weitere Gegenstände aus dem Museum für Vor- und Frühgeschichte: Sie alle lagen damals in den drei verschollenen Kisten.

Klaus Goldmann machte sich erneut auf den Weg. Zusammen mit seinen Kollegen (inzwischen auch aus den neuen Bundesländern), dem Althistoriker der Humboldt-Universität Professor Dr. Jähne, und G. Wermusch, dem Vorsitzenden des 1991 gegründeten Vereins »Missing Art of Europe«, wurde er noch einmal in Moskau vorstellig. Die beiden »Art-News«-Autoren und der sowjetische Kunsthistoriker A. Rastorgujew bekräftigten ihre Überzeugung, daß sich die gesuchten Schätze auf sowjetischem Boden befänden: entweder im Moskauer Puschkin-Museum oder sogar im Kreml.

Doch Gespräche und Überzeugungen sind keine Beweise. Inzwischen wurde ein sowjetisches Dokument veröffentlicht. Es stammt vom 7. Juli 1945 und belegt, daß ein Flugzeug mit den drei Kisten an Bord auf dem Regierungsflughafen Wnukowo in Moskau landete. In dem Dokument werden Goldmann zufolge ausdrücklich neben dem Schatz des Priamos auch das Eberswalder Gold und ein weiterer Goldfund aus Cottbus – ebenfalls seit 1945 verschwunden – genannt.

Aber, ob der Goldschatz jetzt auch noch in Moskau ist??

Wie gesagt, der Mann lebt vom Prinzip Hoffnung.

Ein kleiner Nachtrag:

Die Autorin war im September 1991 im Moskauer Puschkin-Museum. Eigentlich wollte sie dort mit dessen Direktorin, Frau Professor Irina Antonowa, sprechen, die seinerzeit nach 1945 Mitarbeiterin der Besatzungsbehörden in Berlin war, denen die Beschlagnahmung der Kunstgegenstände oblag. Sie hat öffentlich bestritten, daß in ihrem Museum der Priamosschatz oder der Goldfund von Eberswalde lagere.

Doch die Frau Professor war auf Reisen, und so nahm die Autorin mit ihren Stellvertreterinnen vorlieb.

Worum es denn gehe, fragte eine. Die Autorin fragte höflich auf russisch nach dem Verbleib des Goldfundes von Eberswalde.

Auf sowjetischer Seite kein Erstaunen, kein Nachfragen. Dabei ist Eberswalde durchaus kein Wort, das leicht über russische Zungen kommt. Sibyllinisch hieß es: »Diese Fragen werden Gegenstand gemeinsamer deutsch-russischer Verhandlungen sein...«

Na bitte, Klaus Goldmann kann hoffen.

Holger Douglas

Der Keltenfürst von Hochdorf

Groß war er, sehr groß sogar. Seine Zeitgenossen überragte er mit einem Meter siebenundachtzig um mehr als nur um Haupteslänge. Er hatte eine überaus kräftig entwickelte Muskulatur. Darauf deuten die relativ großen Ansatzstellen der Muskeln an Arm- und Beinknochen sowie an Becken, Wirbeln und Rippen hin. Sein Gesicht war hoch und breit. Für damalige Verhältnisse ist er erstaunlich alt geworden: Zwischen vierzig und fünfzig Jahre war er bei seinem Tode, während die Menschen seiner Zeit üblicherweise bereits mit zwanzig bis dreißig Jahren starben.

Nur die Knochen bereiteten ihm offenkundig Probleme. Die Gelenke zeigen Spuren von Arthrose – entstanden durch übermäßige Beanspruchung oder durch Entzündungsprozesse. Und mit den Zähnen war es auch nicht zum besten bestellt, die Diagnose lautet: Parodontose. Zudem waren fast alle Zähne bis etwa zur Hälfte abgekaut.

Die zu seinen Lebzeiten optisch auffallende Erscheinung hatte die Reise ins Jenseits gut ausgerüstet angetreten: Er lag auf einer Art Couch aus Bronzeblech, einer zwei Meter fünfundsiebzig langen Totenliege oder »Kline«, die einst der Bequemlichkeit halber mit Polstern ausgestattet war. Das Haupt des Toten ruhte auf einem Kissen aus Grashalmmatten. Um ihn herum wertvolle Kostbarkeiten: reichlich Schmuck aus purem Gold. Daneben ein riesiger Kessel aus Bronze, in dem sich Met befand, wie Wissenschaftler aus den ausgetrockneten Flüssigkeitsresten am Boden des Kessels ablesen konnten.

Die Reiseausstattung des Toten war komplett: An der südlichen Wand hingen neun Hörner zum Trinken, dazu Speisegeschirre mit Bronzebecken und neun Tellern, eine Eisenaxt, ein Messer und eine eiserne Lanzenspitze. Essensreste selbst fanden die ausgrabenden Archäologen hingegen nicht. Offensichtlich war dem Toten und seinen damaligen Freunden das Trinken wichtiger.

Der auffälligste Gegenstand der Grabkammer ist ein prunkvoller Wagen. Er hat vier große Räder, umgeben von kunstvollen Blechteilen. Darauf befindet sich ein flacher, schmaler, federnder Wagenkasten, auf dem der oder die Fahrgäste mehr oder weniger komfortabel sitzen konnten. Vorne besitzt der Wagen eine Deichsel mit einem Doppeljoch, um zwei Pferde anzuschirren.

111

So war die Grabkammer des Keltenfürsten von Hochdorf ausgestattet, als man ihn fand. Wie er hieß, wissen wir nicht. Schriftliche Dokumente aus der Keltenzeit sind so gut wie keine vorhanden, die Kelten überlieferten ihre Geschichten nur mündlich. Wer er war, wie er gelebt hatte – das müssen die Archäologen daher aus den Funden erschließen.

Soviel ist aber sicher: Bestattet wurde er vor rund zweitausendfünfhundert Jahren. Gefunden hat ihn im Jahre 1968 Renate Leibfried aus Hochdorf auf einem Acker der kleinen Gemeinde, die im Kreis Ludwigsburg vor den Toren Stuttgarts liegt. Ein Bauer hatte sich beim Pflügen seines Feldes über merkwürdig behauene Steine gewundert, die seine Furchen störten. Wagenweise, tonnenweise hätte er die Steine wegkarren müssen. Die Lehrerin, der er das zufällig erzählte, wurde stutzig: Sie ist Hobbyarchäologin und ehrenamtliche Mitarbeiterin des Landesdenkmalamtes.

So begann die Entdeckung eines der aufregendsten archäologischen Funde, die je in Deutschland gemacht wurden. Die Forscher fingen an zu graben. Was sie in zeitraubender, akribischer Arbeit nach und nach aus dem Erdhügel freilegten, versetzte sie in helle Aufregung: Unter einem nach außen hin harmlosen Steinhügel entdeckten sie eine komplett ausgestattete Grabkammer aus der Bronzezeit, genauer: aus der späten Hallstattzeit, die nach einem großen Gräberfeld bei Hallstatt in Oberösterreich benannt wurde. Die Kammer bei Hochdorf zählt zu den mit Goldschmuck, Bronzegegenständen und aus dem Mittelmeergebiet importierten Waren reich ausgestatteten Gräbern, die als »Fürstengräber« bezeichnet werden. Denn es mußten schon besonders herausragende Menschen sein, denen die Ehre eines derart kostspieligen Grabbaus zuteil wurde. In Deutschland ist dieses prunkvolle Fürstengrab jedenfalls einzigartig.

Von den keltischen Stämmen, die in dieser Zeit in Südwestdeutschland gelebt haben, wissen die Archäologen sehr wenig, wesentlich weniger als beispielsweise von den Alemannen. Denn einmal zerfallen die sterblichen Reste der Menschen unter den künstlich aufgeschütteten keltischen Erdhügeln leichter als in tief eingegrabenen alemannischen Erdgräbern, und zum anderen hatten von den Goldschätzen in keltischen Fürstengräbern angelockte Grabräuber in früheren Jahrhunderten bei den weithin sichtbaren Grabmonumenten leichtes Spiel.

So demonstrierte auch unser Hochdorfer Grabhügel mit seinem Bau schon rein äußerlich den Einfluß und das Ansehen des Bestatteten. Das Grabmonument maß an die sechzig Meter im Durchmesser und rund sechs Meter in der Höhe. Vermutlich stand auf der Spitze des Grabhügels eine mächtige Stele aus Stein, die den Toten darstellte.

Davon war nur sehr wenig übriggeblieben. Der einst weithin sichtbare Grabhügel war weitgehend eingefallen; der Nordteil ragte lediglich etwa eineinhalb Meter über die normale Oberfläche hinaus, als das Grab in unserer Zeit entdeckt wurde. Die Südosthälfte des Hügels war sogar überwiegend eingeebnet. Jetzt haben die

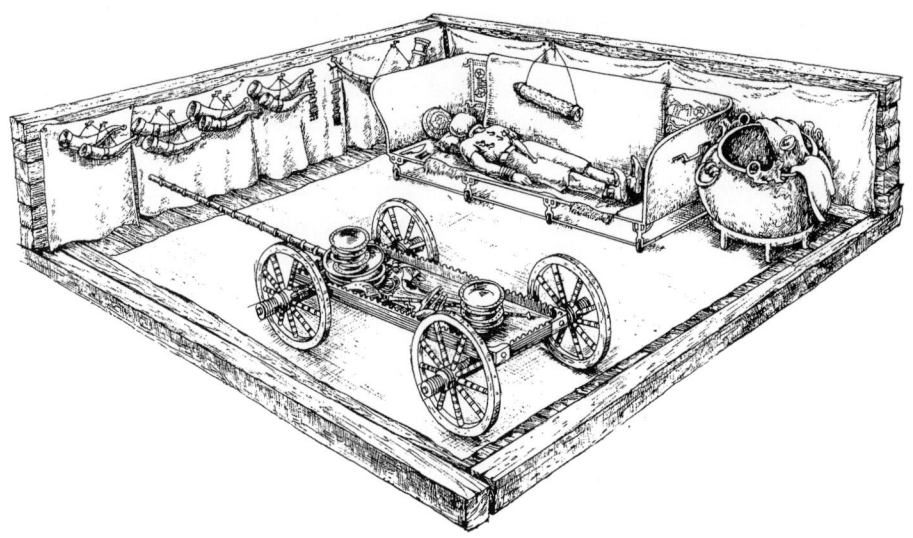

So sah die Grabkammer des Keltenfürsten von Hochdorf aus. Rekonstruktionszeichnung der Archäologen.

Wissenschaftler den Grabhügel so wiederhergestellt, wie er vermutlich früher ausgesehen hat.

Eine kriminalistische Puzzlearbeit der unterschiedlichsten Wissenschaftler begann, um mehr über den »großen« Fürsten zu erfahren. Seit Jahren arbeiten Archäologen, Paläoethnobotaniker, Paläozoologen, Anthropologen, Osteoarchäologen sowie Chemiker und Physiker, um ein möglichst genaues Bild des Keltenfürsten und seiner Welt zeichnen zu können.

Die Kelten hatten das Grab in einem unbewaldeten, offenen Gelände mit Krautbewuchs angelegt. Es bestand eine Sichtverbindung zum benachbarten Fürstensitz Hohenasperg. Von diesem wuchtigen Zeugenberg gibt es freilich kaum mehr Funde aus keltischer Zeit, so daß erst die Gräberfunde aus der Umgebung Rückschlüsse auf diesen offensichtlich wichtigen keltischen Fürstensitz erlauben.

Nach dem Tode des Hochdorfer Fürsten schlugen die Kelten jedenfalls gleich Eichenholz für den Bau der Grabstätte, die Archäologen fanden Holzsplitter in der Umgebung des Grabes. Sie gruben ein Loch von elf mal elf Metern rund zweieinhalb Meter tief in den Boden und warfen die Erde im Umkreis um die Grube ringförmig hinaus.

In diese Grube bauten sie eine Holzkonstruktion: ein rechtwinkliges Holzhaus aus groben, festen Holzbalken in Blockhausbauweise, als Dach quer darüber gelegte Balken, darauf eine Schicht grober Steine, dann wieder eine Balkendecke und schließlich wieder eine Schicht Steine. Die innerste, wohnzimmergroße, quadratisch mit einer Kantenlänge von vier Meter siebzig angelegte Zentralkammer aus Holz war auf diese Weise von einem etwas größeren Blockbau umgeben und dieser wiederum mit einer Ummantelung aus Stein geschützt. Fünfzig Tonnen Steine schützten den wertvollen Inhalt gegen Grabräuber – mit Erfolg! So blieb diese Grabkammer die einzige, die nicht ausgeraubt wurde.

Über den Steinmassen lag eine dicke Schicht Erde. Das Ganze war ein wenig in die Erde eingegraben, so daß nach außen hin die Form eines leichten Hügels entstand, der der Landschaft angepaßt schien. Im Nordteil entstand, noch bevor der Hügel endgültig aufgeschüttet wurde, ein rund sechs Meter breiter Eingang aus Steinen mit einer Art Rampe, die über die ausgehobenen Erdmassen führte. Der Leichnam selbst wurde dann bei der Bestattungsfeier von Norden her durch den Eingang transportiert, mit den Beigaben geschmückt und in der Kammer an der Westwand mit dem Kopf nach Süden aufgebahrt.

Das Innere der Kammer kleideten die Kelten wohnlich aus: An die Wände spannten sie grobgewebte Tücher, die mit Eisenstiften an den Holzverkleidungen befestigt wurden. Einzelne Reste dieses Gewebes fanden die Wissenschaftler an Eisenteilen in der Grabkammer. Bronzefibeln hielten die einzelnen Stoffbahnen zusammen.

Drei eiserne Angelhaken, ein in Stoff gewickeltes Rasiermesser, ein doppelseitiger, feingesägter Kamm, ein Köcher mit Pfeilen, am Hals fünf Perlen aus Bernstein, ein Dolch und ein Hut aus Birkenrinde – das waren die persönlichen Gegenstände, die die Kelten dem Toten mitgaben: die Ausstattung für das tägliche Leben im Jenseits.

Noch während das Grab ausgehoben wurde, stellten die Kelten Gegenstände für die Totenausstattung her. Reste von Werkstätten, Holzkohle, Schlacken, angeschmolzene Bronze, Werkzeuge und Altmaterial in der Umgebung belegen dies. Den Hut fertigten sie aus einem Rindenstück, indem sie aus zwei runden Scheiben von rund vierzig Zentimeter Durchmesser ein Segment schnitten, so daß die Scheiben zu einem hutförmigen Gebilde zusammengenäht werden konnten.

Der Köcher beweist die herausragenden Fähigkeiten der keltischen Handwerker: Der Körper des Köchers besteht aus dem zähen und zugleich leichten Wurzelholz der Schwarzpappel und ist mit Fell überzogen. Der keltische Köcherbauer nahm bewußt das Holz eines Baumes, der am Wasser wuchs. Wurzelholz ist poröser als Stamm- oder Astholz. Die Wasserleitungsröhren in den Wurzeln haben einen größeren Durchmesser als die Holzfasern im oberen Teil der Bäume, um mehr Wasser und Nährstoffe transportieren zu können. Die Fasern sind länger, das Holz ist biegsamer als Stammholz. Die mit spitzen Flügeln versehenen Pfeile steckten mit der Spitze nach oben im Köcher. Die Pfeilschäfte waren aus Hasel, Kornelkirsche und Weide gefertigt.

Besonders auffällig ist der Goldschmuck. Als kostbarsten Schmuck trug der Keltenfürst einen goldenen Halsring, der mit zahlreichen Verzierungen versehen ist – sicherlich das eigentliche Standesabzeichen eines keltischen Fürsten. Die

114

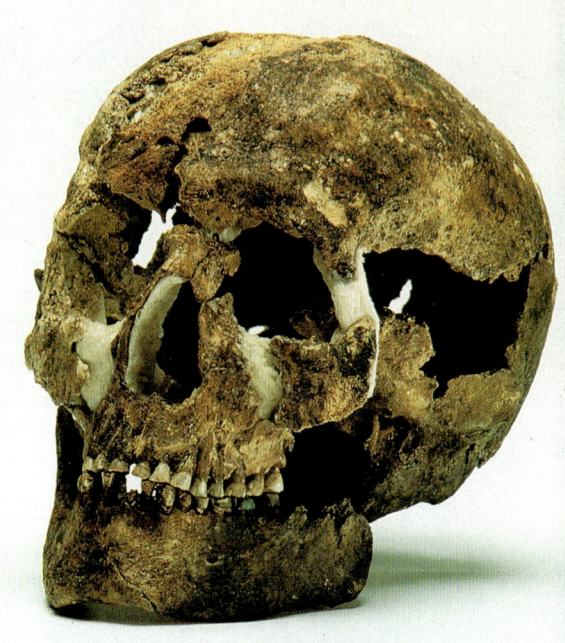

Oben: Der Grabhügel, von dem jahrtausendelang kaum mehr etwas zu sehen war, wurde nach der Ausgrabung wieder aufgeschüttet.

Unten: Mit einem Halsreif aus purem Gold statteten die Kelten ihren Fürsten aus.

Rechts: Der Keltenfürst litt unter Parodontose. Seine Zähne waren bis zur Hälfte abgekaut.

keltischen Bestatter gingen übrigens recht roh mit ihrem verblichenen Fürsten um: Sie schnitten den ursprünglich geschlossenen Halsring kurzerhand auf, um ihn so leichter um den Hals des Toten legen zu können. Der zweischneidige Dolch war vom Totenbett auf die linke Beckenhälfte des Toten heruntergerutscht. Solche Dolche dienten wohl mehr als Standeszeichen denn als Waffe.

Außerordentlich reich und wertvoll ist auch der übrige Goldschmuck des Keltenfürsten von Hochdorf. Den rechten Arm zierte ein breiter Reif aus purem Gold, dazu ein Gürtelblech, ebenfalls aus reinem Gold, sowie goldene Schuhbeschläge. Überdies war der Dolch mit einer zweiten Haut versehen – natürlich aus Gold. Das Gesamtgewicht des Goldes beträgt über sechshundert Gramm. Für Jörg Biel vom Archäologischen Landesamt Baden-Württemberg, der die Ausgrabungen in Hochdorf leitet, ist das der Beleg dafür, daß es sich um einen Angehörigen des keltischen Hochadels handelt.

Er war jedenfalls ein Vornehmer, ein Edelmann, der in der sozialen Rangordnung deutlich über den zweihundertfünfzig Bewohnern der Siedlung am Rande von Hochdorf gestanden haben muß. Auf diese Siedlung stieß man kurioserweise rein zufällig bei Ausschachtungsarbeiten für das Museum, das eigens für die Funde gebaut wurde.

Das keltische Dorf diente offenkundig hauptsächlich zur Versorgung des fürstlichen Landsitzes. Immerhin trieben die Bewohner Handel mit Völkern des Mittelmeerraumes, wie Funde griechischer Vasen zeigen.

Bisher wurden vier Scherben gefunden, die von griechischen Trinkschalen stammen. Das ist etwas Außergewöhnliches. Sie sind um 425 v. Chr. in Athen hergestellt worden. Gerade diese Funde zeigen, daß hier vornehme Fürsten gewohnt haben, nicht einfache Bauern. Für die Wissenschaft handelt es sich um eine Sensation. Zum ersten Male können die Forscher einen keltischen Landsitz rekonstruieren und daraus Rückschlüsse auf die Lebensverhältnisse ziehen. Sie machen hier auch sehr detaillierte botanische Untersuchungen. Mittlerweile wissen sie, was für Pflanzen die Kelten angebaut haben, welche Tiere es gab, und sie können eine Menge über die Umwelt aussagen.

Erstaunt hat die Wissenschaftler die relativ große Anzahl von Trinkhörnern in der Grabkammer. Trinkhörner findet man zwar traditionell ebenso wie Speisen und Getränke in Gräbern. Doch die Ausrüstung im Grab von Hochdorf reicht für ein zünftiges Gelage für neun Personen – wohl eine feste Tafelrunde, die zusammen mit dem Fürsten ausgiebig tafelte und zechte. Das Geschirr jedenfalls ist häufig benutzt und nicht nur für die Bestattung angefertigt worden. Das Material für die Trinkhörner stammt von Auerochsen. Das größte Horn faßt fünfeinhalb Liter – die Kelten konnten anscheinend einiges vertragen.

Die Kelten nahmen sich mehrere Jahre Zeit, um das Grab für ihren Fürsten standesgemäß vorzubereiten. Doch die Bestattungszeremonie selbst muß dann plötzlich in großer Hast abgelaufen sein. Sie hatten es auf einmal sehr eilig, den

116

Toten unter die Erde zu bringen. In ihrer Hektik verwechselten sie die Schuhe: Die goldenen Ornamente der Schuhspitzen – ein offenbar modisches Attribut der frühen La-Tène-Zeit – waren vertauscht auf die Schuhe genäht. Der rechte Schuhspitzenbelag sitzt auf dem linken Schuh, der linke auf dem rechten.

Der Goldschmied, der exaktes Arbeiten gewöhnt war, hatte den Goldbeschlag möglicherweise längere Zeit vor der Bestattung noch sehr akkurat hergestellt; doch die keltischen Schuhmacher nähten dann die Ornamente offenkundig in großer Eile und ohne Sorgfalt auf die Schuhe. Warum es zu dieser Hast bei der Ausstaffierung des Toten kam, ist unbekannt.

Reste der Goldverarbeitung im Grabhügel belegen, daß die Werkstatt, in der der Goldschmuck hergestellt wurde, direkt am Grabhügel lag. Metallanalysen zeigen, daß das Gold für Beigaben wie Armreif, Trinkschale und Zierbleche der Trinkhörner, die der Keltenfürst schon zu Lebzeiten benutzte, hochwertig ist: Es hat einundzwanzig Karat Feingehalt – aus den Flüssen ausgewaschen.

Lediglich das Gold des Halsreifs weicht in seiner Zusammensetzung erheblich von dem Gold der anderen Gegenstände ab und dürfte an anderer Stelle gewonnen worden sein. Auch sind die Verzierungen des Halsreifes nicht mit den gleichen Werkzeugen in das Goldblech getrieben worden wie bei den anderen Grabbeigaben. Er stammt also aus einer anderen Gegend. Denkbar ist, daß der Halsreif von der Iberischen Halbinsel zu den Kelten gelangte, weil sich genau dort Gold in der entsprechenden Zusammensetzung findet.

Für die Bestattungsfeierlichkeiten errichteten die Kelten nach dem Bau der Grabkammer einen Hügel. Wie schon gesagt, bauten sie an seinem nördlichen Ende aus Steinen einen Eingang, durch den während der Zeremonie der tote Fürst in die Kammer gebracht wurde. Bei der Feier war vermutlich viel Met im Spiel. Nach dem Totengelage verschlossen die Kelten den Eingang der Grabkammer mit Steinen, schütteten aus Erde den vollständigen Hügel auf und setzten mitten darauf eine Stele – üblicherweise einen Findling. Den Fuß des Hügels sicherten sie mit Steinen und Holzbauten gegen Überschwemmungen und gegen Grabräuber.

Eines steht fest: Zwischen dem Tod des Keltenfürsten und seiner Bestattung lag ein längerer Zeitraum. Sowohl auf der Sohle des Grabes als auch auf dem Aushub fanden die Archäologen Reste von Vegetation. Die Grabanlage muß also so lange offengeblieben sein, daß Pflanzen wachsen konnten.

Die Wissenschaftler gehen von einigen Jahren Bauzeit für die aufwendige Konstruktion aus, die wohl mehrfach genutzt wurde. Der Hügel enthielt »Nachbestattungen«, bei denen noch andere Menschen, möglicherweise Angehörige des Fürstenclans, beerdigt wurden. Deren Gräber – längst nicht so prunkvoll – sind aber fast alle zerstört.

Die Grabkonstruktion selbst hielt nicht sehr lange. Schon bald gaben die Deckenbalken der hölzernen Innenkonstruktion dem Gewicht der rund fünfzig Tonnen schweren steinernen Zwischendecken nach und stürzten zusammen. Der Erdhügel brach ein, Gras wuchs darüber, und so konnte niemand ahnen, was sich im Inneren verbarg.

Dort drückten die gewaltigen Massen der Decke den Wagen und vor allem den kupfernen Kessel zusammen. Glimpflicher kam der Tote weg. Sein Skelett lag noch genauso wie zur Zeit der Bestattung: die Arme gekreuzt, ein Schwert und ein Gürtelblech aus purem Gold.

Einen vergleichbaren Fund gibt es nicht. Es ist blanker Zufall, daß Grabräuber früherer Jahrhunderte dieses Grab nicht entdeckten und ausplünderten.

Ein weiterer Glücksfall für die Forschung war – so merkwürdig das auf Anhieb klingen mag –, daß das Hochdorfer Fürstengrab erst relativ spät in den sechziger Jahren gefunden wurde. Denn heute verfügt die Archäologie bereits über ein gegenüber früheren Jahrzehnten erheblich fortgeschrittenes Instrumentarium, um das Grab zu untersuchen.

Noch auf der Grabungsstelle gipsten die Wissenschaftler kompliziertere Fund-verbände ein, transportierten den so entstandenen gesamten Block in die Labors und konnten dort unabhängig von der Witterung und in aller Ruhe den Fund analysieren. Zuerst durchleuchteten sie den Block, um einen Überblick über die Lage der Gegenstände in dem Erdstück zu gewinnen. Anhand der großformatigen Röntgenfotos arbeiteten sich die Archäologen dann mühsam durch die einzelnen Schichten, trugen mit Pinzetten säuberlich Erdreste und Überbleibsel von Fundge-genständen ab. Metallische Überreste wurden metallurgisch untersucht; oft nur millimetergroße organische Gewebereste wanderten zur biologischen Analyse, teilweise mit Rasterelektronenmikroskopen, ebenfalls ins Labor.

In früheren Zeiten wäre den Ausgräbern sicherlich wesentlich mehr entgangen, weil Forschung und technische Möglichkeiten nicht so weit entwickelt waren wie heute. In zweijähriger Arbeit rangen die Wissenschaftler dem keltischen Grab so manche archäologische Überraschung ab.

So kostbar die goldenen Grabbeigaben im Fürstengrab von Hochdorf sind, so schlicht war offenbar die Kleidung, die die Kelten dem Toten anzogen: einen aus einem einfachen Muster grobgewebten Flachskittel. Doch die keltischen Weber vermochten erheblich mehr. Textilkundliche Untersuchungen der Stoffreste zeigen überaus feine Gewebemaschen. Auf einen Zentimeter Gewebe kamen sechs bis zehn Kettfäden und zwischen sechzehn und dreißig Schußfäden; die Schußfäden waren so dicht nebeneinandergewebt, daß die Kettfäden nicht mehr zu sehen waren.

Was die Archäologen aus dem Gewirr der Erdbrocken enträtselten, war erstaun-lich genug. Denn im Laufe der rund zweitausendfünfhundert Jahre waren die Reste in der Hochdorfer Fundstelle nicht wie üblich verkohlt oder, wie in feuchten Böden, sehr gut konserviert, sondern in einer, wie die Botaniker das nennen, »Halbtrocken«-Erhaltung gefunden worden.

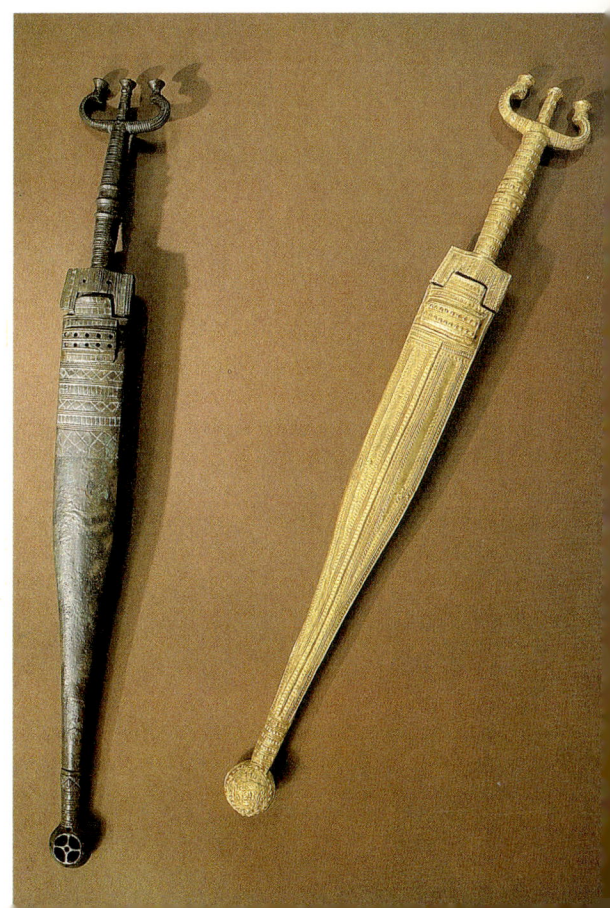

Oben: Auerochsen lieferten das Material für die Trinkhörner. Das größte Horn faßt fünfeinhalb Liter.

Unten: Man fand insgesamt 600 Gramm reines Gold im Grab, das erstaunlicherweise nicht geplündert wurde.

Rechts: Der Antennendolch aus Bronze und Eisen – mit einer Hülle aus Gold – diente zur Zier.

Vorteilhaft ist, daß die Zellen von pflanzlichen und tierischen Materialien partiell von Pilzen aufgezehrt worden sind, deren Zellen sich dann an die Stelle der pflanzlichen Zellen gesetzt und so die Jahrhunderte überdauert haben. Denn Zellwände von Pilzen sind chemisch stabiler als Zellulose von Pflanzen und Eiweißverbindungen von Tierhaaren.

Die Kelten favorisierten vor allen anderen Tierarten offenbar den Dachs. Am häufigsten fanden die Biologen neben Textilien aus Pflanzen Reste von Dachsfellen, was der Feinaufbau der einzelnen Haare aus den Fellen beweist. Geschorene Dachswolle verarbeiteten die Weber offenkundig zu gewebten Textilien, die durchsichtig waren und sehr fein aussahen.

In den Dachsfellen hingen Reste verschiedener Pflanzenarten, die vermutlich hängenblieben, als die Dachse durch die Wälder strichen: Samen und Früchte von Kletten, Echtem Nelkenwurz, Zweizahn, Möhren, Flughafer sowie Nadeln von Fichten, Tannen, Wacholder, Buchenknospen, Moosästchen. Die Dachse sind also vor zweitausendfünfhundert Jahren durch Fichten-Tannen-Mischwälder, reine Laubwälder, Feuchtgebiete, über offenes Grünland und Äcker gelaufen, bevor sie erlegt und ihre Felle verarbeitet wurden.

Die keltischen Jäger mußten große Strecken zurücklegen. Denn Fichten gab es zu dieser Zeit in weitem Umkreis um Hochdorf nicht. Erst rund siebzig Kilometer Luftlinie von Hochdorf entfernt am südöstlichen Schwarzwaldrand in der Baar und in der Gegend um Ellwangen wuchsen damals Fichtenwälder. Das Reich oder zumindest das Jagdrevier des Keltenfürsten könnte sich also von der Schwäbischen Alb bis hin zum Schwarzwald erstreckt haben. Nicht geklärt ist freilich, warum der Dachs ein so bevorzugtes Tier bei den Kelten war.

Reste von Dachshaaren und Tüchern fanden sich in großen Mengen auf jener Blechcouch oder »Kline«, auf der der Tote lag. Beim Einsturz des Grabhügels drückten die Steinmassen die Rückenlehne auf die Sitzfläche und verbogen das Möbel sehr stark. Erst die Kunst der Restauratoren hat es fertiggebracht, daß heute im Württembergischen Landesmuseum das wiederhergerichtete Original zu bewundern ist.

Sitzfläche, Rückenlehne und die Seitenteile des zwei Meter fünfundsiebzig langen Bronzemöbels sind aus sechs Blechteilen zusammengeschmiedet worden. Die Sitzfläche war dick mit Fellen gepolstert. An den Schmalseiten sind noch Griffe mit eingehängten Kettchen angenietet, so daß die Kline transportiert werden konnte. Intensive Gebrauchsspuren belegen auch, daß die Kline bereits vor der Grablegung häufiger bewegt wurde. Das Gestell ruht auf acht fünfunddreißig Zentimeter hohen Figuren, die wiederum auf kleinen Rädchen stehen. Die komplette Kline konnte so in der Breitrichtung gerollt werden.

Die Rückenlehne ist reich mit szenischen Darstellungen verziert. Die Bilder sind von innen nach außen in das Blech getrieben worden und zeigen Figurengruppen von Schwerttänzern und von Pferden gezogene Wagen. Das Ganze rahmen stili-

120

sierte Vogelköpfe ein, die an die spätbronzezeitliche »Vogelbarkendarstellung« erinnern. Gut erkennbar ist die Konstruktion des Wagenkastens mit dem in Längsrichtung unter dem Wagen verlaufenden Wagenbaum, einer Deichsel und dem Joch.

Ähnliche Motive gibt es aus dem italienischen Bologna: Auf einem sofaähnlichen Möbel sitzen zwei Musikanten. Die Archäologen um Jörg Biel vermuten denn auch, daß die Kline möglicherweise von einem eingewanderten oberitalienischen Blechschmied gebaut wurde. In jedem Falle ist offenkundig, wie Motive, Ideen und Anregungen aus dem mediterranen Raum, aus Griechenland und Italien, den keltischen Kunststil prägten.

Der Bronzekessel, der am Fußende der Kline stand, ist griechischer Herkunft. Sein Volumen war reichlich bemessen: für dreihundertfünfzig Liter Flüssigkeit. Die ist natürlich längst vertrocknet, doch aus dem acht bis zehn Millimeter dicken Bodensatz aus fester brauner Substanz gewannen Paläobotaniker Erkenntnisse darüber, was bei einem zünftigen keltischen Trinkgelage in die Trinkhörner kam. Die Mengenberechnungen und die chemischen Bienenwachsanalysen, die Professor Udelgard Körber-Grohne vom Institut für Botanik der Universität in Stuttgart-Hohenheim in Zusammenarbeit mit der Landesanstalt für Bienenkunde und dem Institut für Botanik ebenfalls in Stuttgart-Hohenheim mit geradezu kriminalistischer Spürarbeit angestellt hat, ergeben folgendes Bild:

Im Kessel befand sich eine relativ große Honigmenge zwischen rund siebzig und dreihundert Kilogramm – genug, um einen sehr hochwertigen Met mit einer vierzig- bis fünfzigprozentigen Honiglösung anzusetzen. Bereits eine zwanzig- bis fünfundzwanzigprozentige Lösung ergibt heute ein sehr kräftiges Getränk, ähnlich schweren südlichen Weinen. Wäre der Honiganteil also geringer gewesen, dann hätte er sicherlich nur zum Süßen eines Getränkes wie beispielsweise Wein gedient.

Etwa ein Jahr benötigt der Gärprozeß, dann muß der Honigwein von Pollen und Hefen getrennt und in neue Gefäße abgefüllt werden. Im Bronzekessel von Hochdorf fanden die Wissenschaftler überdurchschnittlich viele Blütenpollen. Die Kelten hatten den Met demnach nur angesetzt, nicht aber den Honigwein nach der Gärung vom Rest getrennt. Den wertvollen Rohstoff Bienenwachs hatten sie vor dem Ansetzen freilich vom Honig durch Auspressen oder Abtropfen separiert und anderweitig benutzt. Es fanden sich nur sehr geringe Mengen Wachs im Kesselsediment.

Die Kelten benutzten einen Blütenhonig aus der Sommerzeit. Die Analyse der Blütenpollen ergab als Bestandteile meist Kräuter wie Thymian, Wegerich, Wiesenflockenblume und Wundklee. Von Bäumen stammen nur ein bis zwei Prozent der Pollen, in der Hauptsache Lindenpollen. Der Honig stammt folglich nur aus einheimischer Sommertracht.

Biologen erkennen aus den Resten des Mets, die am Kesselboden klebten, zugleich die Vielfalt der Wiesen und Äcker, auf denen die Bienen den Nektar

Linke Seite: Auf diesem Totenbett, der Kline, lag der Keltenfürst. Es ist aus Bronzeblech und war früher mit Polstern bezogen (oben).

Die keltischen Handwerker versahen die Rückenlehne mit Darstellungen von Wagenfahrten (unten).

Oben: Dieser Riesenkessel konnte nur an drei Griffen getragen werden.

Unten: Die Löwenfiguren weisen den Kessel vermutlich als ein griechisches oder etruskisches Gastgeschenk aus.

sammelten. Vom Thymian wissen sie, daß er auf eine niederwüchsige Vegetation an Felsabhängen und Schafweiden hindeutet. Andere Pflanzen wie Wundklee deuten auf kalkhaltige Böden, weitere wie Besenheide auf saure Böden hin, also auf eine Landschaft mit Waldrändern, Lichtungen, Rieden, Ufer mit feuchten, moorigen Stellen und Ackerfluren. Salbeiwiesen dagegen kamen nicht vor, die auf mäßig trockenen, sonnigen Standorten wachsen.

Paläobotanische Untersuchungen sind sehr aufwendige, zeitintensive, aber lohnende Arbeiten. Sie liefern uns faszinierende Erkenntnisse über frühere Jahrtausende und über Veränderungen unserer Landschaft, unserer Umwelt – und das alles aus einem Kesselsatz.

Riesenkessel spielen übrigens in alten Überlieferungen eine bedeutsame Rolle. Der griechische Geschichtsschreiber Herodot berichtet bereits um 450 v. Chr. darüber. Einer wurde von König Pausanias von Sparta am Bosporus aufgestellt. Ein anderer von sechs Finger Dicke stand im Skythenland und faßte sechshundert Amphoren – das sind ungefähr vierundzwanzigtausend Liter –, und Bürger auf Samos spendeten dem Heratempel einen für zwölftausend Liter gebauten monumentalen Kessel als Weihegabe. Das größte erhaltene Gefäß der Antike ist der um 480 v. Chr. hergestellte Kessel von Vix in Burgund. Er ist ausgelegt für elftausend Liter, ist einen Meter vierundsechzig hoch, er wiegt leer über zweihundert Kilogramm.

Die meist aus Bronzeblech fabrizierten Riesengefäße waren sehr schwer herzustellen. »Trieb« der Kunstschmied es »zu weit«, dann riß das Blech ein und mußte, wenn es nicht mehr geflickt werden konnte, weggeworfen oder zumindest wieder eingeschmolzen werden.

Die Griechen benutzten Bronzekessel für viele verschiedene Zwecke, vom Kochkessel bis zum Mischgefäß, in dem Wein mit Wasser vermischt wurde. Die größeren und sehr teuren Exemplare wurden als Preise bei Wettkämpfen ausgesetzt oder als Weihegeschenke für die Heiligtümer gestiftet. Daher rührt auch die reiche Schmuckausstattung des griechischen Kessels.

Woher der Keltenfürst von Hochdorf seinen großen Bronzekessel hat, ist unklar. Möglicherweise war er ein Gastgeschenk, denn im Rahmen der damaligen »diplomatischen« Beziehungen zu griechischen und etruskischen Städten kam es oft zu einem prunkvollen Präsent.

Der Riesenkessel war nicht besonders praktisch gebaut: Mindestens zwei Leute waren zum Tragen notwendig, aber er konnte nur an drei beweglichen Henkeln getragen werden, die eher der Zierde dienten. Die Henkel selbst waren bereits an einem anderen Kessel als Tragegriffe befestigt, das belegen zusätzliche Bohrlöcher.

Die Bronze der Griffe und die von zweien der drei als Schmuck aufgesetzten Löwenköpfe besteht aus einer etwas anderen Zusammensetzung als das Material des Kessels selbst. Es enthält relativ viel Blei, um den Schmelzpunkt herabzusetzen, sowie Wismut. Wahrscheinlich wurden der Kessel und Tragegriffe und Löwenköpfe in verschiedenen Werkstätten hergestellt. Der dritte Löwenkopf unterscheidet sich in seiner Materialzusammensetzung wieder von den beiden übrigen.

Aus Zehntausenden einzelner Trümmerstücke rekonstruierten die Forscher den wohl interessantesten Gegenstand: den keltischen Wagen. Er war beim Grabeinbruch sehr stark zerstört worden. Auch dieses Fundstück gipsten die Grabungsfachleute am Ort vollständig ein, hielten auf Röntgenfotos die genaue Lage jedes einzelnen Stückes fest und bauten den Wagen in mühevoller Kleinarbeit wieder zusammen.

Die Kelten hatten den Wagen ihrem Fürsten in den Ostteil der Grabkammer gestellt. Mit rund vier Meter fünfzig paßte er genau in die Kammer hinein. Er ist ein Meisterstück der keltischen Handwerker. Er steht auf vier Rädern mit je zehn Speichen. Die keltischen Wagner haben die Räder aus Holz gefertigt. Die Schmiede haben dann Felgen und Speichen mit reich verzierten Eisenbändern beschlagen, so daß fast nichts mehr von der Holzkonstruktion zu sehen ist.

Den Wagenboden zimmerten die keltischen Konstrukteure nicht aus Brettern zusammen, was wohl zu hart und unbequem gewesen wäre, sondern sie flochten aus Eschenstangen eine federnde Auflagefläche. Für die einzelnen Teile griffen die Wagenbaumeister zu unterschiedlichen Holzarten: Die Felgen der Hinterräder, die Radnaben und der Rahmen des Wagenkastens bestehen aus Ulmenholz, die Felgen der Vorderräder und der Boden des Wagenkastens aus Eschenholz. Die Speichen sind aus Eschen- und Ahornholz gebaut. Dies zeigt – wie auch bereits die Bauweise des Köchers für die Pfeile –, welch verblüffend hohen Kenntnisstand die Kelten über ihre Baumaterialien hatten.

Mit seinen aufwendigen, also arbeitsintensiven und teuren Verzierungen stellt dieser Wagen sicherlich keinen einfachen Reisewagen dar, sondern dürfte eine Bedeutung im kultischen und zeremoniellen Bereich gehabt haben. Schließlich haben Darstellungen von Wagenfahrten eine lange Tradition in der Alten Welt. Und nur eine größere Ansiedlung, wie sie offenbar früher in Hochdorf bestand, war personell, zeitlich und materiell in der Lage, ein solch aufwendiges Gefährt zu bauen. Immerhin haben fünf Restauratoren fünf Jahre lang daran gearbeitet, die Originalfunde freizulegen und zu restaurieren. Das wiederhergerichtete Original des keltischen Wagens steht im Landesmuseum in Stuttgart.

Eine getreue Rekonstruktion ist heute im Museum von Hochdorf zu bewundern, das unmittelbar neben der Fundstelle des Keltenfürsten eingerichtet und 1991 eröffnet wurde. In dem architektonisch sehenswerten Bau werden die Fundzusammenhänge präsentiert, und die anschließende Detektivarbeit der Forscher wird deutlich gemacht. Als besondere Attraktion sieht der Besucher eine Schmiedewerkstätte der Kelten.

Gerhard Längerer, der diese Schmiede nachgestaltet und eingerichtet hat, hat auch den keltischen Wagen nachgebaut, bis in das letzte Detail; keine Schraube, keine Verzierung, die nicht haargenau wie beim keltischen Original sitzt. Einen Teil des Wagens konnten die Restauratoren nicht mehr historisch korrekt wiederherstellen, weil die Funde eine genaue Aussage nicht mehr zulassen. Schriftliche Dokumente darüber gibt es ebenfalls nicht. Dieser Teil wurde daher nach dem heutigen Wissensstand – über Materialien, Methoden und Werkzeuge der Kelten – rekonstruiert. Solche Arbeiten gehören zur »experimentellen Archäologie«, einem Bestandteil der archäologischen Forschung, der immer wichtiger wird.

Wo schriftliche oder andere Quellen versagen, setzt diese neue Forschungsmethode ein. So ist es ein Abenteuer für sich, wie Jörg Biel zum Beispiel den Aufbau des Garnes rekonstruieren konnte, mit dem die Kelten ihre Tücher gewebt haben. Er reiste dazu eigens bis nach Nepal und fand dort alte Frauen, die noch nach ihren jahrhundertealten Methoden Garn spinnen konnten. Das deckte sich mit den Funden aus dem Grab des Keltenfürsten.

Immerhin konnte eine der bisher ungeklärten Fragen im Hochdorfer Forschungskomplex mit dem experimentellen Nachbau des Wagens halbwegs geklärt werden: Welche Funktion haben die blechernen Verkleidungsteile, die fast alle Holzteile umspannen? Denn die Holzkonstruktion der Räder und der Wagen allein wären sehr wohl in der Lage gewesen, den Wagen gebrauchstüchtig zu machen. Warum also die mühselige Verkleidung mit Eisenblech? Hatte das ästhetische Gründe? Der Hauptgrund dürfte wohl eher in ihrer Stabilisierungsfunktion zu sehen sein. Das meint jedenfalls der erfahrene Kunstschmied Gerhard Längerer.

Die Kelten haben eiserne Nägel nicht einfach mit Schaft und Kopf aus einem Eisenrohling geschmiedet, sondern zierliche halbkugelförmige Hüllen aus Blech getrieben, in die zusätzlich ringförmige Riefen gepunzt wurden. Durch diese Halbkugelbleche in der Größe einer halben Haselnuß schlugen die keltischen Wagenbauer ihre Nägel. Das Ergebnis war ein Nagel, der über seine Umgebung hinausragt und dem gesamten keltischen Wagen ein kantiges und markantes Design gibt. Auch die Eisenteile verleihen der Holzkonstruktion zusätzliche Steifigkeit und schützen sie vor Beschädigungen, haben also eine tragende Funktion, wobei die Holzräder allein schon ausreichend stabil sind.

Eine weitere Frage blieb ziemlich lange offen: Beim Nachbau konnten Gerhard Längerer sowie die Historiker und Archäologen nicht erkennen, ob der Wagen lenkbar war. Die Deichsel lag in dem zusammengestürzten Grabhügel zwar wohlbehalten gerade vor dem Wagen, doch waren die Holzteile nicht mehr so gut erhalten, daß sich einwandfrei feststellen ließ, ob die Achse der beiden vorderen Räder drehbar unter dem Wagenboden gelagert war. Gerhard Längerer baute den Wagen ohne drehbaren Schemel. Folgendes Experiment sollte klären, ob der Wagen trotzdem um Kurven fahren konnte.

Es ist Freitag, 16. August 1991, auf einer flachen Wiese vor dem Hochdorfer Museum. Das Wetter ist günstig, die Sonne scheint, der Untergrund ist nicht morastig, die Räder können kaum einsinken. Gerhard Längerer, Jörg Biel vom

Oben: Der ein-
drucksvollste Gegen-
stand in der kelti-
schen Grabkammer:
ein vierrädriger Wa-
gen, der früher von
zwei Pferden gezo-
gen wurde.

Unten: Die Details
beweisen die sorgfäl-
tige Handwerksar-
beit der Kelten, die
auch noch heutzu-
tage von Fachleuten
bewundert wird.

Landesdenkmalamt Baden-Württemberg und Helfer Dieter Nitsche holen den in Einzelteile zerlegten keltischen Wagen aus dem Schauraum im Museum.

Auf der Wiese erfolgt vor den Augen zahlloser Museumsbesucher der Zusammenbau des Wagens. Er funktioniert reibungslos. Auf der Wiese soll der Wagen probegefahren werden, eine Testfahrt gewissermaßen mit allen Schikanen. Der Wiesenboden ist durch die Trockenheit der vergangenen Wochen sehr fest – ideale Ausgangsbedingungen für eine ausgiebige Testfahrt.

Biel und Nitsche stellen sich als »Pferde« zur Verfügung. Sie nehmen die Deichsel in die Hände, der Erbauer Gerhard Längerer steigt auf den schwankenden Pritschenboden aus dünnen Holzstangen. Die Wissenschaftler packen die Gabel, ziehen an. Die rasante Fahrt geht los. Unter den Anfeuerungsrufen der ob des ungewöhnlichen Schauspiels begeisterten Zuschauer legen sich Biel und Nitsche kräftig ins Zeug, ziehen den Wagen an, bringen ihn auf Tempo. Sie müssen die Deichsel in die Kurve drücken, um den Wagen um die Ecke zu lenken.

Tatsächlich nimmt der keltische Wagen die erste Kurve einwandfrei, auch ohne eine drehbare Vorderachse zu haben. Der Achsstand ist nicht sonderlich lang, so daß der Wagen recht gut kurvengängig ist. Auch der Federungskomfort läßt nichts zu wünschen übrig: Die dünnen Holzrohre des Rahmens geben ausreichend gut nach, gleichen die harten Stöße vom Boden auf die Räder gut aus. Gerhard Längerer, auf der Pritsche stehend, kann jedenfalls nicht klagen.

Nach einigen Runden ist die erste Testfahrt beendet. Schnaufend bleiben Nitsche und Biel stehen, begeistert schwingt sich Gerhard Längerer vom Wagen: Seine keltische Konstruktion hat funktioniert. Kein Rad ist zusammengebrochen, die Lager – nach keltischem Vorbild gefertigt – haben gehalten, die Kurveneigenschaften des Wagens sind einwandfrei.

Das Experiment beweist: Die Kelten, die als Zugtiere Pferde benutzten, waren sehr wohl in der Lage, gelände- und kurvengängige Wagen zu bauen. Ihre Technik war auf einem sehr hohen Stand. Und sie geben ein Beispiel funktionierender interdisziplinärer Arbeitsweise: Die keltischen Wagner hatten die Holzräder, den Wagenunterbau und die Sitzfläche herzustellen. Paßgenau dazu bauten ihre Kollegen aus der Schmiedewerkstätte nebenan die Blechteile und formten sie um die Hölzer.

Der Wagen des Keltenfürsten freilich dürfte nur mehr als Sonntagswagen gedient haben. Schwere Lasten konnten damit nicht transportiert werden. Zwei Personen fanden jedoch bequem auf seiner Fläche Platz. Einer Ausflugsfahrt rund um die Äcker von Hochdorf stand also nichts im Wege.

Gisela Graichen

Wo Arminius die Römer schlug

Otto Braasch ist einer dieser Männer, die nichts aus der Ruhe bringt. Mit Mach 2 jagte er in Phantom und Starfighter durch den Himmel. Dann wird er wohl auch die Cessna 172 beherrschen, sage ich mir, während ich immer tiefer in den Sitz neben ihm versinke und er die Maschine allein fliegen läßt. Denn Otto Braasch ist in der Luft viel zu sehr beschäftigt, als daß er sich noch sonderlich um das Fluggerät kümmern könnte.

Ich hätte gewarnt sein müssen, als er mir vor dem Start eine Fliegermütze Marke zwanziger Jahre in die Hand drückte, »weil wir ja offen fliegen«. Und während die ersten Böen die kleine Maschine schon ein wenig schaukeln, hat der Oberstleutnant a. D. der Bundesluftwaffe nur eine Sorge, während er sich aus dem geöffneten Fenster lehnt: daß seine Fotos nicht verwackeln.

Nun begehe ich den entscheidenden Fehler. Vorsichtig frage ich ihn, wie er das Flugzeug eigentlich lenke, so ohne eine Hand am Steuerhorn. Klar, mit den Füßen. Und jetzt bekomme ich ein Lehrstück, was er beziehungsweise die kleine Cessna so alles kann. Wie schnell, wie tief und vor allem wie schräg sie fliegt.

Otto Braasch verbringt sein Leben in der Luft. Seit er sich 1980 vorzeitig pensionieren ließ, arbeitet er als Luftbildarchäologe. Denn die »alte Leidenschaft« für Archäologie und Geschichte hat ihn nie mehr losgelassen, seitdem er als Schüler in Kiesgruben Urnen ausbuddelte.

Menschliche Eingriffe in die Erde, in den Boden hinterlassen Spuren, sei es ein neuzeitlicher Bewässerungsgraben oder ein mittelalterliches, längst versunkenes Dorf. Spuren, die den Boden, seine Farbe, das Wachstum der Pflanzen verändern. Die man zum Teil nur aus der Luft erkennen kann. Diese Verfärbungen und Zeichen in den Äckern, Wiesen und Getreidefeldern hält Braasch im Foto fest – oftmals der einzige Hinweis auf menschliche Aktivitäten vor Hunderten oder Tausenden von Jahren.

Das Dokumentieren vorzeitlicher Indizien ist arbeitsintensiv: zwei bis drei Kameras, ein Packen Landkarten, eine topographische Karte der Gegend, in der er die Fundstellen markiert. Auf dem rechten Knie ist sein Archäologbuch festgeschnallt, das Grabungsbuch der Luft. Fund, Standort, Kamera- und Bildnummer werden hier festgehalten. Ihn fasziniert, wie er durch die Erdschichten hindurch einstige

129

Bauwerke erkennen kann, er »sieht« die Menschen, die sie geplant haben, ihre Gesichter, ihr Leben.

Augenarchäologie nennt er das. Ein Vorstoß in die Vergangenheit. Zeiten sind Schichten. Schicht um Schicht wird ent-deckt. »Wie eine Zwiebel, die Sie langsam abpellen.« Schon an den Linien im Acker kann er feststellen, ob da unter ihm in vergangenen Zeiten eine steinzeitliche Siedlung, ein römisches Legionslager oder eine mittelalterliche Burg stand: versunkene Stätten, direkt vor unserer Haustür. Versunken und vergessen, wenn wir ihre Spuren aus der Luft nicht wiederentdek-ken würden.

Dreißig- bis vierzigtausend Bodendenkmäler hat Braasch gefunden in den elf Jahren, die er professionell als Luftbildarchäologe arbeitet, nicht immer zur reinen Freude des zuständigen Bodendenkmalpflegers. Denn der bekommt die Fotos und entscheidet, welches Projekt gegraben werden soll. Das bedeutet Arbeit. Täglich kommen neue Spuren dazu: Seit dem 2. Mai 1991 darf Braasch über dem Gebiet der ehemaligen DDR fliegen. Vieles liegt da noch jungfräulich im Boden, von dem die Archäologen bisher keine Ahnung hatten. Auch Luftbildarchäologie ist neu in den neuen Bundesländern.

Ausgerechnet über dem letzten Höhenzug vor der Nordsee, da, wo einst die unendlich erscheinenden Sümpfe der Norddeutschen Tiefebene begannen, machte er am 13. Juli 1990 eine seiner überraschendsten Entdeckungen.

Braasch war an diesem Morgen sehr früh gestartet. Von Schwäbisch Gmünd, seinem Heimatflughafen, zweieinhalb Stunden bis zum Nordrand des Wiehenge-birges, zwanzig Kilometer nordöstlich von Osnabrück. Dr. Wolfgang Schlüter, zuständiger Kreisarchäologe, hatte ihn um Hilfe gebeten. Denn wenige Monate zuvor waren seine Ausgräber am Fuß des Kalkrieser Berges auf etwas Aufregendes, ja, wenn sich ihre Vermutungen bewahrheiten würden, auf etwas Sensationelles gestoßen: Fundstücke, die zusammen mit der topographischen Lage des Fundorts auf die Schlacht hinwiesen, die seit Jahrhunderten nicht nur deutsche Gemüter bewegt – die Varusschlacht, in der das sieggewohnte Imperium Romanum ver-nichtend geschlagen wurde, die Schlacht, die Germanien für alle Zeiten von der römischen Herrschaft befreite.

Kein Ereignis hat die Phantasie und den Tatendrang so vieler Historiker, Archäolo-gen und Heimatforscher angeregt wie die Varusschlacht. Verbissen wird seit Jahrhunderten nach dem Gebiet gesucht, in dem die drei Tage dauernden Kämpfe im Jahre 9 n. Chr. stattfanden. Otto von Freising, Bischof und Geschichtsschrei-ber zur Zeit Friedrich Barbarossas, forschte schon vor achthundert Jahren nach dem Schlachtfeld. Dann wurden 1505 die Annalen des Tacitus im Kloster Corvey an der Weser gefunden. In ihnen erwähnt der römische Historiker den »saltus Teutoburgiensis« als Schauplatz des Gemetzels: »nicht weit« von Ems und Lippe.

130

NIEDERLANDE

Nordsee

Cuxhaven
Wilhelmshaven
Emden
Bremerhaven
Hamburg
Elbe

Bremen
Ems
Hunte
Weser

Niedersachsen

Hase
Aller
Großes Moor
Bramsche   Kalkriese
Kalkrieser Berg
Wiehengebirge
Hannover
Mittellandkanal
Rheine
Osnabrück
Minden
Dortmund-Ems-Kanal
Leine
Ocker
Teutoburger Wald
Bielefeld
Versmold
Münster
Gütersloh
Detmold
Hermannsdenkmal
Göttingen
Haltern
Lippe
Weser
Xanten
Essen   Dortmund
Ruhr
Kassel
Düsseldorf
Eder
Fulda
Köln
Siegen
Sieg
Werra
Bonn
Gießen
Fulda
Koblenz
Lahn
Rheinland-
Frankfurt
Pfalz
Mainz
Mosel
Rhein
Main
Bayern
Würzburg
Nahe
Marktbreit

Nordrhein
Westfalen
Hessen

0   50   100 km

Damit gibt Tacitus den einzigen uns erhalten gebliebenen geographischen Hinweis auf den Ort der Varusschlacht. Wenn er gewußt hätte, was er damit anrichtete... Die Abschrift wurde alsbald gestohlen. Ein Steuereinnehmer der Kurie soll es gewesen sein. Irgendwie geriet sie in den Besitz von Papst Leo X. Der ließ sie 1515 drucken und ein Exemplar nach Corvey schicken, als Entschädigung mit einem ewigen Ablaß für die Kirche des Klosters. Die Handschrift selbst ist erhalten: Sie liegt in der Bibliotheca Laurentiana in Florenz. Wer einmal hineinschauen möchte: Aktenzeichen LAUR. LXIII = Mediceus I.

Als die Annalen entdeckt wurden, gab es allerdings kein Gebirge, das den Namen Teutoburger Wald trug. Was Tacitus unter »saltus Teutoburgiensis« verstand, darüber streiten sich die Gelehrten – und noch mehr die Nichtgelehrten. Über siebenhundert Theorien über den Ort der Schlacht sind seitdem mit (Über-)Eifer verfochten worden. Seit Melanchthon wird der Gebirgszug Osning für den Teutoburger Wald gehalten. Denn dort – bei der heutigen Stadt Detmold – gab es einen »Teutberg«. (Auf dem heute das 1875 eingeweihte Hermannsdenkmal steht.) Beweise gibt es nicht, daß er tatsächlich der »saltus Teutoburgiensis« des Tacitus ist, wo das blutige Gemetzel an zwanzig- bis dreißigtausend Mann stattfand.

So war – und ist – die Bahn frei für Spekulationen. Auffällig oft stimmt die vertretene Örtlichkeit mit dem Wohnsitz des jeweiligen Verfassers überein. Ganze Hundertschaften von Lokalforschern haben den Schauplatz der Schlacht »zwingend« und mit Vehemenz nachgewiesen. Hartnäckig wird jeder Wegezug, jedes Asche- und Knochenhäufchen, jedes Hügelgrab und Fundstück, so es gerade paßt, zur Verteidigung der eigenen Theorie herangezogen. Die Intensität, mit der nach den Asche- und Knochenhäufchen gesucht wurde, veranlaßte die Fürstlich Lippische Regierung am 26. Januar 1821, eine Verordnung zu erlassen, um »Nachgrabungen, welche, dem Vernehmen nach, seit einiger Zeit im hiesigen Lande häufig nach Todten-Urnen und sonstigen Alterthümern geschehen«, zu unterbinden. Allein in der lippischen Bibliographie der Frühgeschichte sind in der Sonderabteilung »Arminius und die Varusschlacht« 2272 Titel erfaßt.

Soviel ist sicher: Vor zweitausend Jahren stand die Varuskatastrophe im Brennpunkt der Geschichte. Die Menschen der damals bekannten Welt schauten auf den Kampfplatz – irgendwo zwischen Rhein und Weser –, der die Entscheidung über die politische Zukunft des freien Germanien brachte. Der strahlende Held: der junge Cheruskerfürst Arminius. Sein Widersacher war der römische Statthalter Publius Quinctilius Varus.

Das Drama endete mit dem umherirrenden Kopf des Varus, der Ermordung des Arminius und vorher mit der Gefangennahme seiner schwangeren Frau durch Germanicus, der am 26. Mai 17 n. Chr. Thusnelda samt ihrem inzwischen geborenen Sohn im Triumphzug durch Rom führte. Es führte aber auch zu der Befreiung Germaniens von den Römern – sozusagen auf ewig.

Aber der Reihe nach. Ganz Gallien war von Julius Cäsar besiegt. Als Ergebnis seines erfolgreichen gallischen Krieges (58 bis 51 v. Chr.) wurde die Grenze des römischen Weltreichs bis an den Rhein vorgeschoben. Für Cäsar war das eine naturgegebene Grenze, die Gallier und Germanen trennte.

Damit dies auch den rechtsrheinisch siedelnden germanischen Stämmen klarwurde, demonstrierte er Macht: Zweimal überschritt er mit seinen Legionen den Rhein. Die Brücken, die er für den Übergang errichten ließ, waren ein technisches Wunderwerk. Erobern wollte er Germanien nicht, aber einschüchtern, warnen wollte er die ungebärdigen Barbaren, die so wenig Respekt vor dem Cäsar und dem Imperium zeigten. Und so ließ er nach dem zweiten Überschreiten des Flusses die linksrheinische Hälfte der Brücke stehen. Der Anblick sollte die Macht und die Möglichkeiten des Römischen Reichs deutlich machen und ihm Respekt verschaffen – tat er aber nicht.

Die Germanen brachten das Wein- beziehungsweise Metfaß zum Überlaufen, als sie 16 v. Chr. den Rhein überquerten, die V. Legion schlugen und – besonders schimpflich – deren Legionsadler raubten. Die Niederlage zeigte den Herren in Rom die andauernde Bedrohung Galliens, eine Bedrohung, die den Rhein als sichere Nordostgrenze gefährdete. Cäsars Nachfolger Oktavian, der spätere Kaiser Augustus, machte die Germanen zur Chefsache. Schließlich war die gallische Provinz reich und ertragreich und Rom in chronischer Finanznot.

Augustus, der gerade im Jahr davor in den Säkularspielen den Ausbruch eines neuen, friedlichen Zeitalters gefeiert hatte, begab sich höchstpersönlich für drei Jahre mit seinem Stiefsohn Tiberius nach Gallien. Er glaubte, die Gefahr endgültig nur beseitigen zu können, indem Rom seinen Machtbereich auf das Gebiet zwischen Rhein und Elbe ausdehnte. Als nützlicher Nebeneffekt würde sich die römische Reichsgrenze damit von der Donau nach Norden um fünfhundert Kilometer verkürzen.

Augustus' Plan war ein großangelegter Zangenangriff vom Norden (mit der Rheinflotte in die Nordseeflüsse), vom Westen (Lippe) und vom Süden (Main) her. Fünf Legionen wurden vom Inneren Galliens an den Rhein verlegt. Daneben Auxiliarverbände, Hilfstruppen, die aus den unterworfenen Stämmen ausgehoben wurden. Zur schnelleren Truppenbewegung und zur Sicherung des Nachschubs ließ er Fernstraßen bis zum Rhein bauen. Bei Mainz (Main-) und Xanten (Lippemündung), den Haupteinfallspforten ins freie Germanien, wurden Doppellegionslager errichtet.

Drusus, der zweite Stiefsohn des Augustus, wurde Statthalter von Germanien und erhielt das militärische Kommando über die Rheinarmee. Wenige Tage nach dem 1. August 12 v. Chr. überschritt er mit seinen Truppen den Fluß. Damit begannen die römischen Angriffskriege zur Eroberung Germaniens bis zur Elbe. In ihrem Verlauf stand zeitweilig ein Drittel der gesamten Legionsstreitkräfte des Imperium Romanum am Rhein und im Inneren der angestrebten neuen Provinz. In

Die Grabung am
Kalkrieser Berg.
Oben: Mit Hilfe
eines Detektors wird
unter der Erde ver-
borgenes Metall auf-
gespürt.
Links: Die Konturen
des künstlich aufge-
schütteten Walls sind
im Suchschnitt deut-
lich zu erkennen.
Rechte Seite: Die ei-
serne Maske eines
römischen Gesichts-
helms, ursprünglich
mit purem Silber be-
zogen. (An den Rän-
dern kleben noch die
Reste des Silber-
bezugs.)

mehreren Feldzügen unterwarf Drusus die germanischen Gebiete, errichtete römische Kastelle – unter anderem das vierundfünfzig Hektar große Doppellegionslager Oberaden an der Lippe – und drang bis zur Elbe vor. Auf dem Rückmarsch stürzte Drusus – 9 v. Chr. – vom Pferd. Noch im Feindesland erlag er seinen tödlichen Verletzungen.

Sein älterer Bruder Tiberius eilte nach Germanien und brachte den Leichnam nach Rom. Augustus hielt seinem Stiefsohn – von dem viele munkelten, er sei der heimliche Sohn des Kaisers – die Leichenrede. Nach dem Tod des kühnen und strahlenden Drusus wurde der – unpopuläre – Tiberius zum Kronprinzen ernannt. Da spätere Kaisergenerationen von Augustus' Blut sein sollten, mußte er dessen Tochter Julia heiraten. Sie war zwar charmant und gebildet, aber auch eine stadtbekannte Nymphomanin. Tiberius floh auf die Schlachtfelder, übernahm den Oberbefehl über die Rheintruppen und befriedete mit viel Geschick das eroberte Gebiet zwischen Rhein und Elbe. Velleius Paterculus, ein unter Tiberius dienender Offizier, schrieb, er habe Germanien »mit solchem Erfolge unterjocht, daß er es zu einer beinahe tributpflichtigen Provinz gemacht hat«.

Doch die Ruhe war trügerisch und währte wenige Jahre, auch wenn die Militärstation Haltern an der Lippe schon als Verwaltungszentrum ausgebaut wurde, mit einer Wasserversorgung von außerhalb durch Bleirohre. So sicher fühlte man sich. Wie in der Etappe eben.

Derweil trieb es Julia in Rom ihrem Vater zu bunt, der die Gefahr eines öffentlichen Skandals sah und sie in die Verbannung nach Pandateria schickte (wo immer das liegen mag). Tiberius, der, furchtlos wie immer, wegen seiner männermordenden Gattin und wegen der Nachfolgeregelung mit seinem Schwiegervater in Streit geriet, zog sich grollend in die freiwillige Verbannung nach Rhodos zurück.

Doch der Kaiser brauchte ihn als Thronfolger. Nach acht Jahren holte er ihn zurück und adoptierte ihn – wie es damals üblich war. Im Gegenzug mußte Tiberius den Germanicus, Sohn seines tödlich verunglückten Bruders Drusus, an Kindesstatt unter Hintanstellung seines leiblichen Sohnes annehmen – eine Versöhnung nur nach außen, der Not gehorchend.

Aufstände wurden gemeldet. Tiberius, überhäuft mit neuen Ehren und Ämtern, brach wiederum nach Germanien auf. So war er wenigstens weit weg von Rom.

Die germanischen Erhebungen schlug er in den Jahren 4 und 5 n. Chr. nieder. Geschickt schloß er Bündnisverträge. Die Langobarden bezwang er an der Elbe, wo er mit der römischen Flotte zusammentraf. Auch die Cherusker, einer der größten und angesehensten germanischen Stämme, stellten sich unter den »Schutz« Roms, so daß Reiteroberst Paterculus berichten konnte: »Von nun an gab es in Germanien nichts mehr, was hätte unterworfen werden können, vom Stamme der Markomannen abgesehen.« Doch die saßen weit weg in Böhmen. Und Marbod, ihr Häuptling, war immerhin so römerfreundlich, daß er vier Jahre später den ihm von Arminius übersandten Kopf des Varus brav in Rom ablieferte.

Oben: Das »Große
Moor« nördlich des
Kalkrieser Bergs.
Zwischen Berg und
Moor liegt die Gra-
bung.

Rechts: Der Gra-
bungstechniker do-
kumentiert auf Milli-
meterpapier die Erd-
verfärbung des Pro-
filschnitts.

Paterculus gab eine geschönte politische Situation wieder. Tatsächlich standen nur Teile Germaniens unter römischer Herrschaft. Man hatte zwar Freundschaftsverträge geschlossen, deren Wert aber bekanntermaßen zweifelhaft ist.

Tiberius schlug sich inzwischen mit Aufständischen auf dem Balkan herum. Augustus erließ ein Gesetz, durch das Eheschließungen gefördert werden sollten, um mehr Menschenmaterial zu erhalten – so wiederholt sich Geschichte, nicht nur alle zweitausend Jahre.

Man schaute auf den Balkan – Tiberius siegte wie gewohnt – und übersah, was sein Nachfolger in Germanien anrichtete. Denn Paterculus' Beschreibung der machtpolitischen Verhältnisse zwischen Rhein und Elbe entsprach zwar nicht der Wirklichkeit, aber dem Wunschdenken des Senats. Und so begingen Senat und Kaiser ihren entscheidenden Fehler. Man fühlte sich militärisch so sicher, daß 7 n. Chr. ein Verwaltungsfachmann zum Statthalter ernannt wurde. Der sollte das »eroberte Germanien« in den Status einer römischen Provinz überleiten.

Damit betritt unser erster Held die Weltbühne: Publius Quinctilius Varus. Daß Augustus nicht die rechte Wahl getroffen hatte, wurde dem Kaiser spätestens zwei Jahre danach klar, als er die Nachricht von der verheerenden Niederlage erhielt und den berühmten Seufzer tat: »Varus, Varus, gib mir meine Legionen wieder.« Zu diesem Zeitpunkt hatte sich jener allerdings schon umgebracht.

Ein wenig hatte der römische Patrizier Publius Quinctilius Varus schon einmal auf dem glatten Parkett der Weltbühne gestanden, als er im Jahre 6 vor unserer Zeitrechnung, also etwa zu der Zeit, als Jesus von Nazareth geboren wurde, Statthalter der kaiserlichen Provinz Syrien war. Auf Bitten des Judenkönigs Herodes leitete er in Jerusalem den Prozeß gegen dessen Sohn Antipatros. Der war des geplanten Vatermordes beschuldigt worden. Antipatros wurde hingerichtet, Herodes starb fünf Tage später. Erfolgreich unterdrückte Varus mit Waffengewalt aufkeimende Unruhen in Palästina. Er war ein energischer, oft brutaler Offizier; kein begnadeter Feldherr, aber ein durchsetzungsfähiger, geschickter Verwaltungsfachmann – vor allem zu seinem eigenen Nutzen. Sein Zeitgenosse Paterculus urteilt: »Arm kam er in eine reiche Provinz, und reich ging er aus einer armen fort.«

Als er dasselbe in Germanien versuchte, ging es schief. Er überschätzte römischen Einfluß und Macht, überschätzte die Befriedung der germanischen Stämme zwischen Rhein und Elbe. Viel zu überstürzt begann er mit dem Aufbau einer römischen Zivilverwaltung, führte römisches Recht und römisches Steuerwesen ein. Varus unterschätzte jedoch den Widerstandswillen der Ureinwohner dieses »windigen Landes« mit den »widerwärtigen Sümpfen«, wie Tacitus schreibt. Einen »trotzigen Blick, rötliches Haar und große Körper« hatten sie, hockten in Rodungsinseln, die sie in den germanischen Urwald geschlagen hatten, verbrach-

Rechte Seite: »Hermann der Cherusker« im Teutoburger Wald.

ten »viel Zeit mit Jagen, mehr noch mit Nichtstun«, tranken übermäßige Mengen eines »Safts aus Gerste oder Weizen« und waren überhaupt nicht bereit, Steuern zu zahlen.

Und nun tritt der strahlende Held Arminius auf, der Befreier Germaniens, wie Tacitus ihn nennt. Dabei wissen wir noch nicht einmal seinen germanischen Namen. Auch wenn er als kupferner »Hermann der Cherusker«, fünfundfünfzig Meter hoch, bei Detmold sein Schwert in die Höhe streckt. Hermann ist eben so schön deutsch. Arminius, um 16 v. Chr. geboren, war kurz nach seiner Geburt – vermutlich als Geisel – zusammen mit seinem Bruder Flavus nach Rom gekommen. Er wurde zum Offizier ausgebildet, in den Ritterstand erhoben und erhielt das römische Bürgerrecht. Eine übliche attraktive Laufbahn für die Fürstensöhne der besetzten Gebiete, um diese fester an ihren »Bündnispartner« Rom zu binden.

Paterculus, der ihn wohl persönlich kannte, beschreibt ihn: »Jung, aus edlem Geschlecht, persönlich tapfer, von rascher Auffassungsgabe und genialer Klugheit. Der Ausdruck des Gesichts und der Blick des Auges verraten den kühnen Flug der Gedanken. Er war der Sohn des Segimer, eines Fürsten der Cherusker.« Und bestens tauglich zum deutschen Nationalhelden. Zwei Millionen Besucher jährlich (!) am Hermannsdenkmal legen davon ein beredtes Zeugnis ab. Und Luther sagte in seinen Tischreden über ihn: »Wenn ich ein Poet wer, so wolt ich den celebrieren. Ich hab ihn von hertzen lib.« Das dachten seine Stammesbrüder auch, als er zum Aufstand gegen die neuen Gesetze und damit gegen die Steuern aufrief.

Die Vermessung des Landes, Registrierung des Besitzes und als Folge davon die Steuerschätzung hatten bei den germanischen Stämmen Empörung und Widerstand hervorgerufen. Der Zorn auf die römische »Schutzmacht« war sogar größer als die sprichwörtliche germanische Zerstrittenheit; der Haß einigte sie, wenn auch nur für wenige Jahre. So gelang es Arminius und seinem Vater Segimer, die Cherusker, die Marser, die Chatten und die Brukterer zum gemeinsamen Überfall zu bewegen.

Sie gingen schlau vor, die Verschwörung blieb geheim. Varus und mit ihm 25 000 Mann tappten in die Falle. Arminius hatte einen entscheidenden Vorteil: Er war geschult im römischen Heerwesen, führte als Bundesgenosse die germanischen Hilfstruppen, hatte Tiberius bei seinen Feldzügen begleitet. Er beherrschte die römische Kriegsführung, kannte ihre Taktik und ihre Schwächen. Er wußte, nur in unwegsamem Gelände, wo die straffe Militärordnung der Legionen auseinanderbrechen mußte, hatte er eine Chance. Außerdem vertraute Varus ihm. Darauf baute er seinen Plan auf.

Aus den verschiedenen Mosaiksteinchen, den spärlichen und zum Teil widersprüchlichen Zeugnissen antiker Schriftsteller, ergibt sich ein wenn auch verschwommenes Bild vom Ablauf der Schlacht, ein blutiges Gemälde.

140

Ende September 9 n. Chr.: Der Legat Publius Quinctilius Varus hält sich in seinem Sommerlager im Cheruskerland auf, irgendwo zwischen Weser und Rhein, vielleicht bei Minden an der Weser. Um die Verwaltungsbürokratie aufzubauen, hat er neben seiner Armee einen »übermäßig großen« zivilen Troß dabei. Er bereitet den Abzug in das Winterquartier vor, in das äußerst bequem mit heißen Thermen und anderen Annehmlichkeiten ausgestattete Lager bei Xanten gegenüber der Lippemündung.

Normalerweise hätte er von der Weser kommend auf dem schnellsten Weg zur Lippe ziehen müssen. Hier sicherte – durch sorgfältige Ausgrabungen belegt – eine Reihe von Kastellen die römische Heerstraße, den »Lippekorridor«. Warum schlägt er sich mit seinem Heereszug, der an die zwanzig Kilometer lang ist, durch unübersichtliches, unbekanntes Gelände abseits der Heerstraßen? Wie gelingt es den Germanen, ihn in diesen Hinterhalt zu locken?

Segimer und Arminius sind mit Varus befreundet. Sie gehen in seinem Feldherrenzelt ein und aus. Als römischer Bürger und Ritter, Chef der Auxiliareinheiten, genießt der junge Cheruskerfürst das volle Vertrauen des Römers. Arminius fingiert einen Aufstand »entfernt wohnender« Stammeseinheiten. Er bittet Varus, die Empörung niederzuschlagen. Auf dem Rückweg ins Winterlager nach Xanten könne Varus mit seinen Legionen doch den kleinen Umweg machen. Er, Arminius, würde mit ihm reiten und ihm den Weg weisen.

Am Abend vor dem Aufbruch zum »Todesmarsch durchs Cheruskerland« findet ein letztes Gastmahl an der Tafel des römischen Feldherrn statt. Der römertreue Cheruskerfürst Segestes hat von der geplanten Verschwörung erfahren. Er warnt Varus. Doch der hört nicht auf ihn. Er glaubt nicht, daß sein Freund und – durch Verträge gebundener – Bundesgenosse Arminius ihn verraten habe. Er baut unerschütterlich auf dessen Treue und Rechtschaffenheit. Er hält Segestes' Warnung für einen Racheakt gegen den jungen Fürsten. Denn Arminius hatte ihm seine Tochter Thusnelda geraubt, die einem anderen versprochen war, und sie gegen Segestes' Willen zu seiner Frau gemacht.

Varus bleibt sorglos. Am Morgen bricht die Armee auf, die XVII., XVIII. und XIX. Legion – alle drei Eliteeinheiten –, drei Reiterregimenter und sechs Auxiliarkohorten. Insgesamt zählen allein die Truppen an die zwanzigtausend Mann. Dazu kommt der ungeheuer große und schwerfällige zivile Troß: Wagen und Saumtiere, Burschen, Weiber und all die Beamten. »Wie im Frieden«, heißt es. Ein Vormarsch wie im Freundesland, getäuscht durch Arminius und seinen Vater, die »stets bei ihm weilten« und »auf das friedlichste und freundschaftlichste mit ihm verkehrten«, so Cassius Dio in seiner »Römischen Geschichte«. Und weiter: »Sie begleiteten ihn, als er aufbrach; dann verließen sie ihn unter dem Vorgeben, das bundesgenössische Aufgebot heranzuholen und ihm schleunigst Hilfe bringen zu wollen, übernahmen ihre Streitkräfte, die irgendwo schon bereitstanden, ließen jeder die in seinem Gau stationierten römischen Soldaten, die sie früher von Varus erbeten

hatten, niedermachen und zogen nun gegen ihn selbst, der mittlerweile in schwer passierbaren Wäldern angelangt war.«

Die Armee kommt nur langsam voran. Es regnet. Die Wege werden immer ungangbarer. Einem Lindwurm gleich zieht sich der endlos lange Heereszug dahin. An eine militärische Marschordnung ist nicht zu denken, selbst wenn Varus weniger arglos wäre. Dann beginnt plötzlich, aus dem Hinterhalt, der Überfall. Die Barbaren stürzen »aus dichtestem Gebüsche« hervor, Einleitung eines dreitägigen blutigen Gemetzels »durch Wälder und Sümpfe«.

Das Wetter ist auf Arminius' Seite. Der Regen macht die Lederrüstungen der Römer naß und schwer. Pfeile, Wurfspieße und Schilde sind kaum noch zu gebrauchen. Der Boden ist tief und schlüpfrig. Baumkronen stürzen, vom Sturm zerschmettert, hernieder. Die Soldaten versinken im Morast. Die leichtbewaffneten Germanen sind beweglicher, kennen Weg und Steg. Trotzdem gelingt es Varus, am Ende des ersten Kampftages die Truppenteile zu vereinigen und ein Marschlager für die Nacht aufzuschlagen. Die schweren, hinderlichen Troßwagen läßt man zurück.

Am nächsten Morgen versucht das Heer »in etwas besserer Ordnung« dem Hinterhalt zu entkommen. Die Germanen greifen unablässig an. Sie werden zahlenmäßig immer stärker, immer neue Einheiten stoßen dazu, »vor allem zum Beutemachen«. Es regnet ununterbrochen. Der Gebrauch der römischen Waffen wird unmöglich. In der Enge, in der die Germanen sie umzingelt haben, behindern die Römer sich gegenseitig.

Die angeschlagenen Truppen können am Abend des zweiten Tages noch einmal ein schnell aufgeschüttetes Lager errichten. Der nächtliche Ausbruchsversuch im Schutz der Dunkelheit mißlingt. In »Sturzregen und furchtbarem Sturm« kesseln die vereinigten germanischen Stämme die Römer ein und metzeln sie nieder. Die Reiterverbände versuchen »in Richtung auf den Rhein« zu fliehen. Der verwundete Varus stürzt sich in sein Schwert, zusammen mit anderen hohen Offizieren. Sein Tod spricht sich schnell herum. Jeder organisierte Widerstand wird aufgegeben. Das römische Kapitulationsangebot weist Arminius ab.

Fünfundzwanzigtausend Menschen sind bis auf wenige Überlebende niedergemetzelt worden, die heiligen Legionsadler geraubt. Dem toten Statthalter Publius Quinctilius Varus, dessen Leichnam die Römer noch auf einem Scheiterhaufen zu verbrennen versuchen, schlägt man den Kopf ab. Arminius schickt ihn mit einem Bündnisangebot an Marbod, den Markomannenhäuptling. Der läßt sich darauf aber nicht ein und schickt den Kopf weiter nach Rom. Kaiser Augustus erlaubt die Beisetzung im Familiengrab.

Linke Seite: Modell des römischen Hauptlagers von Haltern. Die Eröffnung des Museums wird im Frühjahr 1993 stattfinden.

Derweil opfern die Germanen im heiligen Hain ihren Göttern. Dankesgaben für die Über- und Unterirdischen gibt es zur Genüge: die hohen römischen Offiziere. Menschenopfer waren Brauch bei den Germanen. Die Auserwählten werden zu Ehren der Götter an Bäume geknüpft oder in Gruben versenkt. Jahre später wird Germanicus den heiligen Hain wiederfinden und die verblichenen Totenschädel seiner Landsleute an den Ästen baumeln sehen.

Auch wenn Arminius den Sieg durch Verrat, Hinterlist, Vertrags- und Vertrauensbruch erzielte, so nennt ihn doch selbst Tacitus in seinem berühmten Nachruf den unzweifelhaften Befreier Germaniens, der das römische Weltreich nicht in seinen Anfängen, sondern in seiner höchsten Blüte herausforderte. Da wird der Respekt vor der historischen Leistung des fünfundzwanzigjährigen Fürstensohns deutlich, der eine Weltmacht in die Schranken wies, eine strategische Meisterleistung, die heute noch bewundert wird. Germanien blieb frei von römischer Herrschaft – und von römischer Zivilisation und Kultur. Der Lippe-Ems-Weser-Raum versank wieder in vorgeschichtlichem Dunkel.

Der Verlust dreier Elitelegionen mit ihren Legionsadlern und die Aufgabe sämtlicher Militärstützpunkte rechts des Rheins lösten in Rom einen Schock aus. Man befürchtete ein Übergreifen des Aufstandes nach Gallien, ja, selbst nach Italien. Als Kaiser Augustus die Schreckensnachricht erhielt, zerriß er bestürzt sein Gewand, verfiel in tiefe Depressionen und ließ monatelang Bart und Haare wachsen. Zuweilen schlug er mit dem Kopf gegen die Türpfosten, sein »Quintili Vare, redde legiones« stöhnend. Er verstärkte seine Leibwache und entließ daraus die Abteilung germanischer Beschützer. Die Nummern der Legionen galten hinfort als Unglückszahlen und wurden nie wieder vergeben. Den wenigen Überlebenden wurde von Augustus verboten, jemals wieder italienischen Boden zu betreten. Der Rhein bildete für die nächsten vierhundert Jahre die Nordostgrenze des Römischen Reiches, und Arminius, der Befreier, wurde zum Symbol nationaler Gesinnung und deutschen Freiheitsstrebens. Kleist, Klopstock, Schlegel, Wieland und zweihundert andere setzten ihm literarische Denkmäler. Allein im 18. Jahrhundert wurden neunundzwanzig Arminiusopern komponiert. Und wir sangen im Lateinunterricht:

> Als die Römer frech geworden,
> zogen sie nach Deutschlands Norden.
> Doch im Teutoburger Walde,
> huh, wie pfiff der Wind so kalte;
> Raben flogen durch die Luft,
> und es war ein Moderduft
> wie von Blut und Leichen.
> Plötzlich aus dem Waldes Duster
> brachen krampfhaft die Cherusker.

> Weh, das war ein großes Morden!
> Sie erschlugen die Kohorten...

Und Varus?

> Der geriet in einen Sumpf,
> verlor zwei Stiefel und einen Strumpf.

Wo Varus nun seinen Strumpf verlor, welche der 700 Theorien zur Ortsbestimmung der Varusschlacht also recht hat, das können uns nur neue archäologische Entdeckungen zu Boden oder aus der Luft beantworten. Jeder Lokalisierungsversuch bleibt Spekulation, solange keine eindeutigen Funde auf die Schlachten hinweisen. Denn es gab ja nicht *ein* Schlachtfeld, sondern drei Tage lang Überfälle, Handgemenge, Scharmützel, Marschgefechte, Gemetzel.

Überbleibsel dieser Kämpfe könnten gefunden werden. Auch die Opferschächte im nahe gelegenen heiligen Hain, wie sie vergleichbar in Berlin ausgegraben wurden. Oder Spuren der beiden Marschlager, die Varus an den Kampftagen errichten ließ. Doch wir können nicht erwarten, eines Tages auf einen Berg von Waffen und Rüstungen einer fünfundzwanzigtausend Mann starken Armee zu stoßen. Die Germanen haben eifrig geplündert – und den Rest erledigten die Römer selbst:

Tiberius, der soeben wieder einen Sieg auf dem Balkan errungen hat, zieht in Eilmärschen an den Rhein, stationiert dort acht Legionen – von insgesamt vierundzwanzig Legionen im gesamten römischen Weltreich – und sichert die Grenze. Am 19. August 14 stirbt Kaiser Augustus, er ist sechsundsiebzig Jahre alt geworden. Tiberius wird sein Nachfolger.

Germanicus, Sohn des Drusus, Neffe und zwangsweiser Adoptivsohn des Tiberius, übernimmt das Oberkommando am Rhein. Noch im Jahre 14 überquert er den Fluß mit dreißigtausend Mann, um die Schande der erlittenen Niederlage zu tilgen. »Ohne Rücksicht auf Alter und Geschlecht« metzelt er alles nieder. In den Jahren 15 und 16 setzt er seine Rachefeldzüge fort. Eine tausend Schiffe starke Flotte bringt die Versorgungsgüter und einen Großteil des Heeres mitten ins Germanengebiet. Die Ems war zu der Zeit etwa bis Rheine schiffbar. Ein schreckliches Morden, ein Blutbad nach dem andern findet statt. Germanicus wird dafür einen Triumphzug durch Rom erhalten.

Im Lager Xanten marschiert derweil sein Söhnchen herum, verkleidet als Legionär mit Soldatenstiefeln: der spätere Kaiser Caligula (»Stiefelchen«), Nachfolger von Tiberius. Er wird wenige Jahre später wegen *seiner* Blutorgien in die Geschichte eingehen.

Segestes, der Schwiegervater des Arminius, bittet Germanicus, gezielt gegen die Cherusker vorzugehen, die ihn in seiner Burg belagern. Denn dorthin hat er mit Gewalt seine eigene Tochter entführt. Segestes wird von den Römern befreit,

Hunderte von Fundstücken aus der Grabung am Kalkrieser Berg belegen die Anwesenheit von Legionären, Hilfstruppen und Troß.

Oben: Bronzene Schließen eines Kettenpanzers.
Links: Bronzene Augenfibel.

Rechte Seite: Massiv gegossene, bronzene Jochaufsätze (oben).
Rechte Seite: Bronzene Aucissafibeln (unten).

Thusnelda gefangengenommen. Über die Frau des tapferen germanischen Helden wird berichtet: »Sie vergoß keine Träne und verlor kein Wort der Bitte; sie preßte ihre Hände auf die Brust und blickte stumm auf ihren schwangeren Leib.« Solch ein Schicksal verleitet schon einen Autor zu Sätzen wie: »Wir Deutsche... haben die Verpflichtung, das Wesen und Wirken dieses Mannes, der im Kampf für die Freiheit seines Landes Frau und Sohn an den Feind verlor und damit sein persönliches Glück seinem Volke opferte, wachzuhalten« – so gelesen im »Arminius«-Führer, der im Inneren des Hermannsdenkmals verkauft wird.

Mit Feuer und Schwert verwüsten die römischen Legionen das Gebiet zwischen Ems und Lippe. Da das unselige Schlachtfeld des Jahres 9 »nicht weit« von hier liegt, zieht Germanicus dorthin, die Gefallenen zu ehren. Er stößt auf Wall und Graben der beiden Marschlager, zerbrochene Waffen, bleichende Knochen, Pferdegerippe. An den Bäumen Menschenschädel, in den benachbarten Hainen die Altäre, auf denen die Offiziere geschlachtet wurden. Die Überreste der drei Legionen werden bestattet, zwei Legionsadler zurückerobert. Der dritte wird 41 n. Chr. wiedergewonnen.

Doch die Siege des Rachefeldzuges sind teuer und verlustreich. Der Realpolitiker Tiberius pfeift Germanicus mit seinen Truppen hinter den Rhein zurück.

Der achtundzwanzig Jahre währende Versuch Roms, Germanien zu beherrschen, ist endgültig gescheitert. Tiberius' Voraussage, jetzt, da sich Rom an den Germanen gerächt habe, könne man sie ruhig ihrer inneren Zwietracht überlassen, geht in Erfüllung. Das einigende Feindbild fehlt. Die Streitigkeiten der Germanen untereinander brechen bald wieder aus. Das Bündnis mit Marbod, das dem gesamten Römischen Reich hätte gefährlich werden können, kommt nicht zustande. Der Chattenfürst Adgandestrius erbietet sich dem römischen Senat, Arminius zu töten, falls man ihm dazu das Gift schicke. Tiberius lehnt ab. Das schmutzige, zur damaligen Zeit jedoch sehr beliebte Geschäft erledigen seine eigenen Verwandten. Arminius wird hinterrücks von ihnen ermordet – siebenunddreißigjährig. Seinen in der Gefangenschaft geborenen Sohn Thumelicus hat er nie gesehen. Der wird derweil in Ravenna als Gladiator für die Arena ausgebildet.

Noch hundert Jahre später werden die Taten des Arminius besungen, wie uns Tacitus berichtet. Manche meinen, noch länger, bis heute. Der Sieg des strahlenden germanischen Helden über den »Lindwurm« des römischen Heeres und die Ermordung durch Verwandte seiner Frau haben seit Jakob Grimm immer wieder den Vergleich zur Siegfriedsage herausgefordert.

Siegfried gleich Arminius?

Zum Drachenkampf und Verwandtenmord kommt noch der Ort, an dem der »Sagensiegfried« angesiedelt ist: Ausgerechnet aus Xanten stammt er, dem einstigen Mittelpunkt römischen Lebens, wo germanische und römische Soldaten die Heldentaten des Arminius weiter verherrlichten.

Doch nun wieder zum Strumpf des Varus und der Frage, in welchem Sumpfe er wohl stecken mag. Für Otto Braasch und den Osnabrücker Kreisarchäologen Dr. Wolfgang Schlüter gibt es kaum noch Zweifel: Sie tippen auf die Theorie des Althistorikers Theodor Mommsen. Der siedelte schon 1885 die Schlammschlacht am Nordrand des Wiehengebirges an, zwischen Kalkrieser Berg und Großem Moor. Hier, zwischen zerklüfteten, bergigen Wäldern und unpassierbaren Sümpfen, hatten Bauern seit Jahrhunderten immer wieder römische Münzen im morastigen Boden gefunden. Eine alte Wegtrasse auf einem schmalen Flugsandrücken verband hier einst den Niederrhein mit dem Mittelwesergebiet. Die begehbare Sandzone ist mehrfach stark eingeengt, nur fünfzig bis siebzig Meter breit, wie ein Trichter, der sich nach Osten öffnet. Wer hier einmarschiert, sitzt in der Falle. Doch bisher fehlten Funde, die auf eine militärische Auseinandersetzung hinweisen.

Der Offizier einer auswärtigen Besatzungsarmee ist der »Jäger des verlorenen Schatzes«: Tony Clunn, Captain der – diesmal – britischen Rheinarmee. Im Herbst 1987 meldete sich der in Osnabrück stationierte Hobbyarchäologe bei Schlüter und bot seine Mitarbeit an. Der Kreisarchäologe wies ihm ein kleines Gebiet beim Dorf Kalkriese östlich von Bramsche zu. Captain Clunn suchte das Gelände mit seinem Metalldetektor ab; eine Methode, die von den gerne Detektiv spielenden Briten schon sehr viel länger als in Deutschland angewendet wird: Das Gerät, ursprünglich zum Minenaufspüren erfunden, führt man langsam über den Boden. Wenn Metall unter der Erde verborgen ist, ertönt ein Piepton.

Clunn wurde bald fündig: Er entdeckte einen römischen Silbermünzenschatz von hundertzweiundsechzig Denaren. Schlüter und seine Mitarbeiter machten sich nun selbst mit Metallsuchgeräten an die Arbeit. In zweijähriger Feldbegehung kamen verrostete Konservenbüchsen, Coladosen, Metallknöpfe zutage, aber auch militärische Schleuderbeile von Auxiliareinheiten und immer wieder Münzen, keine später als 9 n. Chr. geprägt.

Nun wollte Schlüter es genauer wissen und begann am 1. November 1989 mit der systematischen Grabung. Die Archäologen hatten das Glück, das so oft für den Erfolg einer Ausgrabung entscheidend ist: den Spaten in das richtige Stück Erde zu stoßen. An der engsten Stelle zwischen Berg und Moor entdeckten sie die Spuren eines künstlich aufgeschütteten Walls, der sich durch Münzfunde in das Jahr 9 n. Chr. datieren läßt. Ein zweihundert Meter langer Abschnittswall, fünf Meter breit, zwei Meter hoch, seitlich an dem Wegabschnitt, an dem die Verengung der Sandzone einen Stau hervorrufen mußte.

Schlüter nimmt an, daß etliche dieser Abschnittswälle an den Taleinschnitten von den germanischen Widerstandskämpfern vorbereitet worden waren. Ein zweiter wurde inzwischen entdeckt. Die Aufschüttungen waren aus Grasplaggen. Pfostenspuren mit Brandresten deuten auf eine zusätzliche hölzerne Brustwehr. Vielleicht noch mit Reisig und Büschen verdeckt, waren die Wälle ein perfekt getarnter Hinterhalt, aus dem die Germanen auf voller Breitseite hervorbrechen konnten. Im Januar 1992 stießen die Ausgräber auf schmale Durchlässe in den Wällen.

Überwiegend vor dem Wall müssen die Kämpfe getobt haben, denn dort kommen fast Tag für Tag Funde zum Vorschein – bei dieser kleinen Ausgrabungsfläche: Hunderte von Münzen, auch Kupfermünzen, das bisher vermißte »Soldatengeld«, teilweise mit VAR für »Varus« gegengestempelt; ein Helmaufsatz mit Halterung für den Helmbusch, Lanzen- und Geschoßspitzen, Teile von Dolchen und Schilden, Schließen zum Zusammenhalten der Schulterstücke eines Kettenpanzers, Panzerscharniere und -schnallen, auch Pferdegeschirr mit einem glücksbringenden Phallusanhänger. Außer den militärischen Gegenständen wurden auch Stücke gefunden, die von einem begleitenden Troß stammen müssen: Schreibgriffel (wichtig für die Steuerschätzer!), Siegelkapseln, Schanzgeräte, Fuhrwerkzubehör und medizinische Instrumente, darunter ein Knochenheber, der zum Entfernen von Knochensplittern bei Verletzungen diente. Ärztlicherseits waren die Römer bestens auf Kämpfe vorbereitet, ihre Armeen wurden von Chirurgen und sogar Tierärzten begleitet.

Über vierhundert Gegenstände – zusätzlich zu den Münzen – wurden bisher ausgegraben. Das schönste Fundstück kam am 12. Januar 1990 zutage. Erst mit der Kelle, dann mit den Fingern wurde ein auffällig großer Rostklumpen hervorgeholt. In der Werkstatt des Kulturgeschichtlichen Museums in Osnabrück merkte der Restaurator erst allmählich, was sich da herausschälte: die eiserne Maske eines römischen Gesichtshelms, ursprünglich mit purem Silber bezogen. Die Reste des Silberbezuges kleben noch an den Rändern. Plünderer müssen ihn abgerissen und die eiserne Maske selbst zurückgelassen haben. Die vielen Stücke Silberfolie, zum Teil verziert und vergoldet, die die Ausgräber fanden, zeigen, daß die Beute der Plünderer reich gewesen sein muß.

Als sich die Funde herumsprachen, mußte Grabungsleiterin Dr. Susanne Wilbers-Rost Sonderschichten einlegen: Die Grabungsfläche war vor Raubgräbern nicht mehr sicher. Bis zum Einbruch der Dunkelheit bewachten sie und ihr Ehemann »ihr« Gelände. Wilbers-Rost hat jetzt Metallspäne gestreut, um die Raubgräber zu frustrieren. Für sie ist das Besondere an der Grabung, daß sie vielleicht ein historisch belegtes Ereignis mit archäologischen Mitteln weiterverfolgen kann. Viel-

Rechte Seite: Aus der Grabung am Kalkrieser Berg.
Teile eiserner Angriffswaffen. Zwei Lanzen- und vier Geschoßspitzen, eine Pilumzwinge und ein Lanzenschuh (oben).
Kupfermünze (As) des Augustus, geprägt 8–3 v. Chr. in Lugdunum, mit einem Gegenstempel des Varus (VAR) (unten links).
Silbermünze (Denar) des Augustus, geprägt ab 2 v. Chr. (unten rechts).

150

leicht, denn wissenschaftlich »bewiesen« ist noch nicht, daß hier tatsächlich das wichtigste Ereignis der deutschen Frühgeschichte stattgefunden hat.

Erwiesen sind allerdings: die Anwesenheit römischer Truppen – Legionäre, Auxiliar- und Reitereinheiten –, eines Trosses und Kampfhandlungen in vorbereiteten Hinterhalten. Bei den Münzen deuten alle Anzeichen auf das Jahr 9 n. Chr. als Verlustzeitpunkt, da Geldstücke der 10 n. Chr. einsetzenden Serie fehlen, die ansonsten bei Funden in Nordwestdeutschland stark verbreitet ist. Für den untersuchenden Numismatiker Dr. Frank Berger vom Kestnermuseum Hannover gibt es dafür nur eine Erklärung: Der Verlust der Münzen geschah im Zusammenhang mit den militärischen Ereignissen des Jahres 9 n. Chr. im freien Germanien.

Schlüter hat seit dem 13. Juli 1990 einen weiteren Trumpf im Archäologenärmel. Und der scheint zu stechen. Luftbildpilot Braasch war an diesem Tag systematisch, von der Weser kommend, Richtung Kalkriese geflogen. Knapp acht Kilometer östlich der Ausgrabung, bei Schwagstorf, entdeckte er plötzlich Spuren eines für römische Marschlager so typischen Grabens. Die chronische Geldnot des Projekts erlaubte nur eine Stichgrabung: Vermutet wird ein siebenhundert Meter langer römischer Spitzgraben. Die flache Erhebung im Gelände bot sich für ein Lager an. Und auch den Abmessungen nach könnten hier drei Legionen für eine Nacht untergekommen sein. Kultur-Sponsering auch für die Archäologie – darauf hoffen Schlüter und sein Team. Denn um die Vermutungen verifizieren zu können, braucht er Geld und Leute. Vielleicht gelingt sogar eines Tages die Entdeckung des Sommerlagers an der Weser, von dem aus Varus aufbrach.

Otto Braasch fliegt weiter. In Bayern, bei Marktbreit, fand er aus der Luft ein bisher unbekanntes römisches Doppellegionslager aus der Zeit des Augustus. Mitten im freien Germanien, noch östlich von Würzburg, wo bisher noch kein fester römischer Standort vermutet worden war. Bestens geeignet, um von hier in einer Zangenbewegung aus dem Süden vorzustoßen.

Die Ausgrabung hat inzwischen ergeben: Wohl in Zusammenhang mit den Geschehnissen im Jahre 9 n. Chr. wurde das Lager ordnungsgemäß geräumt, die abziehenden Truppen haben noch nicht einmal Müll zurückgelassen. Rom hatte aufgegeben.

Braasch und Schlüter haben noch ein paar Jahre Zeit, um den endgültigen Beweis für den Hang des Kalkrieser Berges als Ort der »clades Variana«, der Varusschlacht, zu erbringen. Nachdem wir durch einen jahrhundertetiefen Sumpf von Varusliteratur gewatet sind, würden wir es nun zum Jahre 2009 gern genauer wissen. Ob zur Zweitausendjahrfeier der Befreiung Germaniens dann Hermann der Cherusker in Siegfried umbenannt wird, bleibt abzuwarten. Nur umziehen soll der kupferne Held nicht nach Kalkriese. Bleiben soll er auf seinem Sockel im Teutoburger Wald, dort, wo die Schlacht sicher nicht stattfand – ewiges Denkmal für die Lächerlichkeit eines Zeitgeistes, der Helden so verehrt: überdimensional und hohl.

152

Klaus Grewe

Wasser für die Römerstadt

Es muß die dauernde Hänselei des Teufels gewesen sein, die den Dombaumeister von Köln eine derart waghalsige Wette eingehen ließ: Noch bevor der letzte Stein des Domes gesetzt sein würde, versprach der Teufel, in einer unterirdischen Leitung Wasser der Mosel von Trier nach Köln zu bringen. Als Beweis für das Gelingen seines Bauwerkes sollte eine Ente in dem über die Eifelhöhen geführten Kanal nach Köln schwimmen.

Was konnte der Dombaumeister in dieser Wette anderes setzen als seine Seele – und die sollte dann auch prompt verlorengehen. So berichtet jedenfalls die aus dem Mittelalter stammende Dombausage: Eines Tages, noch vor Fertigstellung des Domes, treffen die Arbeiter beim Aushub einer Baugrube auf eine steinerne Rinne, aus der tatsächlich eine schnatternde Ente an das Tageslicht watschelt. Als der erschrockene Dombaumeister auch noch das schadenfrohe Gekicher des Teufels vernimmt, stürzt er sich voller Verzweiflung über die verlorene Wette von den Mauern des Domes herab.

Dieses Ereignis soll der Grund gewesen sein, warum für mehrere Jahrhunderte der Dombau ins Stocken geriet. Den Dombaumeister, nebst seinem treuen Hund, der ihm beim Sprung in den Tod gefolgt war, hat man später in Form von Wasserspeiern verewigt.

Mit der über die Eifelhöhen geführten Leitung konnte nur die Wasserleitung gemeint sein, die rund tausend Jahre vor dem Dombau fertiggestellt worden war. Einst hatte sie das römische Köln mit Wasser versorgt. Aber diese Leitung war schon seit dem Ende des 3. Jahrhunderts nicht mehr in Betrieb, ein Zustand, der einer Sagenbildung nur förderlich war. Noch heute hält sich bei älteren Leuten die volkstümliche Bezeichnung »Düvelskalle« (rheinisch für »Teufelsrinne«), womit deutlich ausgedrückt ist, wem man den Bau eines derart faszinierenden Bauwerks eigentlich nur zutrauen konnte.

Auch daß diese Leitung von Trier nach Köln führte, hat sich im Volksglauben noch sehr lange gehalten. Diese Auffassung über die Trassenführung ist sogar noch wesentlich älter als die Dombausage. In den *Gesta Trevirorum* heißt es, daß zu Zeiten des heiligen Bischofs Maternus, Anfang des 4. Jahrhunderts, »die Trierer eine unterirdische Weinleitung von Trier nach Köln« bauten. Im Annolied, um die

Mitte des 11. Jahrhunderts entstanden, findet diese angebliche Weinleitung noch einmal Erwähnung:

> Von dort (Trier) aus sandte man den Wein
> in Leitungsröhren, die von Stein,
> tief unter der Erde in die Ferne;
> denn die Herren alle tranken ihn gerne,
> die damals in Köln waren angesessen.

Über das »Transportgut« wissen wir heute mehr, und auch über den Ursprung der Leitung können wir spätestens seit den Forschungen des Kommerner Markscheiders C. A. Eick von 1867 Genaueres sagen, als es uns die Sagen des Mittelalters und der Volksglauben vermitteln wollen: Die Kölner Eifelwasserleitung ist das größte antike Technikbauwerk nördlich der Alpen. Die im Laufe der letzten Jahrzehnte ausgegrabenen und sichtbar gemachten Teile dieses Aquäduktes geben dem Besucher einen aufschlußreichen Einblick in die Wasserversorgung einer antiken Großstadt.

Die Leitung verfügt zwar nicht über Aquäduktbrücken mit den Ausmaßen eines Pont du Gard, auch nicht über Siphonstrecken, wie im Verlauf der Leitungen Lyons, oder über Tunnels, wie in Italien, ihre Dimensionen sind aber durchaus imponierend: Mit 95,4 Kilometer als längstem Trassenabschnitt bei hundertdreißig Kilometer Gesamtlänge haben die Römer am Rhein eine der längsten Wasserleitungen überhaupt gebaut. Die Tagesleistung von zwanzigtausend Kubikmetern entspricht dabei dem Standard in der Versorgung einer römischen Stadt von der Größe der *Colonia Claudia Ara Agrippinensium* (CCAA), so der lateinische Name Kölns. Dieses Wasser wurde aus der Eifel herangeführt, weil das Wasser dort dem Geschmack des verwöhnten römischen Gaumens am besten entsprach. Schwierige Geländehindernisse galt es dabei zu überwinden.

Für Köln wurden insgesamt fünf Quellen gefaßt, deren Fassungen entweder in die Grundwasser führenden Schichten eingetieft oder als Sickergalerien angelegt wurden. Alle Quellen liegen in der nördlichen Eifel, fünfzig Kilometer Luftlinie von Köln entfernt. Durch ihre Verteilung im Gebiet der »Sötenicher Kalkmulde« mit dem hier zu gewinnenden kalkhaltigen Quellwasser wurden die Ansprüche der römischen Kölner an Qualität und Geschmack erfüllt. Diese besonderen Qualitätsansprüche bilden den Grund dafür, daß sich die Römer aus weit von der Stadt entfernt liegenden Quellen versorgt haben, obwohl ergiebige Quellen durchaus schon in der Voreifel zu finden gewesen wären.

Auch durch die in den Eifeler Quellen angetroffenen Schüttmengen war der Aufwand, den der Bau einer fast hundert Kilometer langen Leitung erforderte, durchaus gerechtfertigt, denn die täglich durch den »Römerkanal« nach Köln geführten zwanzig Millionen Liter Wasser gewährleisteten eine tägliche Versor-

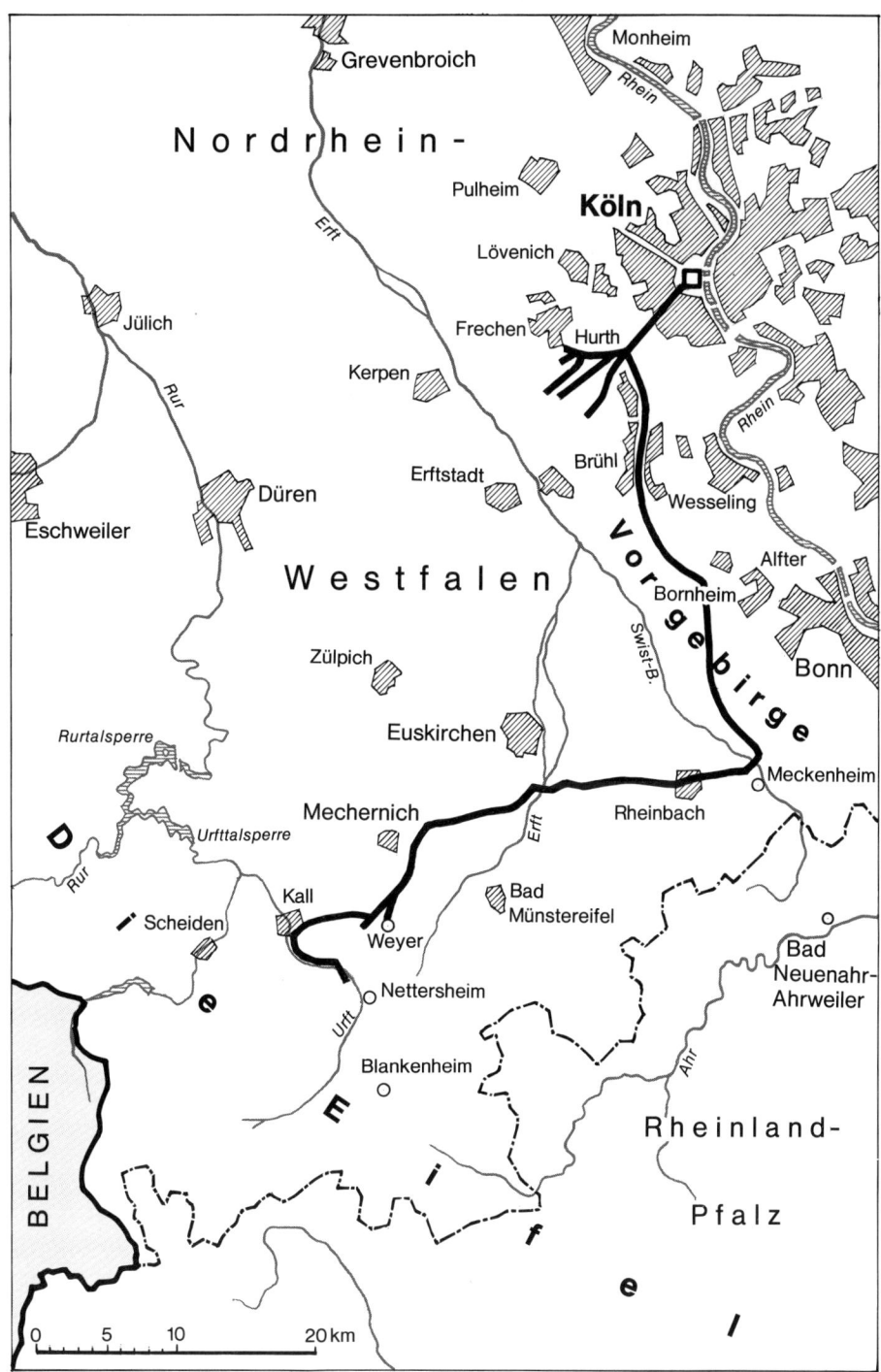

Monheim
Rhein
Grevenbroich

N o r d r h e i n -

Pulheim
Köln
Erft
Lövenich
Frechen
Hurth

Jülich
Rur
Kerpen

Düren
Erftstadt
Brühl
Wesseling

Eschweiler

W e s t f a l e n
V o r g e b i r g e
Bornheim
Alfter
Bonn

Zülpich
Swist-B.

Euskirchen
Rurtalsperre
Meckenheim
Mechernich
Erft
Rheinbach
Urfttalsperre
Rur
Kall
Bad
Münstereifel
Scheiden
Weyer
D
Urft
Nettersheim
Bad
Neuenahr-
Ahrweiler
Blankenheim
e
Ahr
R h e i n l a n d -
E

P f a l z
i

BELGIEN
f

e

l

0   5   10   20 km

155

gung der dort lebenden Römer mit rund eintausendzweihundert Liter Wasser pro Kopf der Bevölkerung; immerhin war das etwa die achtfache Menge, die von den modernen Kölnern am Tag verbraucht werden kann!

Zwei der Quellfassungen in der Eifel sind nach ihrer Ausgrabung nicht wieder zugeschüttet, sondern konserviert und ergänzt worden, um die Technik römischer Wassergewinnung demonstrieren zu können. Dazu gehört auch die von Köln entfernteste Quellfassung im Urfttal bei Nettersheim. In einer herrlichen Landschaft liegt der »Grüne Pütz« (von lat. *puteus* = Brunnen), an dem der römische Baubefund besonders anschaulich präpariert worden ist: In einer achtzig Meter langen Sickerleitung, deren bergseitige Wange ohne Mörtel, also wasserdurchlässig gebaut worden ist, wird das aus dem Hang quellende Wasser gesammelt.

Auf dem Sandsteinfundament des »Grünen Pütz« waren die Wände der Brunnenstube mit Grauwacke-Handquadern gemauert. Den oberen Abschluß der Seitenwände bildete eine halbrund gearbeitete Sandsteinbekrönung, die in den Ecken der nach oben offenen Quellfassung mit Gorgonenhäuptern versehen war; dadurch gedachte man Unheil von der Quelle abzuhalten.

Die zweite wiederaufgebaute Brunnenstube »Klausbrunnen« bei Mechernich-Kallmuth ist nicht weniger eindrucksvoll. Mit dieser in die Grundwasserschichten eingetieften Quellfassung befinden wir uns am Kopfende eines der drei Wasserleitungszweige, die in der ersten Bauphase der Eifelleitung (zwischen 80 und 90 n. Chr.) errichtet worden sind. Die beiden anderen Zweige beginnen an Quellen bei Urfey und Dreimühlen.

Oberhalb des »Klausbrunnens« führt die Leitung durch eine Landschaftsformation, die den römischen Ingenieuren viel Kopfzerbrechen bereitet haben dürfte. Das am »Grünen Pütz« erschlossene Quellgebiet liegt nämlich jenseits der Wasserscheide zwischen Urft und Erft und damit letztendlich zwischen Rhein und Maas. Selbst bei einer Trassenplanung mit modernen topographischen Karten als Unterlagen wäre es nur auf einer einzigen Linie möglich, eine dem Gefälle folgende Wasserleitung aus dem Urfttal heraus Richtung Köln zu führen. Diese Trassenlinie über den Geländesattel bei Keldenich gefunden zu haben ist eine hervorragende Leistung des antiken Planers. Auch moderne Ingenieure haben bei gleicher technischer Problemstellung immer wieder nur die eine »römische« Lösung zur Überwindung dieser Wasserscheide gefunden; das gilt für den Straßenbau, den Eisenbahnbau wie auch den Bau einer Ferngasleitung in unserer Zeit.

Das größte Geländehindernis im Gesamtverlauf der Eifelwasserleitung bis nach Köln war allerdings der sich von Süden nach Norden erstreckende Höhenrücken der Ville am Südwestrand der Kölner Bucht. Wie ein riesiger Riegel schiebt er sich quer in die Luftlinie zwischen dem Quellgebiet und Köln. Von Köln aus betrachtet, steigt das Vorgebirge hundert Meter hoch an, um auf seiner Westseite um fünfzig Meter wiederum abzufallen, und zwar zum weiten Tal der Erft hin, die sich hier mit dem Swistbach vereinigt hat. Der Anstieg von der Erft zu den Eifelquellen macht zwar noch einmal dreihundert Meter aus, hier werden allerdings keine größeren Geländeschwierigkeiten offenkundig, wenn wir von der Überwindung der zuvor erwähnten Wasserscheide absehen.

In Verlaufsrichtung der Wasserleitung bildet das Vorgebirge also einen fünfzig Meter hohen Sperriegel. Wäre die Wasserleitung im Verlauf der Luftlinie gebaut worden, so hätte man zur Überwindung des Swistbachtales vor Erreichen des Villerückens eine mehrere Kilometer lange und bis zu fünfzig Meter hohe Aquäduktbrücke oder eine Druckleitungsstrecke entsprechender Dimension errichten müssen. Auch durch den Bau eines Tunnels unter dem Villerücken wäre das Problem zu lösen gewesen.

Der römische Baumeister hat sich vor der Swistniederung für eine andere Lösung entschieden, die sicherlich einfacher zu bauen und auch kostengünstiger durchzuführen war: In einer ostwärts geführten Trassenschleife, die den Leitungsverlauf allerdings um rund zwanzig Kilometer verlängerte, ist man dem Swistbachtal in einem weiten Bogen gefolgt. Diese Umgehung wurde so weit geführt, wie es zur höhengleichen Erreichung des Villerückens notwendig war – immer darauf achtend, genügend Gefälle für das Fließen des Wassers zur Verfügung zu behalten.

Im Scheitel dieses großen Trassenbogens wurde zur Überquerung des Swistbaches eine Aquäduktbrücke errichtet, die man sicherlich zu den Großbauwerken im Verlauf von Aquädukten rechnen kann: Zwar nur elf Meter hoch über der Talsohle, erreichte die Brücke mit knapp dreihundert Bogenstellungen eine Länge von eintausendvierhundert Metern.

Wenn wir im Verlauf der Kölner Leitungen solch beeindruckende Bauwerke wie den Pont du Gard mit seinen fünfzig Meter Höhe vermissen, so liegt das ganz sicher nicht an mangelndem technischen Können der römischen Ingenieure, sondern ganz einfach an den Erfordernissen, die durch die Lage der Quellen zur Stadt und durch die Geländeform gestellt wurden. Neben den beiden großen Aquäduktbrücken über die Erft und den Swistbach mußte für Köln noch eine bis zu elf Meter hohe und etwa acht Kilometer lange Hochleitung zur Durchquerung der Talsenke vor der antiken Stadt gebaut werden.

Abgesehen von derartigen Großbauwerken aber war zur Überquerung von Seitentälern mit ihren Bächen und Siefen noch der Bau von unzähligen kleineren Brücken erforderlich. Eine dieser kleineren Brücken mit einer Länge von 7,3 Meter und einer Durchlaßweite von 1,12 Meter konnte 1981 bei Mechernich-Vollem komplett erhalten ausgegraben werden. Dieser Brückenfund, als eine der ganz wenigen Römerbrücken nördlich der Alpen noch vollständig erhalten, gibt einen interessanten Einblick in die antike Technik des Aquäduktbrückenbaus. Der Ausgrabungsbefund zeigt nämlich, daß die Achse der Brücke von der Ausrichtung der auf der Brücke verlegten Leitungsrinne um siebzehn Zentimeter abwich.

Dieser Befund ist ein deutlicher Hinweis darauf, daß es zwei nacheinander arbeitende Bautrupps waren, die hier bei Vollem tätig geworden sind. Die eigent-

157

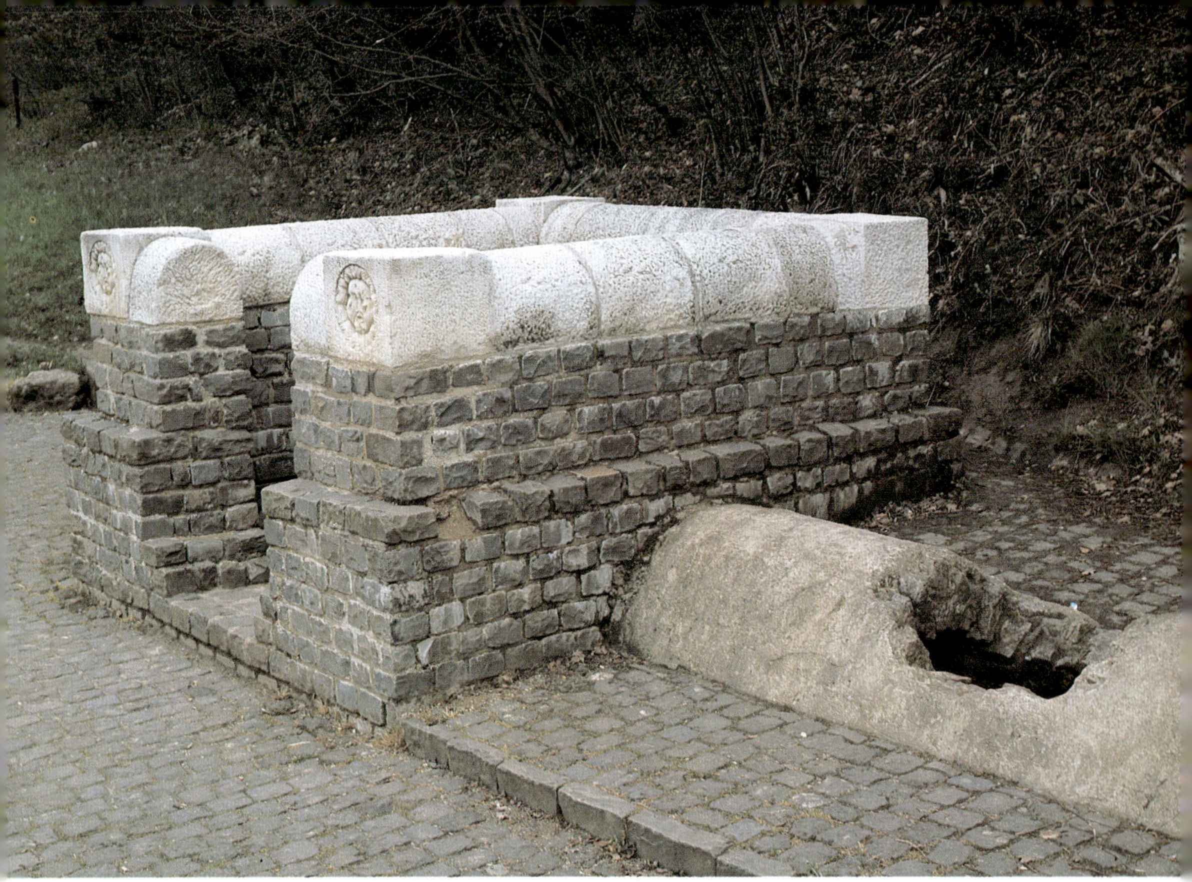

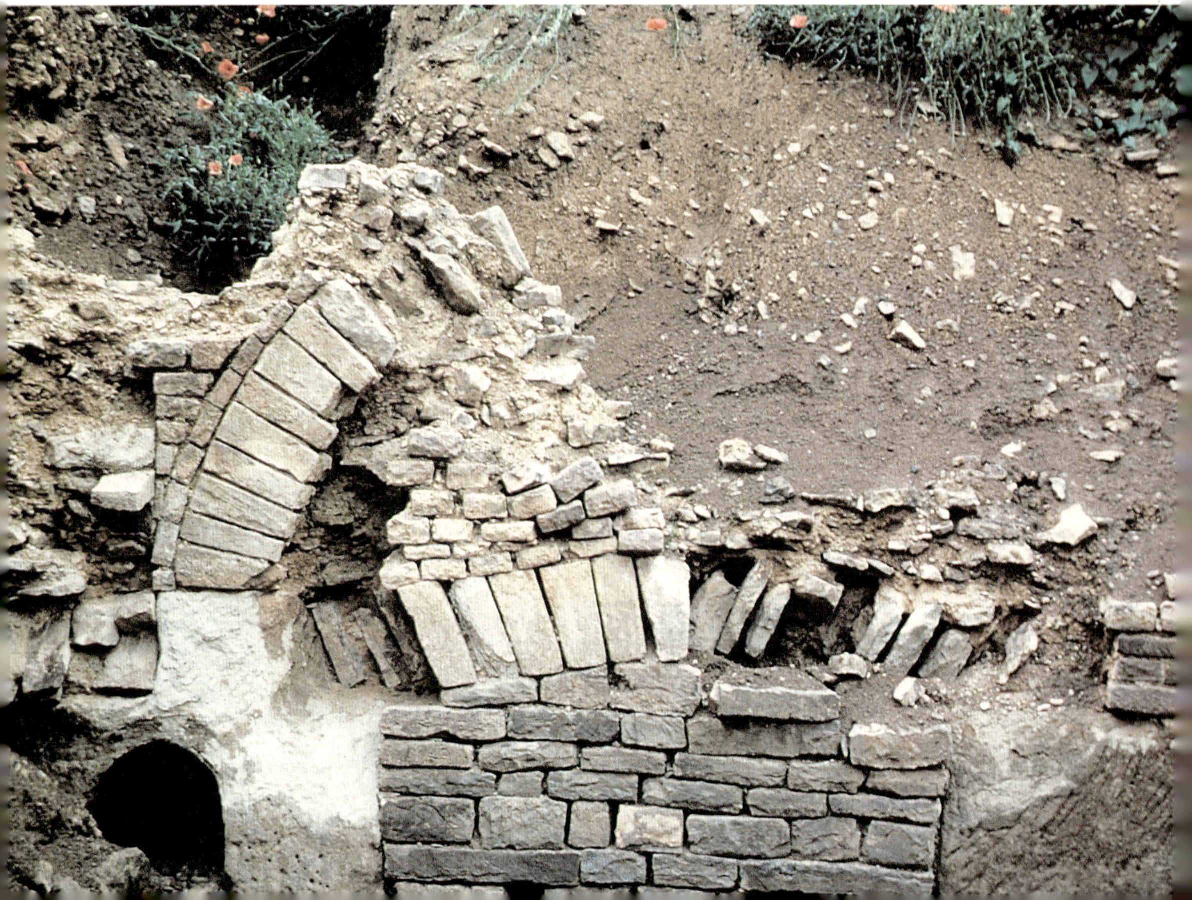

Linke Seite: Grüner Pütz bei Nettersheim, die wieder aufgebaute römische Quellfassung im Urfttal. Die Gorgonenhäupter in der Randbekrönung sollten Unheil von der Quelle fernhalten (oben).
Der Klausbrunnen von Mechernich-Kallmuth im Zustand der Ausgrabung von 1959 (unten).

Oben: Die rekonstruierte Brunnenstube des Klausbrunnens im heutigen Zustand.

Unten: Beim Überqueren der Wasserscheide zwischen Rhein und Maas zerschneidet die moderne Ferngasleitung die römische Eifelwasserleitung bei Kall-Dottel.

liche Brücke, als Unterbau für die über den Bach geführte Wasserleitung, ist unabhängig vom Bau der Wasserleitung errichtet worden. Eine Bauverfahrensweise, die uns gar nicht so unbekannt vorkommt, wenn wir die mancherorts einsam in der Landschaft stehenden Autobahnbrücken sehen. Unsere Vollemer Aquäduktbrücke, obwohl fast vollständig erhalten und mit einem sehenswerten Verblendmauerwerk aus sauber zugeschlagenen Grauwacke-Handquadern versehen, konnte nach ihrer Ausgrabung aus Kostengründen leider nicht offengehalten werden. Sie wurde nach ihrer sorgfältigen Untersuchung mit weißem Sand zugekippt und kann somit irgendwann einmal problemlos wieder freigelegt werden.

Einen lehrreichen Einblick in die Brückenbaukunst der Römer kann man aber im Zuge der Eifelwasserleitung auch heute noch gewinnen. Bei Mechernich-Vussem wurde ein Teilstück einer antiken Aquäduktbrücke wieder aufgebaut, die ehemals in einer Höhe von zehn Metern über ein rund achtzig Meter breites Trockental führte. Die Brücke bestand ehemals aus zehn bis zwölf Pfeilern, von denen im Jahre 1959 zwei Bogenstellungen wieder aufgebaut worden sind. Anschließend an die Aquäduktbrücke ist im Wald die vorzüglich erhaltene römische Arbeitsterrasse mit dem allerdings teilweise zerstörten Trinkwasserkanal zu sehen. Auch ein ehemaliger Einstiegschacht ist in Resten erkennbar erhalten.

Das Kanalbauwerk selbst hat einen Aufbau, der fast auf der gesamten Länge der Trasse mehr oder weniger gleichmäßig ausgeführt worden ist: In einem ausgehobenen Baugraben wurde zuunterst eine Stickung (Packlage) aus losen Bruchsteinen gesetzt, worauf die Sohle der Leitung aus Gußbeton *(Opus caementicium)* gegossen wurde. Dann brachte man für die Errichtung der Seitenwangen entweder eine Holzschalung ein oder mauerte aus handlichen Quadersteinen eine »verlorene« Schalung auf; in beiden Fällen wurde der Raum zwischen Schalung und Baugrubenwand mit einem Gußbeton verfüllt.

Im bergigen Gebiet des Trassenverlaufs wurde als zusätzliches Element auf der Bergseite des Kanals eine Drainage aus losen Steinen eingebracht, durch die später das Oberflächenwasser seitlich vom Bauwerk bis zu einem Drainagekanälchen in Höhe der Stickung durchsickern, also keinesfalls in die Leitung eindringen konnte.

Um dem Gerinne Dichtigkeit zu verleihen, wurde es auf der Sohle und an den Wangen mit einer Schicht hydraulischen Putzes *(Opus signinum)* verkleidet, den man in den untersten Ecken zu einem Viertelstab, einer wulstförmigen Verstärkung, ausformte, um diese bruchgefährdeten Stellen besonders vor Rissen zu schützen. Die hydraulische Wirkung dieses Verputzes, in Italien durch die Beimengung von Pozzuolanerde (Vulkanasche aus der Gegend von Pozzuoli) zum Mörtel erreicht, erzielte man in unseren Breiten durch gemahlenen Tuff aus der Mayener Gegend oder – so etwa im Falle der Wasserleitungen nach Köln – durch Zuschlag von zerstoßenen Ziegelsteinen. Das ist auch der Grund für die rötliche Färbung der Innenflächen in verschiedenen Trassenabschnitten der Kölner Wasserleitung.

Nach Fertigstellung der Wangen wurde ein Lehrgerüst in Form eines Halbkreises aufgesetzt, das eine der Oberkanten der Wangen als Schulter benutzte und auf der gegenüberliegenden Seite auf Stelzen gelagert wurde. Auf diese Weise waren der Wiederaufbau und die Weiterverwendung möglich. Auf dem Lehrgerüst wurde dann aus keilförmig zugeschlagenen Bruchsteinen unter reichlicher Verwendung von Mörtel das Gewölbe gesetzt, ehe der Kanal mit einer etwa einen Meter starken Lage von Erdreich zwecks Frostsicherung abgedeckt wurde.

In unterschiedlichen Abständen, deren Länge von der Problematik des durchfahrenen Geländes abhing, bauten die römischen Ingenieure Einstiegsschächte für Revisionszwecke und Reparaturarbeiten.

Neben den Quellfassungen und den Brücken waren auch im Verlauf der Kölner Leitungen einige Kleinbauwerke erforderlich, die nicht unerwähnt bleiben sollen. Hierzu gehören ein Sammelbecken, in dem das Wasser zweier Leitungsstränge vereinigt wurde, weiterhin ein Absetzbecken zur Klärung des Wassers und ein sogenanntes »Tosbecken« zur Ausgleichung einer Höhendifferenz, die an der Nahtstelle zweier Baulose aufgetreten war. Die Existenz eines Wasserschlosses *(Castellum divisorium)* können wir aufgrund der archäologischen Befundlage im Endpunkt der Leitung annehmen; es war vermutlich in einem der Türme der römischen Stadtmauer untergebracht. Hier war das Druckleitungsnetz für die Stadt angeschlossen.

Von hier aus wurde das Wasser, wie in anderen antiken Städten auch – Pompeji ist da ein gutes Beispiel –, in einem Druckleitungsnetz aus Bleirohren über das Stadtgebiet verteilt. Dabei wurden dann sowohl die öffentlichen Brunnen und Thermen als auch verschiedene Privatanschlüsse versorgt. Im Falle Kölns ist dieses Rohrnetz allerdings das Opfer mittelalterlicher »Bleigewinnung« geworden.

Das System der Wasserversorgung für die Stadt wurde nach und nach ausgebaut. Man kann dabei durchaus von einer zeitweiligen Bedarfsanpassung sprechen, denn dieser Ausbau geht konform mit dem Ausbau der Stadt zur *Colonia* und später zur Hauptstadt der Provinz Niedergermanien. Schon zu Zeiten der Ubierstadt hatte man gegen 30 n. Chr. die erste Fernwasserleitung zu den Quellen am Vorgebirgshang gebaut. Dieses System wurde durch Aufstockung der Leitung auf eine Länge von acht Kilometern vor der Stadt um 50 n. Chr. ausgebaut, um der zu diesem Zeitpunkt gegründeten Kolonie zu einer flächendeckenden Wasserversorgung zu verhelfen. Durch den Bau der Stadtmauer lag nämlich der Endpunkt der alten Wasserversorgung außerhalb der Stadtmauer und zudem noch in einer Höhenlage, die nicht geeignet war, ein Druckleitungsnetz für das Stadtgebiet zu speisen.

Mit der Einrichtung der Provinz Niedergermanien, deren Hauptstadt Köln wurde, hat man sich bezüglich der Wasserversorgung zwischen 80 und 90 n. Chr. völlig neu orientiert. Die nunmehr gebaute große Wasserleitung aus der Eifel erfüllte ihren Zweck, Köln mit qualitätsvollem und wohlschmeckendem Wasser in ausreichender Menge zu versorgen, für rund hundertneunzig Jahre. Die Kalkablagerungen in der Leitung, deren schichtweiser Aufbau einen ungestörten Wasserdurchfluß für diesen Zeitraum belegt, sind die Datierungshilfe für die Stilllegung der Leitung. Wahrscheinlich ist dieses Meisterwerk antiker Bautechnik bei den Frankeneinfällen zwischen 270 und 280 n. Chr. zerstört und danach nicht wieder genutzt worden. Die Stadt versorgte sich fortan aus Brunnen, vielleicht auch aus den reaktivierten Vorgebirgsleitungen der Anfangszeit.

Für die Erforschung der römischen Eifelwasserleitung sind die zur Verfügung stehenden schriftlichen Quellen nicht ergiebiger als anderenorts auch. Bei derartigen Technikbauten verweisen nur in den seltensten Fällen zeitgenössische Urkunden oder Bauinschriften auf die Spuren der antiken Baumeister; oftmals sind es einzig die Bauwerke selbst, aus denen wir mit den Hilfsmitteln der Archäologie lesen und die wir mit modernen Methoden entschlüsseln müssen.

Zwei wichtige Schriftquellen der Antike sind für die Betrachtung antiker Wasserleitungen unverzichtbar. Sie betreffen zum einen die Organisation einer großstädtischen Wasserversorgung und zum anderen die technischen Voraussetzungen für den Bau der Aquädukte. Es handelt sich dabei um die Werke des Frontinus, Wasserwerksdirektor von Rom um 100 n. Chr., und um die »Zehn Bücher über Architektur«, die Vitruv im 1. Jahrhundert v. Chr. verfaßt hat.

Frontinus, der eine Bestandsaufnahme aller zu seiner Zeit bestehenden Aquädukte Roms geschrieben hat, bildet für unsere Forschung eine ergiebige Quelle. Im 16. Kapitel seines Werkes *De Aquaeductu Urbis Romae* schwärmt er: »Mit diesen so vielen und so notwendigen Wasserbauten kannst du natürlich vergleichen die überflüssigen Pyramiden oder die nutzlosen, weithin gerühmten Werke der Griechen!« Als er seinen wichtigen Posten in der Verwaltung der Hauptstadt des römischen Imperiums übernahm, stellte er fest, daß die gewaltigen Wassermengen, die in den Bergen südöstlich der Stadt gewonnen wurden, nur zum Teil in Rom ankamen. Eine seiner ersten Maßnahmen war es daher, die Ursachen hierfür aufzuspüren und zu beseitigen, denn der enorme Wasserverlust war zu großen Teilen nichts anderes als das Ergebnis von einem in großem Maßstab betriebenen Wasserdiebstahl: Landbesitzer, deren Ländereien von den städtischen Aquädukten durchfahren wurden, hatten diese einfach angezapft, um auf diese Weise ihre Felder und Gärten zu bewässern. Wie so etwas gemacht wurde, kann man im Verlauf der römischen Wasserleitung für das spanische Städtchen Almuñecar heute noch sehen: Dort hat man das massive Mauerwerk des Kanals durchbohrt und ein Eisenröhrchen eingesetzt; mittels eines Flaschenkorkens kann man den Wasserausfluß je nach Bedarf öffnen oder schließen.

Sieht man im Werk des Frontinus eher die Beschreibung der Verwaltung der Wasserversorgung einer großen Römerstadt, so führen uns Vitruvs »Zehn Bücher

162

Oben: Die römische
Aquäduktbrücke
von Mechernich-
Vussem im Modell,
von Schülern des
Gymnasiums Neu-
wied gebaut.

Unten: Zwei wieder
aufgebaute Bögen
der römischen Aquä-
duktbrücke bei Me-
chernich-Vussem.

über Architektur« *(De Architectura Libri Decem)* ein wenig mehr in die Technik ein. Im achten dieser Bücher geht Vitruv ausführlich auf das Wasser, die Qualitätsansprüche und die Anlage von Wasserleitungen ein.

Daß diese Ansprüche einen hohen Standard hatten, belegt allein der Aufwand, den man betrieb, um an gutes Quellwasser heranzukommen. Flußwasser genügte diesen Ansprüchen nur, wenn man es den Bächen oder Flüssen in deren Oberlauf entnehmen konnte – dort, wo es noch keine Verunreinigung des Gewässers gegeben hatte. Viel lieber nutzte man Quellen aus, und es scheint, als habe man das Wasser von Quellen in Kalkgebirgen besonders geschätzt. So liegen sämtliche Quellen der Wasserversorgung des antiken Köln in einem Gebiet in der Eifel, das wir heute als »Sötenicher Kalkmulde« bezeichnen, und entsprechend lieferten diese Quellen kalkhaltiges Wasser.

Vitruv beschreibt uns sehr anschaulich, wie denn Quellgebiete mit schmackhaftem und gesundem Wasser zu finden seien. Er empfiehlt dazu recht profane Methoden, wobei die körperliche Verfassung der Menschen, die bisher aus der zu untersuchenden Quelle getrunken haben, ein wichtiger Indikator ist: »Ist ihr Körperbau kräftig, ihre Gesichtsfarbe frisch, sind ihre Beine nicht krank und ihre Augen nicht entzündet, dann werden [die Quellen] ganz vortrefflich sein.«

Hatte man sich aufgrund der zuvor genannten Kriterien für ein bestimmtes Wasserangebot entschieden, so war als nächstes zu prüfen, ob das betreffende Gebiet mit der zu versorgenden Stadt durch einen Aquädukt zu verbinden war. Allein schon aus Kostengründen war die Freispiegelleitung – ein Steinkanal, in welchem das Wasser mit natürlichem Gefälle fließen konnte – die bevorzugte Bauart im Aquäduktbau. Aber da, wo es die topographischen Verhältnisse erforderten, hat man auch Brücken, Tunnels und Druckleitungen gebaut.

Eine der größten und für unser ästhetisches Empfinden auch schönsten Aquäduktbrücken ist sicherlich der Pont du Gard in Südfrankreich, auf dem die Wasserleitung für das antike Nîmes in fünfzig Meter Höhe über das tief eingeschnittene Tal des Gardon setzte. Druckleitungen von gewaltigen Ausmaßen hat man beispielsweise für das antike Lyon gebaut: Der Yzeron-Siphon durchfährt ein zweitausendsechshundert Meter langes Tal in einer Tiefe von bis zu einhundertdreiundzwanzig Metern. Dazu wurden zehn bleierne Druckrohrleitungen nebeneinander auf einem steinernen Unterbau verlegt, die jeweils einem Druck von dreizehn Bar standhalten mußten. Allein der Bleibedarf für diesen einen Siphon ist mit fünftausend bis sechstausend Tonnen zu veranschlagen. Und auch im Tunnelbau sind enorme Leistungen zu verzeichnen. Der antike Drover-Berg-Tunnel beim heutigen Düren in Nordrhein-Westfalen, im Zuge der Wasserleitung für eine römische *Villa rustica* gebaut, hat eine Länge von anderthalb Kilometern und wird bezüglich Länge und Aufwand von vielen Bauwerken in den südlichen Provinzen des Römischen Reiches noch übertroffen.

164

Oben: Chorobates, römisches Nivelliergerät; hier in einer Rekonstruktion von W. Ryff (1548) abgebildet.

Diese Beispiele für technische Glanzleistungen der Antike seien angeführt, um das Machbare aufzuzeigen; im Normalfall waren die städtischen Aquädukte allerdings einfacher angelegt. Wie schon gesagt, allein aus Kostengründen wird man sich dort, wo immer es möglich war, für den Bau einer Freispiegelleitung entschieden haben.

Auch eine solche Leitung war allerdings nicht ohne technische Raffinesse. Die wichtigste Grundvoraussetzung bei der Absteckung der Kanalsohle war es, über den gesamten Streckenverlauf ein bestimmtes Minimalgefälle nicht zu unterschreiten. Dieses liegt bei 0,05 Prozent – fünfzig Zentimeter auf tausend Meter –, denn unterhalb dieses Wertes ist ein Fließen des Wassers nicht mehr gewährleistet. Tatsächlich hat man sich beim Trassenbau aber immer dem gegebenen Gelände angepaßt, das heißt, man hat dort, wo es unumgänglich war, auch Trassenabschnitte mit wahren Sturzstrecken von zehn Prozent Gefälle angelegt. Den Minimalwert hat man zwangsläufig nie unterschreiten dürfen, gleichwohl ist man ihm beim Bau verschiedener Leitungen gefährlich nahe gekommen; wir finden diesen Wert zum Beispiel im Aquädukt nach Nîmes im Bereich langer Trassenabschnitte, und auch beim Bau der Kölner Leitungen ist man ihm mit 0,1 Prozent so nahe

165

Linke Seite: Ein für den Ausbau freigelegtes Teilstück der Eifelwasserleitung bei Mechernich-Breitenbenden, das hier dem Straßenbau weichen mußte.

Oben: Einer modernen Baumaßnahme mußte die römische Eifelwasserleitung bei Hürth-Hermülheim weichen.

Unten: Blick auf das sauber verputzte Gewölbe der Wasserleitung bei Mechernich-Lessenich; bergseitig daneben ist eine Drainage zur Ableitung des Oberflächenwassers installiert.

gekommen, daß nur ein versierter Vermessungsfachmann als verantwortlicher Ingenieur für die Absteckung in Frage kommt.

Vitruv macht in seinem Baufachbuch auch einige Vorschläge für die Methoden der Nivellierung und die dabei zu benutzenden Geräte. Sein Text ermöglicht es uns, heute noch nachzuvollziehen, wie denn die Römer die Höhenunterschiede zwischen den ausgesuchten Quellgebieten und den zu versorgenden Städten ermittelt haben. Und dies war schließlich die wichtigste Aufgabe der Ingenieure, die schon am Anfang der Planungsphase ihres Bauprojektes wissen mußten, ob eine Heranführung des Wassers auf Strecken von bis zu hundert Kilometer Länge mit den technischen Möglichkeiten der Antike überhaupt durchführbar war.

Vitruv empfiehlt als Gerät für das Nivellieren einen *chorobates*, den er als sechs Meter langes Richtscheit beschreibt, das mittels Loten und einer eingelassenen Wasserrinne horizontal zu stellen war und über dessen Oberkante man peilen konnte. Diese horizontale Visurlinie – das ist die über die Oberkante des *chorobates* verlängerte horizontale Linie – ermöglichte die Übertragung von Höhen von einem Festpunkt auf den nächsten, und da die Sichtweite mit bloßem Auge eingeschränkt war, ergab eine Kette solcher Einzelmessungen das gesamte Nivellement, die Höhenvermessung, von der Stadt bis in die Berge mit den Quellgebieten.

Da dieses Vermessungsverfahren nur zur Ermittlung eines relativen Höhenunterschiedes zwischen zwei Punkten geeignet ist, muß für die Absteckung des Gefälles beim fortschreitenden Baubetrieb ein anderes Verfahren zum Einsatz gekommen sein. Wie man dieses Vermessungsproblem in römischer Zeit gelöst hat, war lange Zeit nur spekulativ zu erklären. Auch die Frage, ob man die viele Kilometer langen Trassen des schnelleren Ausbaus wegen in mehrere Baulose aufgeteilt hat, hat man zwar immer wieder bejaht, eine solche These allerdings nie recht begründen können.

Fragen dieser Art sind im Wasserleitungsbau deshalb so schwer zu klären, weil wir es mit langgestreckten und zumeist unterirdisch geführten Baukörpern zu tun haben. Die Sohle der Leitung ist nur ganz selten auf einer längeren Strecke zugänglich. Wird eine solche Leitung zum Beispiel beim Straßenbau angeschnitten, so ergibt der Befund lediglich einen Leitungsquerschnitt, der über den zugehörigen Gefälleabschitt keinerlei Aussagen zuläßt.

Neuere Ergebnisse archäologischer Untersuchungen bieten auf beide Fragen Antworten an. Erste Hinweise auf das antike Verfahren zur Absteckung von Gefällelinien brachte die Untersuchung der etwa acht Kilometer langen Wasserleitung für das antike Siga im Nordwesten Algeriens. Diese Leitung war bei der Befundaufnahme so weit zerstört, daß ihre Abdeckung fehlte; sie war aber andererseits so weit erhalten, daß man auf eine Strecke von fünf Kilometern die gesamte Leitungssohle freilegen konnte. Nach der Vermessung der Sohle und Zeichnung eines Gefällediagramms zeigte sich, daß diese Leitung gleichmäßige Gefälleabschnitte von ungefähr eintausendvierhundertachtzig Metern aufwies. Da dieser

Das Austafeln ist eine Methode der Gefälleabsteckung. Von zwei Punkten ausgehend, wird das Gefälle durch optische Visur über die drei Tafeloberkanten fortlaufend abgesteckt.

Wert im untersuchten Abschnitt gleich dreimal mit nahezu exakt dieser Länge auftrat, konnte das kein Zufall sein, zumal die Umrechnung dieses Wertes in das römische Fußmaß einen Wert von fünftausend Fuß (*Pes romanum*) – das ist eine römische Meile – ergab.

Die Auswertung dieses für eine Gefällebetrachtung einmaligen Befundes erbrachte, daß man derartige relativ kurze Aquädukttrassen in einem Zug ausbaute. Man ermittelte das Gefälle zwischen den Quellen und der Stadt und errechnete über die dazwischenliegende Strecke ein Idealgefälle. Jeweils am Anfang eines Abschnittes von fünftausend römischen Fuß Länge gab der Bauleiter den Arbeitern das auszubauende Gefälle an, indem er zwei Holzpflöcke in die Erde schlug, die genau den Höhenunterschied aufwiesen, wie ihn das Gefälle erforderte.

Das Übertragen der sich daraus ergebenden Gefällelinie über den anschließenden Bauabschnitt war nun relativ einfach und von den Bauleuten ohne die Anwesenheit des Ingenieurs durchzuführen. Man bediente sich dazu eines Verfahrens, das man im Kanalbau bis zur Einführung von Laserinstrumenten vor wenigen Jahren angewendet hat: des Austafelns. Dazu benötigt man drei T-förmige Tafeln von gleicher Größe, wobei es sich eigentlich nur um senkrecht gestellte Holzlatten mit Querlatten an den oberen Enden handelt.

RÖM. WASSERLEIT.
MECH.-LESSENICH
SCHNITT →5 1980

Linke Seite: Das Tosbecken bei Mechernich-Lessenich. Auf der Sohlenstufe zum Becken haben sich starke Kalkablagerungen gebildet.

Oben: Die Burg Münchhausen bei Wachtberg-Adendorf. Der Turm aus dem 12. Jahrhundert ist komplett aus dem Abbruch der römischen Eifelwasserleitung gebaut worden.

Unten: Swisttal-Dünstekoven, ehemaliges Kloster Schillingskapellen. Das aus Kanalabbruch gesetzte Mauerwerk zeigt neben dem römischen Gußbeton deutliche Spuren des hydraulischen Innenputzes und der Kalksinterablagerungen.

Zwei dieser Tafeln werden auf den abgesteckten Holzpflöcken senkrecht aufgestellt, wonach sich die auszubauende Gefällelinie durch Peilung über die Oberkanten ergibt. In die Verlängerung dieser Visurlinie wird nun die dritte Tafel einvisiert und in Höhe ihres unteren Endes ein Holzpflock eingeschlagen, womit das Gefälle in diesem Bauabschnitt für einen weiteren Punkt abgesteckt ist.

So verfährt man weiter, bis man auf die Festpunkte des nächsten Bauabschnitts trifft; die hier auftretende Differenz macht die beim Austafeln angewandte Sorgfalt offensichtlich. Da man in diesem Punkt aber mit einem neuen Austafelabschnitt beginnt, kann man auf die Korrektur einer fehlerbehafteten Absteckung verzichten und statt dessen die Differenz in der anschließenden Strecke ausgleichen.

Anders sind die Römer beim Bau der großen Aquädukte verfahren, die sie aus Gründen eines rationellen Baubetriebes in mehrere Baulose eingeteilt hatten. Auch hier wandte man zur Absteckung des Gefälles das Verfahren des Austafelns an, hatte aber den großen Nachteil, daß man am Ende eines Bauloses auf den Anfang des anschließenden Bauloses traf. Der Zwang zum sorgfältigen Austafeln war in der Großbaustelle also noch größer, als zuvor beschrieben, denn man durfte hier keinesfalls zu tief auf den bereits ausgebauten Kanal des Anschlußbauloses treffen.

Planung und Trassierung einer römischen Wasserleitung gehören zu den Elementen im Ingenieurbau, die dem antiken Nutzer eines solchen Aquäduktes gänzlich verborgen blieben. Diese Elemente liegen auch in der nachträglichen geschichtlichen Betrachtung eines solchen Bauwerkes nicht offen zutage, weil sie nur aus der Funktion der Anlage heraus zu erklären sind. Gleichwohl ist in der Planung und deren technischer Umsetzung in die Praxis die Grundlage für das Funktionieren eines solchen Großbauwerks städtischer Infrastruktur zu sehen, weshalb diese Probleme an dieser Stelle einmal näher erläutert werden.

Bei den vor wenigen Jahren durchgeführten Ausgrabungen für den »Atlas der römischen Wasserleitungen nach Köln« wurde das Problem der Bauloseinteilung erstmals archäologisch geklärt. Im Rahmen einer Ausgrabung bei Mechernich-Lessenich wurde ein kleines Bauwerk freigelegt, das man in den Verlauf der Wasserleitungsrinne eingebaut hatte. Es handelte sich um ein Becken, das offensichtlich dem Höhenausgleich der an beiden Enden angeschlossenen Wasserleitung diente, denn die Sohlenhöhlen vor und hinter dem Becken wiesen einen Höhensprung von fünfunddreißig Zentimetern auf. Dieser archäologische Befund hat nur Sinn, wenn wir in diesem Bauwerk ein Becken zum Ausgleich einer Höhendifferenz sehen, die an der Nahtstelle zweier Baulose entstanden ist. Dieses Becken diente dazu, das Bauwerk vor der zerstörerischen Kraft des über eine Sohlenstufe stürzenden Wassers zu schützen. Wir nennen ein solches Kleinbauwerk heute funktionsbezogen »Tosbecken«.

Der Fund des Tosbeckens im Verlauf der römischen Eifelwasserleitung zum Ausgleich einer Höhendifferenz in einer Baulosgrenze war sicherlich ein glücklicher Zufall. Durch die archäologischen Befunde in Siga und in der Eifel konnte das

172

technische Problem der Gefälleabsteckung erstmals schlüssig nachgewiesen werden.

Ein bei einer Ausgrabung in Euskirchen-Rheder im Jahre 1990 gemachter Befund – klein und unscheinbar, aber für das geschulte Auge nicht zu übersehen – vervollständigt unsere Vorstellung von der Methode der antiken Trassenabsteckung. Bei Rheder fand sich im massiven Unterbau der zur Aquäduktbrücke über die Erft führenden Rampe ein kleines rechteckiges Loch, das durch den gesamten Baukörper bis in den gewachsenen Boden reichte. Nach unseren über das Absteckverfahren gewonnenen Erkenntnissen kann es sich dabei nur um den negativen Abdruck eines antiken Vermessungspfählchens handeln. Hier hatte ein römischer Baumeister im Zuge des Austafelns ehemals ein Holzpfählchen in die Erde geschlagen, um den Bauleuten Richtung und Gefälle des auszubauenden Aquäduktes anzugeben. Diese haben das Pfählchen einfach umbaut, damit ihnen diese Höhenangabe bis zur Fertigstellung des Bauwerks nicht verlorenging. In der Folgezeit ist das Holz im Beton schlichtweg vergangen, und der ehemalige Vermessungspunkt ist heute nur noch an dem im Beton übriggebliebenen Hohlraum zu erkennen.

Mit der Außerbetriebsetzung der Eifelwasserleitung war dieses Bauwerk allerdings nicht unbrauchbar geworden, wenngleich die neue Nutzung, der die Leitung dann besonders im hohen Mittelalter zugeführt worden ist, eine gänzlich andere war als in der Römerzeit… Das Mittelalter, eine Blütezeit für den Bau von Kirchen, Klöstern und Burgen, bediente sich im Rheinland des Römerkanals als Steinbruch. Die Burg in Rheinbach mit ihrem Hexenturm, Burg Münchhausen in Wachtberg-Adendorf und das ehemalige Kloster Schillingskapellen in Swisttal sind exemplarische Beispiele für Bauten, die fast komplett aus Römerkanalabbruch errichtet worden sind.

Dabei war nicht nur das antike Mauerwerk Ziel dieser Steinbruchtätigkeit, sondern in ganz besonderem Maße auch die bis zu dreißig Zentimeter starke Schicht der Kalkablagerungen. Aus diesem Kalksinter – wir nennen ihn heute auch gern »Aquäduktmarmor« – fertigte man feine Säulen, Grababdeckungen und auch Altarplatten. Diese dienten zwischen dem 11. und 13. Jahrhundert vornehmlich der Ausschmückung der romanischen Kirchen, aber auch der repräsentativen Burgen dieser Zeit. Ein wesentlicher Grund für die Verwendung dieses Marmorersatzes war, daß die Transportwege über die Alpen zu den großen Marmorbrüchen in Italien im hohen Mittelalter für »Schwertransporte« nicht mehr nutzbar waren. Kaiser Karl der Große hatte um das Jahr 800 zwar noch römische Säulen aus Ravenna nach Aachen schaffen lassen, aber auch er benutzte zur Ausschmückung seiner Pfalzkapelle schon den »Aquäduktmarmor« aus der Eifelwasserleitung. Diese Säulen sind heute zwar nicht mehr vorhanden, aber Albrecht Dürer, der 1520 zur Krönung Kaiser Karls V. in Aachen war, schreibt in seiner »Niederländischen Reise«, daß er dort Säulen aus »Gossenstein« gesehen habe.

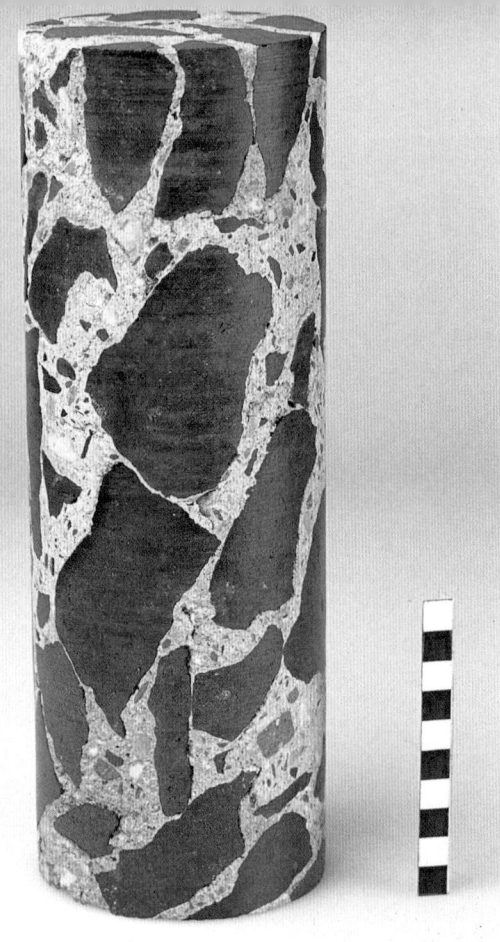

Oben: Betonkern der römischen Wasserleitung aus der um 30 n. Chr. gebauten Vorgebirgsleitung.

Unten: Der Dom von Roskilde (Dänemark). Aquädukt-Marmorplatte aus der römischen Eifelwasserleitung vor dem Grab des Bischofs Wilhelm (11. Jahrhundert, um 1225 an die jetzige Stelle verlegt).

Rechte Seite: Maria Laach. Die beiden vorderen Säulen des Baldachins über dem Hauptaltar sind aus Aquädukt-Marmor der römischen Eifelwasserleitung.

Wegen seiner außergewöhnlichen Schönheit finden wir diesen seltenen Schmuckstein aber nicht nur in rheinischen Bauten, sondern auch weit darüber hinaus. Im Osten reicht die Verbreitung über die Dome von Soest, Paderborn und Hildesheim bis zur Burg Dankwarderode in Braunschweig.

Während die Burg Trifels bei Annweiler den südlichsten Nachweis darstellt, reicht die Verbreitung im Westen bis in die Niederlande. Das Material wurde sogar über die Nordsee verschifft, denn wir finden »Aquäduktmarmor« aus Köln auch als Altarplatte in der Kathedrale von Canterbury und in Form mehrerer Grabplatten im Dom zu Roskilde in Dänemark, wo man Bischofs- und Königsgräber damit verschlossen hat.

Die Wartburg, einer der repräsentativen profanen Verwendungsorte für »Aquäduktmarmor«, ist erst in jüngster Zeit wieder in das Blickfeld gerückt. Nach der Wiedervereinigung Deutschlands besichtigen täglich rund dreitausend Besucher die ehemalige Residenz der Thüringer Landgrafen. Besonders die Säulen in der inneren Westwand der Festsaalarkade im zweiten Obergeschoß sowie in der nördlichen Giebelwand dieses Raumes sind beeindruckende Beispiele für die Schönheit des aus der Eifelwasserleitung gewonnenen Schmucksteins im hohen Mittelalter.

Der Umgang mit dem Wasser in römischer Zeit ist für uns moderne Menschen nicht zuletzt deshalb so beeindruckend, weil die in der Antike notwendigen Anstrengungen, Wasser von ausgezeichneter Qualität und im Überschuß bereitzustellen, bis auf den heutigen Tag nicht geringer geworden sind. Und je schwieriger es wird, diese Versorgungsaufgabe in unserer Zeit und in Zukunft zu erfüllen, um so größer wird unsere Bewunderung für die Leistungen der antiken Baumeister ausfallen.

Harald Hort

Der Tempelschatz im Spargelbeet

Es ist eine mondlose, stockfinstere Nacht. Drei Gestalten bewegen sich vorsichtig durch die Dunkelheit. Ein heimlicher Beobachter hätte nur mit großer Mühe erkennen können, was sie mit sich schleppen. Einer ist mit Grabwerkzeugen beladen, die beiden anderen tragen Kübel, Kisten und Säcke. Die drei sprechen kein Wort. Häufig bleiben sie stehen, um sich zu vergewissern, daß ihnen niemand folgt.

Bei den Männern handelt es sich um Diener eines kleinen Heiligtums, eines Tempels, der zu einem großen Römerlager, dem Kastell Biriciana in der Provinz Raetia direkt am Limes, gehört. Heute heißt der Ort Weißenburg und liegt rund fünfzig Kilometer südlich von Nürnberg in Franken. Doch wir sind im Frühherbst des Jahres 233 n. Chr. Biriciana und die zivile Siedlung außerhalb seiner Palisaden sind Frontgebiet geworden.

Die Alemannen berennen schon seit einiger Zeit den Limes, den nördlichsten Schutzwall des Römischen Reiches, und es hat ganz den Anschein, als ob ihnen in Kürze der Durchbruch gelingen würde: Gegen Mittag des vergangenen Tages kam die Nachricht, daß sie das Lager Vetoniana, nur dreißig Kilometer von Biriciana entfernt, dem Erdboden gleichgemacht haben. Die alemannischen Horden sollen so groß sein, daß auch Biriciana schwer zu halten sein wird.

Die drei Tempeldiener haben den Befehl erhalten, die Wertgegenstände des Heiligtums zu sichern und so gut zu verstecken, wie das in der kurzen Zeit, die noch bleibt, überhaupt möglich ist. Die Römer wollen nicht, daß ihre Idole den Barbaren aus dem Norden, die andere, rauhe und blutrünstige Gottheiten verehren, in die Hände fallen.

Noch etwas mehr als zwei Stunden verbleiben bis Tagesanbruch. Die Diener arbeiten schnell, aber sorgfältig. In einer großen Grube verschwinden die Standbilder der stolzen römischen Götter: die sieggewohnte Victoria ebenso wie der kriegerische Herkules oder der gewitzte Merkur; dazu Silbertafeln und wertvolles Eisenwerkzeug. Verpackt in profanen Küchengeräten wie Schüsseln oder Bronzeeimern, wird alles im Erdreich vergraben – auf einem Stück Brachgelände, nur wenige Steinwürfe von der großen Badeanstalt des Lagers entfernt. Dieses Ausweichquartier ist unwürdig, aber das Versteck ist ja nur für einige Tage, schlimmstenfalls für ein paar Wochen vorgesehen.

Keiner von den dreien ahnt, daß er diesen Ort nicht mehr wiedersieht. Keiner von ihnen wird erfahren, daß es eintausendsiebenhundertsechsundvierzig Jahre dauern wird, bis der Schatz wieder zum Vorschein kommt.

So mag es sich abgespielt haben, als die Reichtümer unter die Erde kamen, die so viele Jahrhunderte später als der »Schatz von Weißenburg« für höchstes Aufsehen sorgen sollten. Die Lage der Römer erwies sich damals an diesem Abschnitt ihrer riesigen Reichsgrenze als äußerst prekär. Sie verfügten längst nicht mehr über die militärische Durchschlagskraft, mit der sie dieses Gebiet rund zweihundertfünfzig Jahre zuvor unterworfen hatten:

Im Jahre 15 v. Chr. besiegten Drusus und Tiberius, die Stiefsöhne des damaligen Kaisers Augustus, die Völker der Zentralalpen und des nördlichen Voralpenlandes. Hier lebten die Räter und Vindeliker. Dieser »Alpenfeldzug« war die Reaktion auf die ständige Bedrohung des Römerreichs durch die kriegerischen Stämme aus dem Norden. Im Jahr davor, 16 v. Chr., hatten rechtsrheinische Germanenstämme den Rhein überquert, waren in die reiche römische Provinz Gallien eingefallen und hatten dort die V. Legion vernichtend geschlagen. Mit dem »Alpenfeldzug« sollte ein Zangenangriff aus dem Süden vorbereitet werden.

Um die neu eroberten Gebiete zu sichern, wurden Militärstützpunkte eingerichtet. Einer der ersten und größten befand sich an der Stelle des heutigen Augsburg. Darauf lassen zumindest die riesigen Mengen an Waffen und Pferdegeschirrteilen, aber auch Münzen und Keramik schließen, die hier schon vor dem Ersten Weltkrieg zufällig in einer Kiesgrube entdeckt wurden.

Vermutlich unter Kaiser Claudius, der von 41 bis 54 n. Chr. regierte, machten die Römer aus Teilen der heutigen Schweiz und Bayern die Provinz Raetia mit der Hauptstadt Augusta Vindelicum – Augsburg – als Sitz des kaiserlichen Prokurators.

Claudius war es auch, der eine ganze Reihe von Kastellen entlang der Donau anlegen ließ. Sie schützten den römischen Machtbereich, so daß in den Jahren 73/74 eine neue Verbindungsstraße von Straßburg durch den Schwarzwald bis nach Raetia gebaut werden konnte. Sie gewährleistete eine schnelle Verbindung der Provinz mit dem Rhein. Zu dieser Zeit regierte in Rom bereits Kaiser Vespasian. Er weitete die Machtsphäre der Römer über die Donau hinaus bis auf die Schwäbische Alb aus.

In den Jahren 83 bis 85 führte Kaiser Domitian die sogenannten Chattenkriege. Im Troß des Heeres kam auch ein römischer Militärhistoriker, Sextus Julius Frontinus, an den unteren Lauf des Mains; diesem Mann verdankt die Nordgrenze des Römischen Reiches in diesem Abschnitt ihren Namen: Limes. Ursprünglich verstand man darunter nur breite Schneisen im Wald, die kein Angreifer unbeobachtet überqueren konnte und an deren Rand ein Patrouillenweg verlief, der von hölzernen Wehrtürmen aus bewacht wurde. Da diese Türme auf Sichtweite von-

Das Nordtor (porta documana) des Lagers Biriciana im heutigen Weißenburg. Es handelt sich um eine Rekonstruktion nach den neuesten Grabungserkenntnissen. Dem Tor vorgelagert befand sich eine dreißig Meter breite Verteidigungszone mit drei Spitzgräben.

einander entfernt standen, ließen sich entlang des Limes Nachrichten mit erstaunlicher Geschwindigkeit übermitteln.

Im 2. Jahrhundert n. Chr., unter Kaiser Hadrian, wurde der Limes weiter perfektioniert: Den Patrouillenweg schützte jetzt eine Holzpalisade. Einige Jahre später begann man die hölzernen Wachtürme durch Steinbauten zu ersetzen. In der letzten Ausbauphase, etwa Ende des 2., Anfang des 3. Jahrhunderts, verband man die Türme durch bis zu vier Meter hohe Steinmauern. Damit hatte die Grenze große Ähnlichkeit mit einer Konstruktion, die etwa eintausendsiebenhundertfünfzig Jahre später Deutschland erneut teilen sollte. Lange Zeit hieß der Limes, den man an vielen Stellen noch heute erkennen kann, »Teufelsmauer«. Erst 1723 kam der Weißenburger Magister Johann Alexander Döderlein hinter seine Bedeutung als ehemaliger römischer Grenzwall.

Ab dem 3. Jahrhundert n. Chr. mußten sich die Römer immer öfter germanischer Angriffe erwehren. Zwar konnte Kaiser Caracalla die Alemannen durch einen Feldzug im Jahr 213, den er von Raetia aus führte, noch einmal zurückschlagen, aber schon zwanzig Jahre später wagten die Germanen einen Vorstoß über den Limes hinweg bis weit in das Allgäu hinein. Dabei überrannten sie eine ganze Reihe von Siedlungen und Kastellen, darunter auch das bereits erwähnte Lager Vetoniana, das heutige Pfünz. Noch einmal gelang den Römern die Rückeroberung ihrer alten Verteidigungslinie für einige Zeit, aber schon in den Jahren 259/60 kam für sie das endgültige Aus: Die Alemannen drängten sie in breiter Front zurück. Die einstigen Herren der Welt zogen sich hinter die Donau zurück und machten sie zur neuen Reichsgrenze. Mitbeteiligt an dieser Entwicklung war allerdings auch die Gefährdung der Ostgrenze des Imperiums. Dort sorgten die Sassaniden für ständige Bedrohung und banden starke Militärkräfte. Die hierfür nötigen Truppen wurden auch aus dem Norden abgezogen und schwächten hier natürlich weite Grenzabschnitte.

Damit war auch das Schicksal des Kastells Biriciana besiegelt. Um 90 n. Chr. wurde es rund sechs Kilometer südlich des Limes in der für diese Zeit typischen Holzbauweise errichtet. Erst zwischen den Jahren 140 und 160 ersetzte man die hölzernen Palisaden und Baracken durch Steinbauten. Dabei entstand auch das imposante Nordportal, dessen hervorragende und aufwendige Rekonstruktion heute wieder bewundert werden kann. Doch auch die Steinmauern vermochten die Gefahr von außen nicht dauerhaft abzuwenden. Schon 174 überfielen die Markomannen das Lager und zerstörten Teile der Anlage. Dann folgte um das Jahr 233 der große Alemanneneinbruch, und schließlich besetzten 254 die Juthungen die Gegend um Weißenburg.

Die Überfälle vernichteten auch gleichzeitig die Existenz vieler Menschen. Neben der eigentlichen Garnison und in deren Umkreis hatten sich etliche Einheimische und entlassene Veteranen auf kleinen Bauernhöfen angesiedelt. Sie lebten direkt oder indirekt von den Soldaten, versorgten sie mit Lebensmitteln und Dienstleistungen. Man schätzt die Einwohnerzahl des römischen Weißenburg auf beachtliche vier- bis fünftausend Menschen.

Die Zahl der Soldaten im Kastell selbst war wesentlich geringer. Eine fünfhundert Mann starke Reitereinheit, die »ala I Hispanorum Auriana«, lag hier. Schon der Name deutet darauf hin, daß es sich nicht um Legionäre mit römischem Bürgerrecht handelte, sondern um Soldaten, die ursprünglich in der Provinz Hispania, dem heutigen Spanien, rekrutiert worden waren. Obwohl es sich um eine Hilfstruppe handelte, war sie als Reitertruppe hoch angesehen. Ihr Führer, ein Alenpräfekt aus dem römischen Ritterstand, befehligte gleichzeitig noch ein rundes halbes Dutzend anderer Lager der Umgebung. Seine Soldaten mußten sich das Privileg des römischen Bürgerrechts erst durch fünfundzwanzig Dienstjahre verdienen. Im Römermuseum in Weißenburg kann man ein solches Militärdiplom, wie es den Veteranen am Ende ihres Soldatenlebens ausgehändigt wurde, bewundern. Mit dieser Urkunde in der Tasche durften sie endlich auch heiraten. Das war während der aktiven Dienstzeit verboten, um eine zu starke Bindung des einzelnen

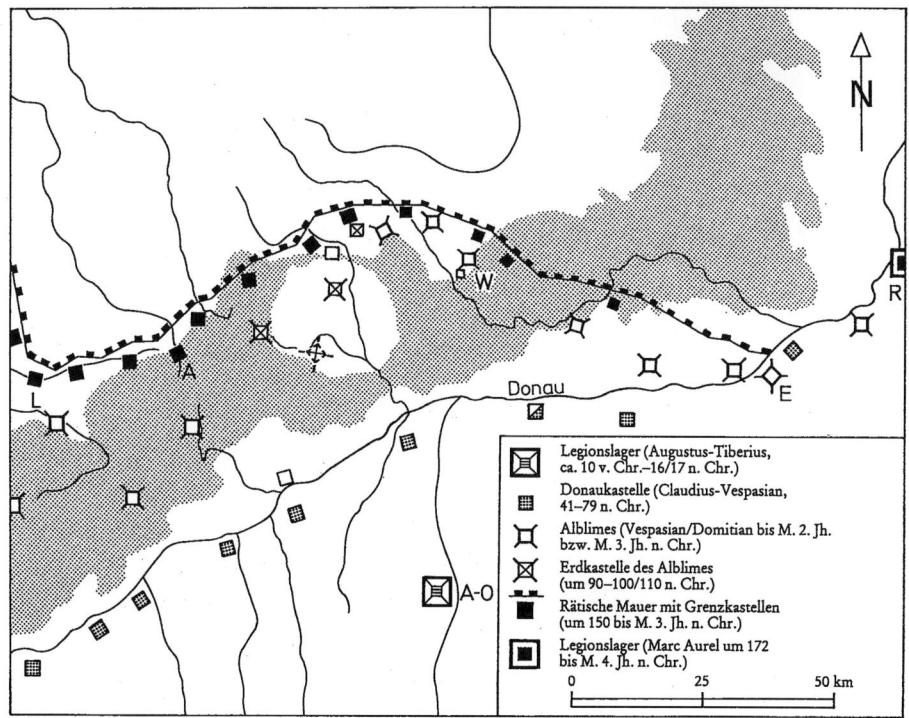

Legionslager (Augustus-Tiberius, ca. 10 v. Chr.–16/17 n. Chr.)

Donaukastelle (Claudius-Vespasian, 41–79 n. Chr.)

Alblimes (Vespasian/Domitian bis M. 2. Jh. bzw. M. 3. Jh. n. Chr.)

Erdkastelle des Alblimes (um 90–100/110 n. Chr.)

Rätische Mauer mit Grenzkastellen (um 150 bis M. 3. Jh. n. Chr.)

Legionslager (Marc Aurel um 172 bis M. 4. Jh. n. Chr.)

0   25   50 km

Der obergermanisch-rätische Limes mit Truppenstandorten (»W« steht für Weißenburg).

an den Garnisonsort zu verhindern. Wilde Ehen – sie müssen sehr zahlreich gewesen sein – wurden jedoch geduldet.

Durch die außerordentlich ergiebigen archäologischen Grabungen in und um Weißenburg brachte man inzwischen eine Menge über das Alltagsleben der Soldaten in Erfahrung. Ihre besondere Aufmerksamkeit galt – wie könnte es in einer Reiterstaffel anders sein – den Pferden. Etwa achthundert Tiere gehörten zum Lager. Manchem Reiter stand sein Hengst wohl so nahe, daß er ihn nach dessen Tod regelrecht bestatten ließ. Aus solchen Pferdegrabfunden wissen wir, daß die Tiere kaum größer als die heutigen Ponys waren: im Durchschnitt etwa anderthalb Meter hoch.

Die Soldaten dienten in einer Berufsarmee. Zwischen dem achtzehnten und sechsundzwanzigsten Lebensjahr wurden sie gemustert. Dann folgten vier Monate Grundausbildung: Umgang mit den Waffen und körperliches Ausdauertraining. Direkt danach begann der reguläre Dienst – zwanzig Jahre für Römer mit Bürgerrecht, fünfundzwanzig Jahre für Hilfstruppen aus der Provinz. Der Sold war ausgesprochen bescheiden. Um so größerer Beliebtheit erfreuten sich unregelmäßige Zuwendungen: der Anteil aus einer Kriegsbeute etwa oder zusätzliche Geldgeschenke des Kaisers an seine Soldaten. Trotz der vielen Kriege, in die Rom ständig

181

Oben: Die römischen Thermen. Im Vordergrund das ehemalige Schwitzbad (laconicum), das durch heißen Rauch, der unter dem Fußboden entlangstrich, erwärmt wurde.

Links: In weiten Teilen der Anlage sind noch die Originalfußbodenbeläge aus Solnhofener Marmor erhalten.

Rechte Seite: Über der kleinen halbrunden Kaltwasserwanne wurde ein Teil des Raumes rekonstruiert.

verwickelt war, bestand der Dienst für die meisten Soldaten zum größten Teil aus Wache schieben und Übungsdrill. Darin unterschieden sich die römischen Legionen von keiner anderen Armee der Welt bis zum heutigen Tage.

Es gab aber auch deutliche Unterschiede zum derzeitigen Soldatenleben. So mußten sich die römischen Soldaten ihr Essen selbst kochen. Die Gulaschkanone war noch nicht erfunden. Zur Ausstattung gehörte eine kleine, handliche, steinerne Getreidemühle, etwa so groß wie ein Eßteller, komplettiert durch persönliches Geschirr aus orangerotem gebrannten Ton, der »terra sigillata«. Millionen solcher Scherben wurden überall dort gefunden, wo die Römer sich jemals niedergelassen haben. Weil jedes Gefäß von der Manufaktur, aus der es stammte, mit einem Markenzeichen versehen war (sigillata), das Herkunft und Epoche verriet, entwickelten sich diese Funde zu einer der wichtigsten Datierungshilfen der Archäologen.

Seit die Altertumsforscher immer häufiger mit anderen Wissenschaftlern zusammenarbeiten, wissen wir auch einiges über den Speiseplan der Garnisonen. Naturexperten können aus Knochen, Pflanzenresten, Samen und Pollen, ja sogar aus antiken Plumpstoiletten die Ernährungsgewohnheiten relativ gut rekonstruieren: Man aß Obst und Eier, Gemüse, Salat und Käse. Fleisch lieferten vor allem Schweine, aber auch Rinderbraten und Geflügel waren begehrt. Dazu wurden Bier und mit Wasser verdünnter Wein getrunken. Die Forscher fanden auch Austern und andere Muschelschalen.

Natürlich durfte Garum nicht fehlen, die Speisewürze des Altertums schlechthin. Sie wurde, gewissermaßen im großtechnischen Verfahren, in denjenigen römischen Provinzen hergestellt, die sowohl südliche Sonne als auch Meeresküste zu bieten hatten. So gab es beispielsweise im heutigen Marokko, bei Lixus und Cotta, ausgedehnte Anlagen mit gemauerten Becken, in denen riesige Mengen Fisch durch die Sonnenwärme zum Gären gebracht wurden. Das dauerte zwei bis drei Monate. Nach der Fermentierung filterte man den stinkenden Brei und ergänzte ihn nach geheimen Rezepturen mit Würzkräutern und Aromastoffen. In versiegelten Amphoren zu zwei Congii – etwas mehr als sechs Liter – gelangte die Sauce in die ganze römische Welt. Plinius berichtet, daß damals für die beliebteste Sorte, das schwarze oder blutige Garum, pro Amphore bis zu zweitausend Sesterzen verlangt wurden. Das entsprach dem Zweieinhalbfachen des Jahressoldes, den ein Weißenburger Reitersoldat bekam.

Es gab jedoch auch billigere Vergnügen für die Soldaten. Ihr Leben im Lager selbst verlief sehr beengt und bot wohl nur wenige Möglichkeiten, die Freizeit zu gestalten. (Die Archäologen haben Spielsteine ausgegraben, die zu einer Art Mühlespiel gehörten.) Die Soldaten hielten sich daher in ihrer dienstfreien Zeit lieber in den Tavernen, vor allem aber in den Badeanstalten des Lagers auf. Drei solche Thermen sind in Weißenburg nachgewiesen. Das ist eine erstaunliche Anzahl und zeigt, wie beliebt sie waren. Die größte ist inzwischen ausgegraben und sorgfältig restauriert worden. Wir haben sie bei unseren Dreharbeiten besucht.

184

1977 stießen Arbeiter bei Ausschachtungsarbeiten für Reihenhäuschen auf die Reste der Badeanstalt. (Damals ahnte noch niemand, daß auf dem Nachbargrundstück der Millionenschatz schlummerte, der erst zwei Jahre später genauso zufällig entdeckt werden sollte.)

Die Reihenhäuser wurden nie gebaut. Das Bayerische Landesamt für Denkmalpflege legte in einer Sicherheitsgrabung die ganze Badeanlage frei. Die bisher größte römische Therme Süddeutschlands kam zum Vorschein.

Teilweise ragte das Mauerwerk noch zweieinhalb Meter in die Höhe. Wegen dieses außerordentlich guten Zustandes entschloß man sich, die Anlage der Öffentlichkeit zugänglich zu machen. Eine moderne, architektonisch reizvolle Dachkonstruktion schützt seitdem die Ruine vor Wind und Wetter. Darunter machte sich zu Beginn der achtziger Jahre eine ungarische Expertengruppe an die Restaurierung. Liebevoll und sachverständig sicherten und ergänzten die Ostblockwissenschaftler die Reste, wobei sie sowohl auf traditionelle Methoden als auch auf neue Techniken zurückgriffen. Die Ungarn legten eine recht komplizierte Abfolge von Bauphasen frei. Das Bad wurde seinerzeit ständig erweitert, aber auch mehrfach bei alemannischen Überfällen zerstört. Diese Entwicklung läßt sich anhand der gefundenen Spuren nachvollziehen und zurückverfolgen. Heutzutage läuft der Besucher auf Stegen über das Ruinenfeld und kann sich die einzelnen Etappen römischer Badefreuden aus der Vogelperspektive anschauen.

Es gibt Säle mit Warmwasserbecken und solche mit kaltem Wasser, in denen der Badegast sich abkühlte, wenn er aus dem Schwitzbad kam. Dort herrschten immerhin Temperaturen von fünfzig Grad Celsius. Diese Hitze wurde durch das raffinierte Heizsystem der Römer, die Hypokausen, erzeugt. Der ganze Fußboden ruhte auf etwa fünfzig Zentimeter hohen Ziegelsäulen. Durch den Hohlraum darunter zogen heißer Rauch und heiße Luft, die den darüberliegenden Bereich erwärmten. Die Feuerstellen hatten die antiken Architekten entlang den Außenwänden angebracht, wie man heute noch feststellen kann. Jeder Raum bedurfte einer eigenen Heißluftzufuhr. An den eigentlichen Badebereich schlossen sich Hallen und Säulengänge an. Hier ließ sich der Römer massieren oder trieb Sport und Gymnastik. Auch Ärzte hielten dort Sprechstunde.

Die ganze Anlage wurde über einen soliden Abflußkanal entsorgt. Vor allem hier war die Arbeit der Archäologen von Erfolg gekrönt, denn sie fanden Haarnadeln und Ringe, Schmuck und kosmetisches Gerät – ein Hinweis, daß das Bad den Frauen, in speziell für sie reservierten Zeiten, ebenfalls zugänglich war. Auch Scherben, Spielsteine und Münzen lagen im Schlamm. All diese kleinen Dinge kamen damals schon genauso leicht abhanden wie heute, und die Römerin war sicher ebenso traurig über den Verlust. Heute könnte sie ihr Eigentum durch das Glas der Vitrinen des Weißenburger Römermuseums betrachten.

Die Badeanstalten in der römischen Welt dienten nicht nur der Reinigung. Man muß sie sich eher wie die Spaßbäder der heutigen Zeit vorstellen: eine Art universeller Versammlungsort, an dem man das Angenehme mit dem Nützlichen verbinden konnte. Neben Erholung, Sport und Spiel standen auch Speisen und Getränke zur Verfügung. Nachrichten und Meinungen wurden hier ebenso ausgetauscht wie alle Arten von Waren und Dienstleistungen: die Therme, ein beliebter Ort für Vertragsabschlüsse.

Die Badeanstalten hatten jedoch auch ihre Schattenseiten. Vor allem Bewohner der direkten Nachbarschaft konnten ein Lied davon singen. So war auch einmal der berühmte römische Philosoph Seneca genötigt, seine hochfliegenden Gedanken in Hörweite einer Therme zu formulieren. Sein bitterböser Klagebrief gibt uns heute Aufschluß über das damalige Treiben dort: »Von allen Seiten wirrer Lärm, denn ich wohne direkt darüber. Stell Dir einfach alle Arten von Geräuschen vor, die es Dich bedauern lassen, daß Du Ohren hast. Wenn die Kräftigeren ihre Hantelübungen machen, egal, ob sie sich dabei wirklich anstrengen oder nur so tun, hörst Du ihr Stöhnen, und sobald sie wieder ausatmen, ein heftiges Zischen und Keuchen. Wenn sich Müßiggänger bescheiden auf plebejische Art salben lassen, hörst Du das Klatschen des Masseurs auf ihrer Haut, und der Ton ändert sich je nachdem, ob er mit flacher oder hohler Hand zuschlägt. Dann kommt ein Ballspieler dazu, der laut mitzählt, wie oft er den Ball aufprellen läßt. So, jetzt stell Dir noch einen Zankteufel vor, einen ertappten Dieb oder einen der vielen Zeitgenossen, die sich gern im Bad singen hören! Dazu gesellt sich das laute Platschen derjenigen, die ins Wasser des Schwimmbassins springen. Aber das sind wenigstens noch natürliche Laute. Jetzt der Haarausrupfer: Um auf sich aufmerksam zu machen, preßt er wieder und wieder seine schrille Stimme hervor und schweigt erst, wenn er ein Opfer gefunden hat, dem er die Haare unter den Achseln ausreißen kann und diesen armen Menschen dann an seiner Stelle schreien läßt. Nicht vergessen darfst Du die Ausrufe des Kuchenhändlers, des Wurstverkäufers, des Zuckerbäckers und die Kellner der Kneipen, die alle mit durchdringender Stimme ihre Waren anpreisen.«

Ein ähnliches Spektakel herrschte sicher auch in den Thermen des Lagers Biriciana, denn die Garnison war recht groß, und die zum Lager gehörende Siedlung wuchs im Laufe der Zeit beträchtlich. Man weiß, daß hier zeitweise neben der Reitertruppe auch noch die »cohors IX Batavorum milliaria equitata«, eine tausend Mann starke, gemischte Einheit aus Reitern und Fußsoldaten, stationiert war.

Diese Soldaten lebten vermutlich in einem weiteren großen Kastell an der östlichen Stadtgrenze des heutigen Weißenburg, das man erst 1976 entdeckte. Es wurde mit Hilfe der Luftbildarchäologie ausfindig gemacht.

Rechte Seite: Ein bronzenes Börsenarmband, das in Niederhofen bei Weißenburg gefunden wurde. Daneben römische Silber- und Bronzemünzen, die wahrscheinlich aus Angst vor den Alemannenangriffen vergraben worden waren.

Das Lager hat ein Ausmaß von zweihundertvierzig mal einhundertsechzig Metern. Leider bestand es ausschließlich aus Holz, so daß sich nur wenig erhalten hat. Dennoch können die verbliebenen spärlichen Reste dem geübten Blick des Archäologen einiges erzählen. Alles hängt jedoch von den richtigen Untersuchungsmethoden ab, die man uns bereitwillig erklärte: Auch Archäologen lassen sich von moderner Technik helfen, wo immer es geht. Darum trug ein Bagger vorsichtig die etwa achtzig Zentimeter dicke Humusschicht ab. Darunter kam eine helle Schotterschicht zum Vorschein, die damals den Boden des Lagers bildete. Als nächstes legen die Wissenschaftler auf dieser Fläche ein Raster an, ein Koordinatensystem aus Pflöcken und Schnüren, die im rechten Winkel zueinander kreuz und quer über das Gelände gespannt werden. Jedes so entstandene Rechteck bekommt eine Nummer. Somit läßt sich jeder zukünftige Fund eindeutig seinem Lageort gemäß bestimmen.

Jetzt geht die Handarbeit aber erst richtig los. Mit einem Gartengerät, dem Rübenjäter, wird die Fläche abgezogen. Das heißt: Man trägt Erdreste, die der Bagger nicht entfernen konnte, restlos ab. Darunter erscheinen die eigentlichen Spuren der Vergangenheit, schwarz gefärbte Flecken, dunkle Erde im ansonsten hellen Schotter: die Löcher, in denen damals die Palisaden des Lagers beziehungsweise die Eckpfosten der Baracken steckten. Das Holz ist längst verfault und vergangen. Erdreich hat die Löcher gefüllt. Einige von ihnen sind jedoch schon zu einer Zeit zugeschüttet worden, als im Lager noch Leben herrschte. In solchen Löchern finden die Archäologen bisweilen den Schutt und Abfall der damaligen Zeit. Was einst Kehricht war, gibt nun Aufschluß über die Umstände des Lagerlebens und ermöglicht die zeitliche Einordnung.

Um dies alles festzuhalten, werden die Pfostenlöcher zunächst in Farbe und Schwarzweiß fotografiert. Anschließend entsteht eine Zeichnung der Fläche im Maßstab eins zu zwanzig, in die die möglichen Funde eingetragen werden, ergänzt durch detaillierte Beschreibungen. Schließlich schneidet man die Löcher in der Mitte an, um ihre Tiefe festzustellen. Auch dies wird mit der Kamera aufgenommen.

Nach soviel geduldiger Vorarbeit folgt der spannende Teil der Arbeit: Die Archäologen graben jetzt die Profile aus, in der Hoffnung, am Grunde etwas Römisches zu finden. Auch Bodenproben werden entnommen, beispielsweise für Pollenanalysen, die wertvolle Hinweise auf die damaligen Pflanzen in der Natur, aber auch in der Landwirtschaft geben.

Danach ist alles zerstört. Archäologie ist systematische Verwüstung. Was die Wissenschaftler interessierte, ist geborgen. Als nächstes kommen die Bagger. Bald werden an der Stelle des Römerlagers neue Häuser stehen.

Leider hat sich dieses Lager bisher als wenig ergiebig gezeigt. Immerhin, so konnte man feststellen, war es bis etwa 120 n. Chr. belegt. Dann haben es die Römer planmäßig geräumt. Nichts deutet auf Flucht oder Zerstörung hin.

Über die der Vernichtung Biricianas folgenden Jahrhunderte weiß man wenig. Vermutungen zufolge siedelten sich auf dem Gebiet des heutigen Weißenburg zunächst Alemannen an, die dann zu Beginn des 6. Jahrhunderts unter fränkischen Einfluß gerieten. Erst Karl der Große brachte den Ort wieder ins Rampenlicht der Geschichte, als er im Jahr 793 von hier aus die Arbeiten an einem sehr ehrgeizigen Kanalprojekt beaufsichtigte, mit dem er als erster versuchte, Rhein, Main und Donau zu verbinden. Noch heute kann man in der Nähe des Ortes zwei Teilstücke des sogenannten »Karlsgrabens« bewundern.

867 tauchte in einer Schenkungsurkunde Kaiser Ludwigs des Deutschen zum erstenmal der Name »Weißenburg« auf, wenn auch noch in einer etwas eigenwilligen Schreibweise: »Uuizinburc«. Die Bezeichnung, so glauben die Forscher, geht auf das alte Lager Biriciana zurück. Die Römer verputzten nämlich die Steinmauern in der Regel weiß und zogen die Quaderlinien rot nach.

Im 9. Jahrhundert hatten die Bewohner Weißenburgs die Ruinen des Kastells noch vor Augen, benutzten sie gelegentlich sogar als Steinbruch für ihre eigenen Häuser. Auch das spätere Wappen der Stadt zeigt eine weiße Burg auf rotem Grund und läßt Assoziationen zu dem Römerlager zu.

Während des Mittelalters entwickelte sich die mittlerweile Freie Reichsstadt zu einem wichtigen Knotenpunkt zwischen den Reichsstädten Nürnberg, Ulm und Augsburg, weckte aufgrund ihrer günstigen Lage aber auch die Begehrlichkeit der benachbarten Fürsten. 1262 wurde Weißenburg völlig zerstört. Das Material für den Wiederaufbau besorgten sich die Bewohner abermals aus den Ruinen Biricianas. Damit waren im hohen Mittelalter die sichtbaren Spuren des römischen Weißenburg größtenteils verschwunden, und dieser Abschnitt der Geschichte geriet in Vergessenheit.

Das Mittelalter war ein idealer Nährboden für Legenden und Sagen. Viele Geschichten von Teufeln und Hexen, verwunschenen Schlössern und verschwundenen Schätzen entstammen dieser Epoche. Und wirklich kann man sich gut vorstellen, daß zu einer Zeit ständiger Kleinkriege und Scharmützel – als es noch keine Banken mit sicheren Tresoren gab, dafür aber marodierende Söldnerhaufen und umherziehende Räuberbanden – der Gold- und Geldbesitz manch reichen Mannes aus Angst vor Raub im Kellerboden oder Mauerloch verschwand. Einige der Ängstlichen haben dann die »subtilen« Verhörmethoden der beutehungrigen Banditen nicht überlebt und nahmen das Geheimnis ihres Verstecks mit ins Grab.

Schon von jeher stachelte dieser Umstand die Phantasie der Menschen an. Schatzgräber versuchten und versuchen immer wieder mit mehr oder weniger tauglichen Mitteln, an die Reichtümer zu gelangen. In der abergläubischen Zeit des Mittelalters lag es nahe, sich die Geister, die guten wie die bösen, dienstbar zu machen. Einen besonders guten Ruf genossen damals Zauberer aus Venedig. Dort existierte ein »Teufelslehrstuhl in der Magie«, an dem auch Vorlesungen über das

Linke Seite: Silbervotivblech aus dem Schatz von Weißenburg. Es zeigt die Göttertrias Minerva, Merkur und Apollo (oben links). Silbervotiv an Merkur. Insgesamt elf dieser zwanzig bis dreißig Zentimeter hohen Kostbarkeiten wurden gefunden (oben rechts). Bronzekanne mit kunstvoll gefertigtem Griff (unten links). Eimer aus Bronze mit konkav geformter Wandung (unten rechts).

Oben: Fragment einer bronzenen Gesichtsmaske. Sie war Teil eines mit Schlangenleibern, Stirnadler und Medusenflügeln verzierten Paradehelms und wurde im Lager Weißenburg gefunden.

Schatzheben gehalten wurden. Geheimbücher mit Anweisungen zum Aufspüren von Vermögen standen hoch im Kurs. Die Ratschläge sind vielfältig und durchaus nicht immer eindeutig: Reichtümer können überall vergraben sein. Dort, wo das Gras besonders saftig steht, oder dort, wo es verkümmert; wo der Schnee sofort wegschmilzt, aber auch da, wo sich morgens kein Tau findet; wo eine Sternschnuppe niedergeht und natürlich auch dort, wo der Regenbogen endet.

Es war längst nicht jedermann in die Wiege gelegt, diese Schätze auch zu bergen. Sonntagskind mußte der Schatzjäger sein oder am Weihnachtsabend geboren. Reine, sündenfreie Menschen, unschuldige Kinder, Jungfrauen und keusche Junggesellen hatten die besten Aussichten.

Waren diese Voraussetzungen erfüllt, kam es auf die richtige Ausrüstung an. Professionelle Schatzsucher benutzten einen Erdspiegel oder eine Wünschelrute. Die besten wachsen an Haselsträuchern. Gebrochen wurde die Rute, wenn die Sonne im Tierkreiszeichen Löwe stand. Wenn man Gold damit finden wollte, galt der Sonntag als idealer Zeitpunkt, wenn man auf Silber aus war, der Montag. Auf jeden Fall mußte man vor Sonnenaufgang ans Werk gehen, weil dann die Zauberkraft der Rute am stärksten wirkte. Eine andere Methode: Man sott Garn in einer Mischung aus Wachs, Weihrauch und Schwefel, formte daraus ein Kerzenlicht und leuchtete damit jeden Ort aus, an dem ein Schatz verborgen sein konnte. Dort, wo die Flamme plötzlich erlosch, sollte das Geld vergraben sein. Auch Farnsamen, in der Johannisnacht gesammelt, konnte helfen. Glückskinder sollten damit alle Schätze als blaue Flämmchen erkennen. Aber auch Vorsicht war geboten! Oft konnten Irrlichter einen Schatz vorgaukeln, wo gar keiner war. Ehe man sich's versah, war man für immer im Moor versunken.

Genauso wichtig wie alles bisher Gesagte war die Auswahl des richtigen Zeitpunktes: Die Christnacht schien zum Schatzheben etwa so günstig wie die Johannisnacht am 24. Juni. Auch Silvester und Bartholomäus, der 24. August, wurden empfohlen. Die Walpurgisnacht (30. April) ging auch noch. An all diesen Tagen sollten die Schätze unbewacht sein. Schwarze Hunde und schreckliche Schlangen schliefen. Die Hexen und Teufel waren auf dem Brocken oder anderweitig beschäftigt.

Zum Schluß noch zwei bequemere Empfehlungen: Am Palmsonntag und am Karfreitag sollten sich, während in der Kirche die Passion gesungen wurde, für einen kurzen Moment die Berge, in denen Schätze steckten, öffnen. Aber auch das hatte einen Haken: Wer die Reichtümer zu langsam raffte, sah sich für immer im Berg eingesperrt. Der zweite Tip schien der einfachste zu sein: Der Schatzsucher in spe mußte sich nur in der Weihnachtsnacht oder der Matthiasnacht (24. Februar) zur Geisterstunde auf einen Kreuzweg stellen und dort lautlos warten, egal was auch immer passierte. Um ein Uhr erschien dann der Teufel, der ihm entweder sofort Geld überreichte oder das Versteck eines Schatzes verriet. Wenn er aber einen Laut von sich gab, sprach, schrie oder auch nur nieste, hatte sich der Aspirant um sein Glück gebracht. Oberstes Gebot in allen Phasen des Abenteuers hieß: eisernes Schweigen.

Diesem Rat scheint auch ein Lehrer aus Weißenburg gefolgt zu sein. Wenn er auch nicht direkt danach gesucht hat, so entdeckte er doch einen der größten und wertvollsten Schätze, die je in Deutschland gehoben wurden – und schweigt seitdem beharrlich. Er ist weder bereit, vor die Kamera zu treten, noch, ein Interview zu geben. Wir stöbern im Archiv des »Weißenburger Tageblatts« und hoffen, in einer der alten Zeitungen ein Foto von ihm zu finden: nichts! Nur in Bruchstücken kommt die Geschichte ans Licht. Erst nach intensiver Recherche gelingt es uns, einen verstohlenen Blick durch eine mannshohe Hecke auf ein Stück Wiese zu werfen, auf der am 19. Oktober 1979 alles begann:

Es ist Freitagnachmittag. Der Studienrat hat den Unterricht hinter sich gebracht und widmet sich seinem Garten auf dem Flurstück 897/6, ganz in der Nähe der Römerthermen, die erst zwei Jahre zuvor entdeckt worden waren. Er beginnt eine Ecke des Grundstücks umzugraben, so wie es früher sein Schwiegervater Dutzende Male getan hat, bevor er das Land seiner Tochter, der Frau des Lehrers, und an deren Bruder übergab. Aber irgend etwas ist heute anders. Der Hobbygärtner will ein Spargelbeet anlegen, und dazu, so weiß er, muß man den Boden zwei Spaten tief umgraben, doppelt so tief wie sonst. Gegen fünfzehn Uhr stößt er in vierzig Zentimetern Tiefe auf einen Gegenstand aus grün patinierter Bronze – eine Art Küchensieb. Gleich darauf findet er einen alten Eimer. Obwohl er auf historischem Boden und direkt neben der Therme gräbt, kommt ihm zunächst nicht in den Sinn, daß er es mit einem römischen Fund zu tun haben könnte. Die Teile eines eisernen Klappstuhls, die jetzt zum Vorschein kommen, hält er für Reste eines alten Bettgestells. Erst als er weitere Bronzeschalen umstülpt, dämmert ihm, daß er etwas Wertvolles zutage gefördert hat: Unter der einen liegt ein Nest von Bronzestatuetten. Unter der anderen findet er, säuberlich aufgestapelt, silberne Votivtafeln. Vor ihm liegt der Tempelschatz, der fast 1750 Jahre vorher, vor dem großen Alemannenangriff, hier verscharrt wurde. Das finden viel später Bodendenkmalschützer heraus. Doch zunächst erfahren sie von der Entdeckung nichts, denn es ist Wochenende. Außerdem ist einem schon zu Ohren gekommen, daß solche Funde, einmal der Behörde gemeldet, umgehend in einem fernen Museum verschwinden. Also wird zusammen mit der Familie und einem befreundeten Kollegen das Loch erst einmal vollständig ausgeräumt. Als das Landesamt für Denkmalpflege endlich Wind von der Sache bekommt, rücken der Finder, seine Frau und deren Bruder – die drei sind nach bayerischem Recht jetzt Eigentümer – ihren Schatz einstweilen nicht heraus. Dem Amt wird lediglich eine Nachgrabung im Garten gestattet, die noch weitere Stücke zutage fördert. Damit ist wenigstens die Fundstelle bestätigt. Wertvolle Aufschlüsse über die Art und das Umfeld des Fundzusammenhangs gehen jedoch für immer verloren.

Noch bevor die ausgegrabenen Gegenstände richtig erfaßt sind – das geschieht erst am 6. März des folgenden Jahres –, beginnt das Gerangel um den Verbleib des Schatzes. Die meisten wollen ihn als Attraktion in Weißenburg behalten. Dazu müßte die Stadt aber 1,8 Millionen DM lockermachen – den Wert, den Experten für die Fundstücke inzwischen ermittelten. Doch hierzu sieht man sich von seiten der Kommune nicht in der Lage – wie auch die Suche nach einem privaten Sponsor erfolglos bleibt. Wenn das Land Bayern den Betrag aufbringt, steht zu befürchten, daß der Schatz im fernen München landet. Die letzte Möglichkeit wäre von allen die schlimmste: Würde der Schatz an private Händler verkauft, würde er wohl auseinandergerissen und in alle Winde zerstreut werden. Das Inventar eines antiken Heiligtums, durch eine Laune der Geschichte in nie gekannter Vollständigkeit erhalten, wäre kurz nach seiner Entdeckung für immer verloren.

Die Rettung kommt letztlich doch aus München. Der bayerische Kultusminister Hans Maier unterstützt ein neues landesweites Museumskonzept, das eine Dezentralisierung vorsieht. Infolgedessen sind schon zwei attraktive Zweigstellen der prähistorischen Staatssammlung in Grünwald und Bad Windsheim entstanden. Weißenburg soll nun die dritte werden. Kurz entschlossen räumt man dort das Heimatmuseum, das von der prähistorischen Sammlung übernommen wird, die den Schatz kauft und das Museum einrichtet. Am 7. September 1983, knapp vier Jahre nach seiner Entdeckung, präsentiert sich der »Schatz im Spargelfeld« in seiner neuen Umgebung.

Doch bis die Götter wieder im alten Glanz erstrahlten, mußte noch ein anderes Problem gelöst werden: die Konservierung. Die Bronzestücke des Fundes waren von einer dicken, wuchernden Patinaschicht überzogen. Die dünnwandigen Eimer, Becken und Schalen waren verbeult, verbogen oder gar zerbrochen, viele der wertvollen Eisengegenstände zu unförmigen Rostklumpen deformiert. Selbst die silbernen Votivplatten ließen sich als solche nicht mehr erkennen. Alles in allem hatte man hundertsechsundfünfzig Stücke geborgen – eine Masse, welche die Münchner Restauratoren überforderte. Unterstützung kam vom Römisch-Germanischen Zentralmuseum in Mainz, dessen international renommierter Werkstatt solche Probleme nicht fremd sind. Auch Mainz ist, wie viele rheinland-pfälzische Städte, auf historischem Boden gewachsen. Nahezu bei jedem Spatenstich stößt man auf Relikte der Römerzeit. Im Zentralmuseum wurden viele der schwierigsten Stücke aus Weißenburg restauriert.

Seitdem schimmern die elf silbernen Votivtafeln wieder im sanften Licht. Sie demonstrieren die ganze Vielfalt des römischen Pantheons. Merkur, der Götterbote, Schutzherr der Händler wie der Diebe, war bei den Soldaten in Biriciana

Rechte Seite: Eines der Prunkstücke des Schatzes von Weißenburg: die 21,6 Zentimeter hohe Bronzestatuette des Götterboten Merkur. Sie trägt einen silbernen Torques, den Halsschmuck der Kelten.

194

besonders beliebt, genau wie der Kriegsgott Mars und der Heros Herkules. Sie sind auch als Bronzestatuetten besonders häufig vertreten. Die zwischen fünfzehn und achtundzwanzig Zentimeter hohen Figuren gelten als einzigartig, sowohl in der künstlerischen Qualität als auch im Erhaltungszustand. Etwas Vergleichbares ist bislang in Deutschland noch nicht wiederaufgetaucht. Die Götterbilder stammen aus den verschiedensten Werkstätten des gesamten Römerreichs. Die wertvollsten von ihnen sind mit filigranem Goldschmuck verziert. Drei Gesichtsmasken aus Bronze waren einst Teil prächtiger Paraderüstungen. Dazu gehörte ein kunstvoller Hinterhaupthelm.

Kannen, Kessel, Schüsseln – auch sie bestechen zum Teil durch edelste Verarbeitung. Sakrale Gefäße lagen bunt zusammengewürfelt neben profanem Geschirr, wie in aller Eile zusammengerafft. Ein originelles Stück ist der raffiniert konstruierte eiserne Klappstuhl, der sich – im Gegensatz zu heutigen Modellen – auch noch einmal in der Breite zusammenklappen und halbieren läßt. Eine solch ausgeklügelte Konstruktion muß für einen hochrangigen Kunden geschaffen worden sein.

Zigtausende Besucher bewunderten seit 1983 all diese Kostbarkeiten im Museum. Aber viele von ihnen gaben sich damit nicht zufrieden. Nachdem sich der Schatzfund herumgesprochen hatte, sind die Schaulustigen gleich in ganzen Busladungen durch den Garten des Entdeckers getrampelt, der sich daraufhin ob seines Neunhunderttausendmarkanteils am Schatz gar nicht mehr so recht freuen mochte. Die andere Hälfte des Erlöses hatten sich übrigens seine Frau und ihr Bruder als Eigentümer des Grundstückes geteilt.

Damit hatten alle drei besonderes Glück, denn Bayern ist ein »schatzgräberfreundliches« Bundesland. Hier gilt im Fall des Falles der Paragraph 984 des Bürgerlichen Gesetzbuches, der eindeutig besagt:

»Wird eine Sache, die so lange verborgen gelegen hat, daß der Eigentümer nicht mehr zu ermitteln ist (Schatz), entdeckt und infolge der Entdeckung in Besitz genommen, so wird das Eigentum zur Hälfte von dem Entdecker, zur Hälfte von dem Eigentümer der Sache erworben, in welcher der Schatz verborgen war.« Dies sollte normalerweise keine Zweifel aufkommen lassen, hat aber in der Praxis seine Tücken. Was auch ein Baggerfahrer in Lübeck, der dort im Juni 1984 ein altes Haus abriß, zu seinem Leidwesen erfahren mußte: Er legte nämlich den größten Münzschatz aller Zeiten frei: dreiundzwanzigtausend Gold- und Silbermünzen aus dem 14. und 15. Jahrhundert, deren Schätzwert bei siebenhundertsechzigtausend Mark lag. Als ehrlicher Mensch informierte er seine Firma und freute sich auf die Hälfte des Schatzes, die ihm normalerweise zustand. Diese Rechnung hatte er allerdings ohne die Juristen gemacht. Nicht nur das Land Schleswig-Holstein als Eigentümer des Grundstücks, sondern auch das Abbruchunternehmen meldeten nun plötzlich Ansprüche an: das Land, weil es als Auftraggeber den Abriß veranlaßt hatte, und die Firma, weil der Baggerführer in einem sozialen Abhängigkeits-

196

verhältnis zu ihr gestanden habe und, wie eine Platzanweiserin im Kino, die zwischen dessen Sitzreihen einen wertvollen Ring findet, zur Ablieferung des Fundes verpflichtet sei. Die Sache ging bis vor den Bundesgerichtshof in Karlsruhe. Fast vier Jahre dauerte es, ehe der Baggerführer sein Recht und die Hälfte des Schatzes zugesprochen bekam: die erhofften dreihundertachtzigtausend Mark.

Es hätte schlimmer kommen können – etwa so schlimm wie im Fall des dreißigjährigen Heimwerkers in Driesen bei Kaiserslautern. Dieser renovierte ein altes Häuschen, das schon eine wechselvolle Geschichte hinter sich hatte. Als er 1991 im Keller neue Elektroleitungen verlegen wollte, entdeckte er in der Wand plötzlich farbige Scherben. Vorsichtig kratzte er den Putz weg und legte einen Tonkrug frei, der bis zum Rand mit Silbermünzen gefüllt war. Beim Weitergraben stieß er auf ein zweites Gefäß voller Silber und gleich daneben noch auf einen kleinen Topf mit hundertzweiundfünfzig Goldmünzen. Nachdem er sich von dem freudigen Schock erholt hatte, dämmerte ihm die Erkenntnis: Nun bist du reich! Zur wissenschaftlichen Auswertung überließ er den Schatz jedoch zunächst dem Landesamt für Denkmalpflege. Reine Formsache, dachte er. Doch dann platzte der Traum vom Reichtum wie eine Seifenblase: Das Amt lehnte die Herausgabe des Schatzes kategorisch ab. Als der Finder sich darüber beim Mainzer Kultusministerium beschwerte, kam die nächste kalte Dusche. Lediglich fünfzigtausend Mark Fundprämie wollte man ihm dort zusprechen – ein Taschengeld, gemessen am realen Wert des Schatzes. Den hatten Experten inzwischen auf anderthalb Millionen Mark veranschlagt.

Was war passiert? Dem Hausbesitzer war der unverhoffte Reichtum im falschen Bundesland in den Schoß gefallen. 1986 hatte Rheinland-Pfalz sein Denkmalschutz- und Pflegegesetz geändert und den Paragraphen 19a neu eingefügt, der da lautet, sehr im Gegensatz zu besagtem Paragraph 984 BGB: »Funde, die herrenlos sind oder die so lange verborgen waren, daß ihr Eigentümer nicht mehr zu ermitteln ist, werden mit der Entdeckung Eigentum des Landes, wenn sie von besonderem wissenschaftlichen Wert sind...«

Damit kann sich das Land praktisch jeden Fund aneignen, den einer seiner Wissenschaftler für wertvoll hält. Diese Regelung heißt »Schatzregal« und ist ein sehr altes Recht, viel älter als das Bürgerliche Gesetzbuch. Es stammt aus der Zeit, da die deutschen Landesfürsten noch hofften, ihre maroden Staatsfinanzen durch märchenhafte Schatzfunde ihrer Untertanen aufbessern zu können. Vielleicht hängt es mit der inzwischen chronischen Finanznot der Bundesländer zusammen, daß einige von ihnen das alte Recht jetzt wieder hervorkramen. Neben Rheinland-Pfalz haben Baden-Württemberg, Bremen und Niedersachsen das »Schatzregal« wiedereingeführt. In den neuen Bundesländern sind gleichartige Regelungen gegenwärtig in Vorbereitung.

Der Schatzfinder in der Pfalz, der inzwischen Klage eingereicht hat, wird wohl kaum Chancen haben, den Prozeß zu gewinnen. Denkmalschutz und Archäologie obliegen wie alle Kulturangelegenheiten der Gesetzeskompetenz der Länder – womit man mit der ungewöhnlichen Situation konfrontiert wird, daß Landesrecht de facto über Bundesrecht geht. Dies hat das Bundesverfassungsgericht durch Beschluß vom 18. Mai 1988 bestätigt.

Seit Einführung des Schatzregals streiten die Experten, ob eine solch strenge Regelung sinnvoll ist. In den Ländern, die sie eingeführt haben, gibt man sich optimistisch: Die Funde, die heute für eine geringe Anerkennungsprämie in den Besitz der öffentlichen Hand übergehen, hätte man früher für viel Geld ankaufen müssen. Weil die benötigte Summe meist nicht aufzubringen war, seien die Schätze privat verkauft und zerstreut worden – zum Nachteil der Forschung. Außerdem seien die Fundanzeigen seit Einführung des Schatzregals nicht weniger geworden. Ob diese Behauptung angesichts der verschwindend geringen Fallzahlen zutrifft, darf bezweifelt werden.

Inzwischen stellt man schon eine Art »Schatztourismus« fest: Fundstücke, die ihrem Charakter und Aussehen nach nur aus einer bestimmten Region eines Bundeslandes mit Schatzregal stammen können, wandern über die Landesgrenze und werden dort unverblümt den liberaleren Denkmalbehörden zum Kauf angeboten.

Pragmatiker sehen darum auch keinen Sinn in der Regelung. Sie wissen: Wo einmal ein Schatz gegen geringe Entschädigung beschlagnahmt wurde, wird nie wieder ein zweiter gemeldet. So sieht es auch der Konservator des Römermuseums in Weißenburg:

»Seit sich die Sache mit unserem Schatz im Spargelfeld herumgesprochen hat, vertrauen uns die Leute wieder und zeigen uns ihre Funde.«

Sollten also die Tempeldiener in jener Herbstnacht des Jahres 233 noch weitere Wertsachen vergraben haben, bleibt somit die Hoffnung, daß sie für die Wissenschaft und für ein breites Publikum erhalten werden können.

Immer vorausgesetzt, daß es jemandem gelingt, den Schatz auch zu heben!

Uwe Ziegler

Der Kampf um die Eresburg

28. Oktober 1991 – erster Drehtag: ein frostkalter Morgen, strahlende Herbst-sonne. Wir stehen mit unserer Kamera bei Essentho, einem Stadtteil von Marsberg im Hochsauerland, und wollen die Bergkuppe ins Bild setzen, auf der einst die Eresburg stand, jene Eresburg, von der Karl der Große mehrfach auszog, die Sachsen das Fürchten – und das Christentum – zu lehren. Sechsmal weilte der Frankenkönig hier oben, so häufig wie sonst an keinem Ort östlich des Rheins! Also ein wichtiger Punkt in seinem Leben. Von der Burg selbst ist nichts erhalten. Nahebei steht die ehemalige Stiftskirche Sankt Peter und Paul, mächtig und mit einem spitzen Turm gekrönt, sie wollen wir filmen.

Doch heute zeigt sie sich – in vier Kilometern Luftlinie – nur schemenhaft am Horizont. Nach einer Dreiviertelstunde im eiskalten Wind geben wir auf: Der klare Blick will sich einfach nicht einstellen. Ein Trost bleibt: der Blick auf die typischen sauerländischen Kuh- und Schafweiden, mit ihren Knicks, Holzpfosten, Stachel-drähten, schmalen Wegen; wichtige Naturreservate – heute fest im Griff des Rauhreifs. Schöne Bilder!

Ein weiterer Trost: Selbst bei diesem Wetter wird die – im wahrsten Sinne des Wortes – überragende topographische Situation dieser Bergkuppe deutlich. Wenn denn schon wir so beeindruckt sind, wieviel mehr waren es dann die Menschen der Karolingerzeit? Wo wir heute mit dem Auto bequem dahinrollen, nur gelegentlich einen Blick auf den Berg, auf die Kirche erhaschen können, zogen sie einst mühselig zu Fuß, zu Pferd, auf dem Ochsenkarren dahin – durch eine weitgehend siedlungs-freie Waldlandschaft, auf meist unbefestigten Wegen. Sie hatten die Eresburg, später die Kirche stundenlang vor Augen. Welch ein Symbol für den Sieg der Franken über die Sachsen, welch ein Symbol für den Triumph der christlichen Kirche über die heidnischen Götter in einer symbolversessenen Zeit!

Doch diese Siege wollten erst errungen werden. Viel Not, Leid, Tod und Verwü-stung standen Franken wie Sachsen noch bevor; über dreißig Jahre stritten sie miteinander. Die Geschichte der Sachsenkriege zu erkunden, sind wir nach Mars-berg gekommen.

Das Jahr 772: Soeben hatte König Karl, nach dem Tod seines Bruders Karlmann am 4. Dezember 771, staatsstreichartig die Macht im gesamten Frankenreich an sich gerissen. Hatte dazuhin seine ungeliebte, von der Mutter aufgezwungene Gattin Desiderata – ohne Dank – an den langobardischen Königshof ihres Vaters Desiderius in Pavia zurückgeschickt. Hatte schließlich noch – entschieden gegen den Zeitgeist – ein dreizehnjähriges Mädchen aus Schwaben, Hildegard mit Namen, geehelicht. Dies alles geschah nicht nur mit Zustimmung der fränkischen Großen, die den jungen Königssohn durchaus mißtrauisch beäugten. Würde er ihnen ihre Freiheiten belassen oder ihre Güter, ihre Rechte einschränken?

Für Karl stand rasch fest: Nur ein außenpolitischer, ein militärischer Erfolg konnte seine Machtstellung im Innern seines Reiches festigen. Was lag da näher als ein Zug gegen die Sachsen? Viele Jahrzehnte schon dauerten die Grenzscharmützel zwischen beiden Völkern – allerdings unter sehr verschiedenen Voraussetzungen: Die Sachsen verteidigten sich und ihre Freiheit, die Franken griffen an und strebten nach Anerkennung ihrer Oberhoheit.

Das wenige, das wir über erstere wissen, stammt aus fränkischen Geschichtsquellen – also aus der Sicht der Angreifer – oder aus späteren Quellen. Die Sachsen bewohnten das Gebiet zwischen Rhein und Elbe, zwischen Eider und Eggegebirge, gliederten sich in die vier Stämme der Westfalen, der Ostfalen, der Engern und der Nordalbingier. Jeder Stamm wurde von einem Herzog geführt, der seine individuelle Politik betrieb. Ihre Unfähigkeit (oder ihr Unwille?) zu gemeinsamen Aktionen, zu einer gemeinsamen Staatlichkeit machte es den Angreifern aus dem Süden leicht.

Aus – zunächst – innenpolitischen Gründen plant König Karl also einen Kriegszug nach Nordosten. Wer in jenen fernen Jahren über ein Gebiet herrschen wollte, mußte seine Burgen besitzen. Und die Eresburg, zu diesem Zeitpunkt in der Hand der Sachsen und gut ausgebaut, stand unmittelbar an jener schon uralten Stammesgrenze zwischen Franken und Sachsen, die noch heute die Grenze zwischen den Bundesländern Hessen und Nordrhein-Westfalen mitbestimmt: ein unbestreitbar strategisch wichtiger Punkt für den erfolgsbedürftigen Frankenkönig Karl.

So zog er denn von Worms her im Frühsommer 772 nach Norden, eroberte im Handumdrehen die Eresburg, zerstörte alsdann die Irminsul, das Stammesheiligtum der Sachsen (deren genaue Lage noch immer unbekannt ist), erreichte die Weser, wo ihm die Sachsen Frieden, Tribut und Geiseln anboten. Diese steckte Karl übrigens sofort in Klöster, um sie später als christliche Missionare in ihre frühere Heimat zurückschicken zu können.

Dieser erste Sachsenzug Karls des Großen unterschied sich in nichts von den beiden seines Vaters Pippin – in fast nichts: Denn die Zerstörung der Irminsul setzte ein neues Zeichen. Karl wollte die sächsischen Stämme ihres geistigen und geistlichen Zentrums berauben. Über die Irminsul schweigen die fränkischen Quellen, und sächsische Quellen, die uns vielleicht genauer hätten informieren können, gab es zu dieser Zeit noch nicht.

Die Irminsul soll ein mächtig aufragender Stamm gewesen sein oder eine säulenartige Nachbildung der Weltesche Yggdrasil, die nach germanischer Überzeugung das Himmelsgewölbe trug. Sie soll in einem heiligen Hain gestanden haben, umgeben von Bauten für die Priesterschaft, ihre Sakralgeräte und für die Weihegeschenke germanischer Wallfahrer. Die Irminsul zu zerstören, und dies ungestraft, hatte – wieder einmal – Symbolcharakter. Das berühmte Vorbild hierzu war Karl und seinen Truppen wohl bekannt: Der irische Missionar Bonifatius fällte der Legende zufolge 721 die Donarseiche bei Geismar, ohne Schaden an Leib und Seele zu nehmen – sein Gott, so die Botschaft, war offensichtlich mächtiger als »die heidnischen Götter«. Noch heute pilgern gläubige Christen hierher.

Die Botschaft König Karls bei der Zerstörung der Irminsul lautete also: Mein Gott ist mächtiger als alle eure Götter zusammen. Und: Ich will euch Sachsen mir unterwerfen. Angenehmes Beiwerk für die fränkischen Soldaten: Es gab reiche Beute! Die Sachsen vernahmen sehr wohl beide Botschaften des Frankenkönigs. Sie wehrten sich daher dreizehn Jahre lang unter Führung ihres Herzogs Widukind gegen fränkische Eroberung und Christentum. Doch dann waren er und seine Mannen des ständigen Partisanenkrieges wohl überdrüssig, jedenfalls ließ sich der Herzog mit einigen Gefolgsleuten Weihnachten 785 in der Pfalz Attigny taufen, mit König Karl als Taufpaten. Gewiß noch kein endgültiger Frieden, aber immerhin ein erster Schritt in seine Richtung; die Sachsen scharmützelten noch einige Zeit, bis sie 804 endgültig aufgaben. Das fränkische Reich erstreckte sich nun nach langem, schwerem Krieg bis an die Elbe.

Und wie so oft in der Geschichte, wenn ein zäher Widerstand zusammenbricht: Seine einstmaligen Protagonisten wandeln sich alsbald zu treuen Anhängern des neuen Systems. So war der erste Bischof des 805 gegründeten Bistums Paderborn ein Sachse, Hathamar mit Namen, eine der Geiseln, die König Karl klösterlicher Umerziehung überantwortet hatte. Gewiß, auch eine politisch motivierte Ernennung, doch über die Fähigkeit zur Ausübung des Bischofsamts mußte Hathamar schon verfügt haben – schließlich gab es genug fränkische Konkurrenten.

Und die – weitere versöhnliche – Pointe der Geschichte vom Herzog Widukind: Sein Urururenkel ging als Otto der Große in die Reichsgeschichte ein, verknüpfte bewußt karolingische und sächsische Traditionen, schuf damit die Grundlagen für ein erneutes Aufblühen des römisch-deutschen Kaisertums im 10. Jahrhundert.

Doch wieder zurück zu Irminsul und Eresburg, denn noch sind die Sachsenkriege nicht ausgestanden. Der Jungpolitiker Karl, gerade dreißig Jahre alt, seit 768 König des einen fränkischen Teilreichs, seit einem halben Jahr König des gesamten Frankenreichs, setzte mit seinem ersten Sachsenzug 772 deutliche Zeichen für die

karolus impaͤt

magnus
Annus·14·

Linke Seite: Karl der Große im Krönungsornat. Gemälde von Albrecht Dürer (1512).

Oben: Karl der Große als Kirchenbauherr. Miniatur aus »Grandes Chronique de France« von Jehan Foucquet (1472).

Unten: Der Kampf um die Eresburg und die Zerstörung der Irminsul 772. Federlithographie (um 1865).

Zukunft – auch für die fränkischen Großen. Doch welchem Politiker wird schon allgemeine Anerkennung zuteil? Man beugt sich seinem Willen, um ihm bei allernächster Gelegenheit in den Rücken zu fallen. So ähnlich jedenfalls ging es Karl dem Großen.

Kaum nämlich von seinem ersten Kriegszug gegen die Sachsen in die Pfalz Diedenhofen an der Mosel eingekehrt, erreicht ihn ein Hilferuf des Papstes Hadrian I. aus der Heiligen Stadt: Desiderius, der einstige Schwiegervater des Königs, drohte mit seinen Truppen nach Rom zu ziehen, den Papst unter seine Herrschaft zu zwingen und ihn zu einem italienischen Regionalbischof zu degradieren. Im europäischen Mächtequadrat dieser Zeit – Frankenreich, oströmisches Reich in Byzanz, langobardisches Reich in Oberitalien und päpstlich-römischer Allmachtsanspruch – war über die Vorherrschaft längst noch nicht endgültig entschieden. Der Papst also bittet den Frankenkönig um Beistand! Welche Entscheidungssituation, welcher Scheideweg europäischer Geschichte! Schon im 8. Jahrhundert hätte die Geburtsstunde Italiens schlagen können – auf die das Land dann doch noch zwölfhundert Jahre warten mußte. Der Papst in Rom wäre nur einer von zahllosen Bischöfen der Christenheit gewesen, ohne besondere Vorrechte!

Karl entschied sich rasch für den Marsch über die Alpen, den zweiten eines fränkischen Herrschers überhaupt. Die Eingliederung Sachsens mußte halt noch warten. In Italien lockte noch reichere Beute: das Langobardenreich. Der Hilferuf des Papstes kam ihm zur rechten Zeit. Ein rascher Erfolg war dem Franken jedoch nicht beschieden. Erst mußte er – mühselig genug – den großen Block des fränkischen Adels auf der Reichsversammlung in Genf für seine Idee gewinnen, der auf die traditionell guten Beziehungen zu den Langobarden setzte. Dann bereitete die Überquerung der Alpen – man ging in zwei Kolonnen über den Mont Cenis und den Großen Sankt Bernhard – einige Schwierigkeiten; schließlich wollte sich Pavia, die Hauptstadt des Langobardenreichs, neun Monate lang nicht ergeben. Bis zum Juni 774 sollte es dauern, bevor sich Karl endlich die eiserne Krone der Langobarden selbst auf sein Haupt setzen konnte.

Zwei Jahre lang hielt ihn das italienische Abenteuer von den Sachsen ab, als »Rex Francorum et Langobardorum« kehrte er zurück. Inzwischen hatten seine Gegner die Eresburg wieder zurückerobert, ja sogar zerstört. Vielleicht mit der gleichen List wie andernorts: Beim Heuholen für die Pferde hatten sich nämlich in der Dämmerung einige Sachsen unter den fränkischen Trupp gemischt und in der Nacht die Besatzung niedergemacht. Man kannte ja zur Unterscheidung von Freund und Feind noch keine Wappen, keine Uniformen, keine Orden. Und die Bewaffnung von Franken und Sachsen soll identisch gewesen sein: Speer, Bogen, großes und kleines Schwert. Zorn wird die Stirn Karls umwölkt haben, als er von der peinlichen Niederlage seiner Truppen vernahm. Ging denn nicht der Nimbus ihrer Unbesiegbarkeit verloren? War es denn um die Moral seiner Truppen so schlecht bestellt, daß sie auf solch einfache Finten hereinfielen?

204

Den zweiten Sachsenzug begann Karl 775 über den Hellweg, jene uralte Verbindung zwischen Rhein und Weser, zwischen Duisburg und Minden, die vor ihm schon die Römer als Aufmarschstraße gegen die Germanen genutzt hatten. Zwar stellte sich ihm mit der Sigiburg, der heutigen Hohensyburg, am Zusammenfluß von Lenne und Ruhr eine gewaltige sächsische Festung entgegen. Doch die überwand er mit einem Zangenangriff über die Hochfläche und die steilen Flanken. Vielleicht war auch die Eresburg drei Jahre zuvor schon auf ähnliche Art gefallen? Karl erreichte 775 wieder einmal die Weser, bekam wieder einmal sächsische Geiseln gestellt, ordnete den Wiederaufbau der Eresburg an.

Zur Versorgung der starken fränkischen Besatzung auf der Hohensyburg requirierte er einfach die Gutshöfe der Umgebung. Und in Abständen von Tagesmärschen legte er bis Paderborn eine Kette von Stützpunkten an, die den vorrückenden Truppen als Nachschubbasen dienen sollten. Diese Etappenorganisation war eine militärstrategische Neuheit. Denn bis dahin mußten die fränkischen Freien – Bauern und Adlige – bei Kriegszügen Pferd, Kampfausrüstung und Nahrung für ein halbes Jahr mit sich führen. Zwar weiß man nichts über die Größe karolingischer Heerscharen – die Rechnungen neuerer Zeit schwanken zwischen fünf- und hunderttausend Mann –, ein großer Troß kam alleweil zustande und hinderte am raschen Vormarsch. Und auch das schwere Kriegsgerät, Sturmleitern, Steinschleudern und Schanzzeug, konnte und wollte man nicht ständig hinter sich herschleppen.

Karl schuf so eine Kette befestigter Plätze mitten in feindlichem Gebiet. Die Franken kamen aber nicht nur als Soldaten in das Sachsenland, sondern auch als Siedler: Wehrbauern nannte man das andernorts. Und jene brachten das Christentum mit sich. Militärische Besetzung, Ansiedlung eigener Untertanen, neue Religion: Es fehlte nur noch die Umsiedlung der alten Bewohner. Doch auch diese Maßnahme sollte nicht lange auf sich warten lassen.

Im Frühjahr 776 begann er seinen dritten Sachsenzug, von Worms her kommend – und schon wieder hatte er neue Pläne im Kopf. Die Belagerung der Sigiburg durch die Sachsen sollte dabei nur eine lästige Randerscheinung bleiben. In dem nun mehr oder weniger unterworfenen Teil Sachsens mußte neben Truppen, Wehrbauern und christlichen Kapellen ein Symbol her für die fränkische Staatlichkeit. Der Ort: Paderborn; das Mittel: eine Pfalz, der zeitweilige Regierungssitz des Königs. Denn noch bestanden keine festen Residenzen, der fränkische König zog von Pfalz zu Pfalz, mitsamt Hofstaat und Familie. Wenn dann die Speisekammern leer gefuttert waren, wechselte man über ins nächste vorläufige Domizil. Es sei denn, Karl war wieder einmal – und das war während seiner Regierungszeit nahezu jedes Jahr der Fall – auf einem Kriegszug: meist von Frühjahr bis Herbst, nur ganz ausnahmsweise auch im Winter.

Also war auch eine Pfalz mitten im Sachsenland vonnöten. Die archäologischen

Thron Karls des Großen im Dom zu Aachen.

Forschungen in den sechziger Jahren erbrachten Reste eines dreißig mal zehn Meter großen saalartigen Gebäudes, einer Kirche sowie mehrerer Gebäudetrakte aus karolingischer Zeit, die sich um einen Hof gruppierten. Die Sachsen nahmen auch diese Herausforderung des fränkischen Königs an, zerstörten die Pfalz mehrfach, doch Karl ließ sie ebensooft wieder erneuern. Paderborn blieb bis in die späte Karolingerzeit ein hochbedeutender Ort. Hier fand dann 799 die für die gesamte europäische Geschichte so bedeutende Begegnung zwischen Papst Leo III. und dem König der Franken statt, die Karl im Dezember 800 die römische Kaiserkrone einbrachte.

Und wie konnte man diese neue Pfalz, diesen Königssitz im Sachsenland, dem eigenen Volk wie auch den Sachsen besser vor Augen führen als durch eine Reichsversammlung? Aus allen Richtungen des Riesenreiches strömten sie schon 777 herbei: von der Atlantikküste, aus Oberitalien, aus Burgund. Bischöfe, Äbte, Grafen und dergleichen würdige Herren dieser Zeit. Ein Triumph für König Karl: mitten im Feindesland die Großen des Reiches um sich geschart!

Eine prachtvolle Veranstaltung dürfte es gewesen sein. Sogar mit einem Hauch Exotik: Aus Spanien nämlich kamen auch zwei Moslems angereist, die ob ihrer fremdartigen Kleidung allenthalben bestaunt wurden. Sie flüsterten ihm, dem unbesiegbaren König der Franken, die Aussicht auf noch viel größere Macht, auf noch viel größere Beute ins Ohr: die von den Arabern seit 711 besetzte iberische Halbinsel. Die Menschen dort seien der Fremdherrschaft müde, wollten endlich in ein christliches Reich. Willig, nur zu willig horchte Karl auf die Versucher; sein Entschluß stand rasch fest: 778 zieht ein fränkisches Heer nach Spanien. Des Königs Bereitschaft rührte vielleicht auch daher, daß man im Frankenreich wohl nur wenig über den Islam, über das Kalifenreich in Bagdad, das arabische Emirat auf der Pyrenäenhalbinsel wußte. Merkwürdig genug – denn in nicht einmal hundertfünfzig Jahren hatten die Araber von Medina und Mekka aus ein Imperium geschaffen, das sich von Spanien bis an den Indus erstreckte, das die Größe des fränkischen Reiches um ein Vielfaches übertraf, das seit 750 mit Bagdad über ein kulturelles und geistliches Zentrum verfügte, mit dem sich keine europäische Stadt auch nur annähernd messen konnte. Und doch ein blinder Fleck im Bewußtsein der Franken, der Christenheit.

Wie auch immer: Karl ließ sich überreden und startete ein Unternehmen, das ihm die größte und bitterste Niederlage seiner ganzen Regierungszeit einbringen sollte. Denn die spanischen Christen freuten sich mitnichten auf die fränkischen Glaubensgenossen, verweigerten nicht nur dem König jegliche Unterstützung, sondern legten dem Heer alle nur möglichen Schwierigkeiten in den Weg. Ihnen ging es nämlich unter der arabisch-islamischen Herrschaft entschieden besser, als sie es sich auch nur im entferntesten von den Franken erhoffen durften. Kein Staat zuvor und lange danach ging so tolerant mit seinen Bürgern um, auch mit denen, die einem anderen Glauben anhingen. Niemand wurde seiner Religion wegen verfolgt. Und: Die Handelsbeziehungen mit dem reichen Kalifat schätzten die Spanier als entschieden ertragreicher ein als die mit den armen nördlichen Nachbarn.

Ohne sichtbaren Erfolg mußte König Karl zurückkehren. Damit nicht genug: Er verlor auf dem Heimweg über die Pyrenäen die gesamte Nachhut unter seinem Paladin Roland. Die fränkischen Quellen gehen auf das spanische Debakel nur ganz kurz ein. Bald schon sollte, wohl von der Hofkanzlei ausgehend, eine Umdeutung der Ereignisse stattfinden: Nicht wie in Wahrheit die Basken, sondern ein zehnfach überlegenes sarazenisches Heer soll Karls Truppen die Niederlage beigebracht haben. Das war dann der Stoff, mit dem man dreihundert Jahre später die Kreuzzugbewegung ideologisch untermauerte, das war auch der Stoff für das berühmte Rolandslied.

Karl wird es kaum getröstet haben, daß ihm derweil seine Hildegard Zwillinge geboren hatte, deren einer später sein Nachfolger werden sollte: Ludwig, mit dem Beinamen »der Fromme«. Das Osterfest 779 verbrachte er mit seiner Familie auf der Eresburg. Ein angenehmer Aufenthalt wird es nicht gewesen sein, weniger angenehm jedenfalls als beispielsweise in den Pfalzen Worms oder Diedenhofen oder Herstal westlich von Aachen. Kalt war es hier oben, ein ständiger Wind fuhr durch Kleider und Hausritzen. Und dann nichts als düstere Wälder, zwar inzwischen ohne Sachsen, aber dennoch unwirtlich genug.

Von hier aus bereitete Karl seinen inzwischen vierten Sachsenzug vor – wieder einmal mit einer neuen Militärstrategie. Herzog Widukind und seine Mannen hatten nämlich ihr Partisanenhandwerk inzwischen gründlich gelernt; offenen Feldschlachten ging man systematisch aus dem Weg. Denn da waren die Sachsen den fränkischen Reitern, der Elitetruppe Karls, der »Scara«-Garde, stets unterlegen. Schnelle, überraschende Vorstöße waren nun sein taktisches Konzept: Vorstöße gegen einzelne Burgen, gegen kleinere Trupps, gegen Wehrbauern. Karl antwortete, wie alle ohnmächtigen Feldherren bis in die jüngste Zeit, mit Zerstörung. Wo auch nur eine sächsische Siedlung in die Hände seiner Truppen fiel, sie wurde vernichtet. Doch den Widerstand der Sachsen konnte er damit nicht brechen. Herzog Widukind entzog sich immer wieder, schlug beständig zurück. Das ist der Stoff, aus dem Helden gemacht werden: Nicht der anscheinend übermächtige Truppenchef, sondern sein Gegner, der Partisan, gewinnt die Lorbeeren, aus denen Dichter und Sänger Kränze flechten. Eine sehr viel spätere Zeit wird aus Widukind ideologisches Kapital zu schlagen versuchen, den Kampf zwischen Karl und Widukind, zwischen Franken und Sachsen umdeuten in einen Kampf zwischen Romanen und Germanen, in einen Kampf der Unterdrücker gegen die Freien.

So vergeblich Karl 779 die Sachsen bekriegte, so erfolglos erwiesen sich seine Bemühungen auch 780: sein schon fünfter Versuch. Und immer noch kein Ende in Sicht! Er fand einfach nicht den Schlüssel zum endgültigen Sieg, seine Truppen verloren ihre Moral, und die Missionserfolge ließen durchaus zu wünschen übrig.

208

Immer wieder kam es in dieser Zeit zu Massentaufen der Sachsen, aber sie waren vielleicht noch nicht von dauerhafter Wirkung. Denn die Kirche, die sich dieser neuen Schäfchen hätte annehmen sollen, sie versagte – es mangelte wohl an mutigen Priestern, die sich auf die gefährlichen Außenposten versetzen ließen.

Sei es, weil sich Karl wieder einmal eine Ruhepause gönnen wollte, sei es, weil familiäre Angelegenheiten zu klären waren, sei es, weil seine Stellvertreter, die Gaugrafen, im Langobardenreich ein zu harsches Regiment führten: Karl jedenfalls zog 781 – diesmal mit seiner Familie – ein zweites Mal über Pavia nach Rom. Vielleicht hoffte er auch nur, im Zentrum der westlichen Christenheit besonders himmlischen Beistand erflehen zu können. In der Tat: Seine zweite Romreise verlief in jeder Hinsicht zufriedenstellend. Die langobardischen Angelegenheiten klärte er in eigener Zuständigkeit, Papst Hadrian anerkannte Hildegard als sein rechtmäßig angetrautes Eheweib (damit auch ihre gemeinsamen Kinder legitimierend). Und seine Gebete? Nun ja, Gottes Mühlen mahlen bekanntlich langsam, drei Jahre sollte es noch dauern, bis sich in Sachsen der große Umschwung einstellte. Aber die Wende ließ sich nicht mehr aufhalten: Auf Gottes Mühlen ist Verlaß.

Zuvor, das war im nächsten Jahr 782, zogen Karl und seine Truppen wieder einmal, zum sechstenmal, in das Sachsenland. Zwei seiner Heerführer ließen sich auf nachgerade tölpelhafte Weise in einen Hinterhalt des Herzogs Widukind locken, verloren dabei ihr und ihrer Truppen Leben. Zornesröte überzog des Königs Gesicht, und seine Rache geriet fürchterlich: Er ließ in Verden viereinhalbtausend sächsische Häuptlinge und Bauern zusammentreiben und erschlagen (1935 ließen hier die germanophilen Führer des Dritten Reichs zur Erinnerung ebenso viele Findlinge aus allen Orten Niedersachsens aufstellen). Ähnliches war schon 746 in Cannstatt, dem heutigen Stadtteil von Stuttgart, mit alemannischen Großen geschehen. Doch hier war es »nur« ein Zehntel gewesen, die dem Wüten seines Onkels Karlmann zum Opfer fielen.

Das »Blutbad von Verden« hinterließ seine Spuren, nicht nur in den Köpfen der Sachsen und jenen der fränkischen Chronisten, sondern auch in den Köpfen späterer Historiker. Die nämlich erst erfanden die Boulevardzeitungsüberschrift. Sonst so kritisch die Quellen abwägend, würdigend, in Frage stellend: Die Zahl der Getöteten, der Hingerichteten, wird – ohne jeglichen Grund – unkritisch, ungeprüft übernommen. Dabei wissen sie, diese Historiker, doch nur zu genau, daß die fränkischen Annalisten ein heute völlig ungewohntes Verhältnis zu Zahlen hatten – sei es, weil sie es nicht besser wußten (wenig wahrscheinlich), sei es, weil sie durch die schiere Größe der Zahlen die Größe und Bedeutung des beschriebenen Ereignisses noch überhöhen wollten (sehr wahrscheinlich). Werden denn nicht auch wir heute noch von großen Zahlen beeindruckt? Und hängt nicht heute noch ein moralischer Makel an Karl dem Großen wegen des »Blutbades von Verden« – vor allem wegen der großen Zahl der Opfer? Welch eine Titelzeile! Welch ein Fernseh-

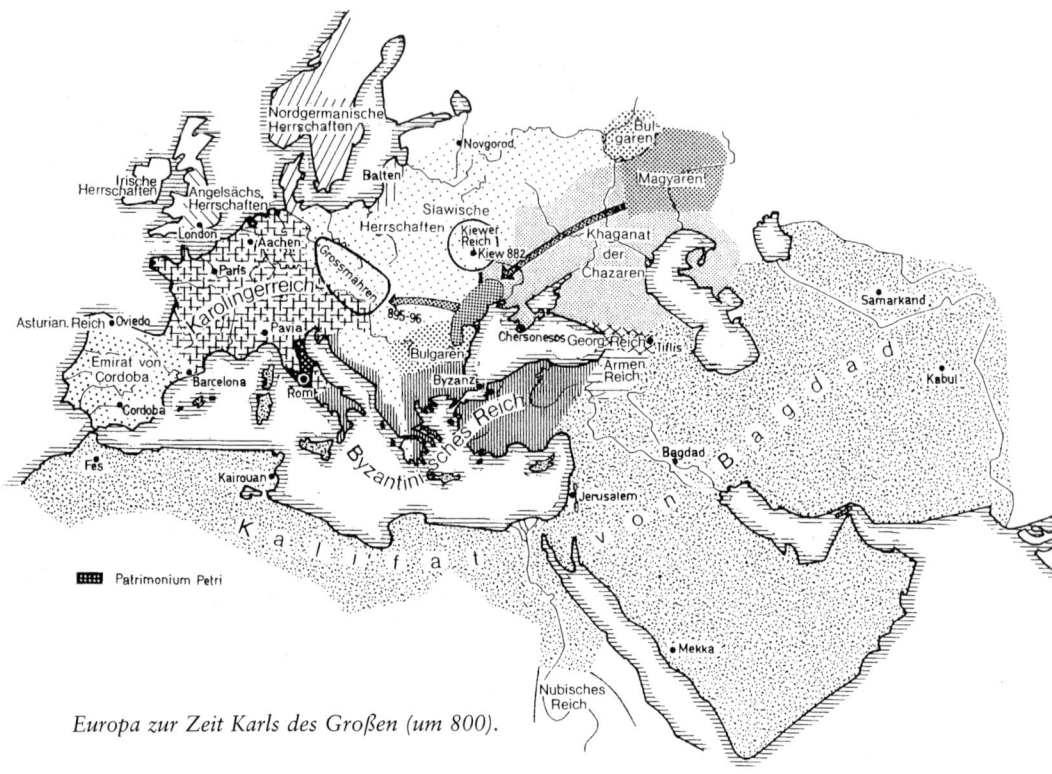

Europa zur Zeit Karls des Großen (um 800).

ereignis! Wenn's denn so gewesen wäre – Genaues wissen wir nicht. Rein praktisch: Es hätte schon einer ausgefeilten Organisation bedurft, so viele Opfer
zusammenzutreiben, so viele Henker zu finden. Und das alles in einem doch dünn
besiedelten Land, auf ungesicherten Wegen. Und die Sachsen hielten gewiß nicht
widerstandslos ihre Köpfe hin. Es darf zudem auch angezweifelt werden, daß
König Karl wirklich so viele Truppen zur Verfügung standen, um sie als Häscher
ausschicken zu können, und zugleich die fränkischen Stellungen zu sichern.

Doch zu welchem Ergebnis künftige Gelehrte auch kommen werden: Die Tatsache bleibt, daß Sachsen hingerichtet wurden und mit ihnen wenigstens ein Teil
ihrer Führungsschicht. Ein weiterer Makel – aus Sicht der Franken: Herzog
Widukind konnte sich wieder einmal den Häschern entziehen.

Im selben Jahr 782 begann König Karl, jetzt systematischer, fränkische Bauern
im Sachsenland anzusiedeln. Auch unterzeichnete er auf der Eresburg die »capitulatio de partibus saxoniae« mit ihren drakonischen Strafbestimmungen, vor allem
für Kirchenfrevler: Da wurde die Todesstrafe angedroht für Einbrecher, Diebe,
Brandstifter, die sich an Kircheneigentum vergriffen; die Todesstrafe auch für die
Verweigerung der Fastenzeit; die Todesstrafe für Mörder von Bischöfen, Priestern
oder Diakonen; Todesstrafe für den heidnischen Brauch der Totenverbrennung;
Todesstrafe schließlich auch für jene, die es an Treue zum König ermangeln ließen.
Der letzte Paragraph, ein Gummiparagraph par excellence, hätte Willkürakten der
fränkischen (und inzwischen teilweise auch sächsischen) Grafen, den Vertretern

210

Hochsauerland. Im Hintergrund die Stiftskirche St. Peter und Paul in Obermarsberg.

des Königs in ihrem Bezirk, Tür und Tor öffnen können. Berichtet wird darüber nichts. Von wem auch? Wären es doch aus Sicht der fränkischen Hofchronisten berechtigte Aktionen gewesen, und eine sächsische Geschichtsschreibung gab es noch immer nicht. Vielleicht kam es aber auch gar nicht zu solchen Ausschreitungen. Die Sachsen drückte eine andere Anordnung Karls viel mehr: Ab sofort mußten auch sie ihren »Zehnt« an die Kirche abliefern, also ein Zehntel der Ernte. Eine bedrückende Last, zumal man sich nicht, wie wir heute, durch Kirchenaustritt diesem Zwang entziehen konnte.

Auch in den Jahren 783 und 784 ist König Karl wieder in den Wäldern und Ebenen Westfalens, des südlichen Niedersachsen unterwegs. Am Süntel kam es 783 zur einzigen offenen Feldschlacht zwischen Franken und Sachsen – genauer: Es waren zwei Schlachten. Denn nach dem ersten Zusammentreffen – er hatte es verloren – mußte sich Karl mit seinen Truppen nach Paderborn zurückziehen, sie neu organisieren, sie neu motivieren. So gestärkt, zog er noch einmal aus, diesmal siegreich bleibend.

Noch zeichnete sich keine entscheidende Änderung im Kriegsgeschehen ab, doch – so scheint es jedenfalls – begann jetzt der fränkische Zugriff den Sachsen allmählich die Luft abzuschnüren. Auch die Geschichte vom krankheitsbedingten Rückzug Herzog Widukinds deutet in diese Richtung, real und im übertragenen Sinne.

Karl und Widukind scheinen offenbar dieses ewigen Ringens, dieses ewigen Mordens, dieses ewigen Unterwegsseins gleichermaßen überdrüssig geworden zu sein: Jedenfalls sandte Karl Boten zum sächsischen Herzog, um ihm Frieden, freies Geleit und Überleben anzubieten, wenn er sich denn taufen lasse. Und die fromme Legende berichtet: Widukind sei an den Platz zurückgekehrt, wo einst Karl und seine Truppen die Irminsul zerstört hatten. Hier nun habe er den Gott der Christen angerufen, ihm ein Zeichen zu geben. Sogleich habe sein Pferd mit den Hufen eine Quelle freigescharrt. Widukind sei diesem Omen und Karls Werbung gefolgt und habe sich unter die Fittiche der Kirche begeben.

Anders als spätere Könige oder Kaiser (wir erinnern an Kaiser Sigismund, der Jan Hus in Konstanz hatte verhaften und verbrennen lassen, trotz seiner Zusicherung des freien Rückzugs) hielt Karl seine Zusagen ein, stellte sogar – ein einmaliger Vorgang – als Sieger dem Besiegten die geforderten Geiseln. Weihnachten 785 trafen sich die bisherigen Kontrahenten erstmals persönlich in der Pfalz Attigny. König Karl übernahm, durchaus symbolhaft, die Aufgabe des Taufpaten für den Sachsenherzog, beschenkte ihn reichlich – vielleicht auch mit jener Taufschale aus grünlichem Jaspis, die heute noch in Enger aufbewahrt wird.

Eiligst nach Rom gesandte Boten verkündeten die frohe Botschaft, Papst Hadrian I. ließ sogleich feierliche Gebete sprechen, die Glocken der römischen Kirchen läuten. Der Sachsenstamm zum Christentum bekehrt: Das war schon ein paar zusätzliche Messen wert.

Wenn auch die Sachsen, die sich so hartnäckig gegen die fränkischen Eroberungsgelüste gewehrt hatten, nun ihres wichtigsten Führers beraubt waren – ihre völlige Unterwerfung sollte noch zwei Jahrzehnte auf sich warten lassen. Und König Karl ließ sich wieder einmal eine neue Strategie einfallen: Wie er schon begonnen hatte, fränkische Bauern systematisch nach Sachsen umzusiedeln, so wurden jetzt von dort ganze Ortschaften nach Franken verlagert. Ortsnamen zeugen heute noch von der bis dahin einmaligen Aktion: Sachsenhausen, der Stadtteil von Frankfurt am Main, gehört zu den bekanntesten Beispielen.

König Karl hatte das Osterfest 785 mitsamt Familie auf der Eresburg verbracht, längst natürlich informiert über Herzog Widukinds Sinneswandel. Vor seinem Ritt nach Attigny ordnete er rasch noch den Bau einer neuen Kirche auf diesem Hochplateau an. Die bisherige Holzkirche reichte wohl seinen Ansprüchen nicht mehr. Oder: aus Dankbarkeit über die Bekehrungswilligkeit des sächsischen Herzogs? Aus Freude über seinen – wie sich noch zeigen wird: vermeintlichen – Sieg, über den Sieg der Franken über die Sachsen, über den Sieg des Christentums? Oder aber, weil sich die Irminsul hier doch befunden hatte? Christliche Missionare pflegten in dieser Zeit gern neue Kirchen auf alten »heidnischen« Kultstätten zu errichten – so mancher Wallfahrtsort verdankt seine Entstehung diesem fränkischen Missionarstrick! Warum nicht auch König Karl?

212

Spekulation hin, Fakten her: Dr. Gabriele Isenberg und ihre Mitarbeiter vom Westfälischen Museum für Archäologie graben seit zwei Jahren in Sankt Peter und Paul, der ehemaligen Stiftskirche von Obermarsberg. Sie können wahrscheinlich König Karls Kirchenbau nachweisen, allein das ist schon bedeutungsvoll genug. Zwar fiel das Gotteshaus ein bißchen kleiner aus, als von der Forschung bisher vermutet wurde, aber es ist (fast) nachgewiesen. Wichtiger noch: Die Kirche war aus Stein gebaut – höchst ungewöhnlich für eine Zeit, in der Häuser, Kirchen sowie (wahrscheinlich auch) Befestigungs- und Wehrbauten aus Holz und Stroh errichtet wurden, zumindest in dieser Gegend des Reiches.

Von diesem ersten karolingischen Kirchenbau könnte nämlich eine außerordentlich sauber und sorgfältig bearbeitete Steinsetzung zeugen, die man in dieser Form und in dieser Zeit bislang nur aus Oberitalien kennt. Messerscharfe Schlußfolgerung – nicht mit Sicherheit, aber mit hoher Wahrscheinlichkeit: König Karl hatte »Gastarbeiter« in den kalten Norden beordert, auf die Eresburg, möglicherweise aus Oberitalien oder aus Westfranken. Denn hier, an der früheren Stammesgrenze zwischen Franken und Sachsen, an diesem topographisch herausragenden Punkt, sollte etwas ganz Besonderes entstehen.

Modernste Technik, modernste Architektur im Sachsenland, aus der Ferne importiert, hierher an den Platz, an dem sich Karl, während der Sachsenkriege, bisher am häufigsten aufgehalten hatte. Weder nach Paderborn noch auf die Hohensyburg, noch auf die anderen sächsischen Burgen holte er die fremden Maurer, sondern auf die Eresburg, mitten in die sauerländische Berglandschaft. Kein Zweifel: Ihm war dieser Platz besonders wichtig. Für die kleine Burgbesatzung oder die wenigen Bewohner des Königshofs Horhusen (heute Niedermarsberg) im Tal hätte es eines solch aufwendigen Gebäudes nicht bedurft; eine einfache Holzkirche hätte in diesem dünn besiedelten Gebiet sicherlich ausgereicht.

Über die Motive des Königs schweigen die Quellen natürlich. Da sich die Grenze des Frankenreichs längst in Richtung Elbe vorschob, verlor die Eresburg immer mehr ihre militärische Funktion. Zeitweilig, nämlich bis 785, mußte die Burg noch die Wohnbedürfnisse der königlichen Familie und des Hofstaats erfüllen. Was lag da näher, sie, als sie nicht mehr benötigt wurde, in ein kirchliches Zentrum für die Umgebung umzuwandeln?

Auch wenn die Sachsen in den folgenden neunzehn Jahren immer wieder gegen die Franken zogen, rebellierten, zerstörten: Die Taufe Widukinds blieb die auf Dauer entscheidende Zäsur bei ihrer Eingliederung in das Frankenreich. Mit dem Zug Karls, inzwischen römischer Kaiser, 804 nach Schleswig an der Schlei enden die Sachsenkriege. Zuvor schon, im Jahr 797, hatte er die drakonischen Strafbestimmungen aus dem Jahr 782 erheblich gemildert, das »capitulare saxonum« wandelte bisherige Todesstrafen in (hohe) Geldstrafen um. Dies entsprach schon eher germanischen Strafgewohnheiten. Auch wurden die Häuser von Rebellen nicht mehr einfach niedergebrannt; Karl ließ zudem eine beschränkte Selbstverwaltung zu, setzte vermehrt sächsische Adlige als Grafen ein. Bald schon gab es auch sächsische Kontingente in seinen Truppen – bis heute ein gutes Zeichen für das Zusammenwachsen von Völkern.

Widukind hatte sich nach seiner Taufe auf seine Besitzungen in Wildeshausen zurückgezogen; ein frommer Christ, den seine Landsleute später wie einen Heiligen verehrten. 807 soll er gestorben, in Sankt Dionys in Enger begraben worden sein. Jedenfalls meint man, das Skelett, das 1971 ausgegraben wurde, ihm zurechnen zu können: einhundertzweiundachtzig Zentimeter Größe, ein noch heute beachtliches Körpermaß, für die damalige Zeit um so mehr. Karl der Große brachte es auf einhundertzweiundneunzig Zentimeter – ein Riese; doch das war er nicht nur körperlich.

Die Sachsenkriege hatten ihn die meiste Zeit seines Lebens beschäftigt, keine Aufgabe nahm ihn danach je wieder so in Anspruch. Es läßt sich nicht ausschließen, daß die europäische Geschichte einen anderen Verlauf genommen hätte, wenn er sich nicht in diese eine Aufgabe dermaßen verbissen hätte.

Was gab es in diesem Riesenreich nicht alles zu organisieren, was hat er nicht alles angefaßt, was hat er nicht alles nicht zu Ende führen können! Er ließ die alten Stammesrechte aufzeichnen, sogar einzelsprachliche Literatur (die eine spätere Zeit vernichten sollte); er organisierte erstmals eine einheitliche Verwaltung, gab ihr Ordnung und Orientierung; er versuchte, die allgemeine Bildung mit einer Art Volksschule zu heben, sogar in höherem Alter selbst noch Lesen und Schreiben zu lernen; er gab sich und dem Reich mit seiner großartigen Pfalz, mit dem Dombau in Aachen ein neues weltliches und geistliches Zentrum; er ordnete die Kirchenprovinzen seines Reiches neu, gab damit der Kirche erstmals einen festen Rahmen. Die eigenen Höfe ließ er in Musterbetriebe umwandeln; er gab dem Handel neuen Aufschwung, reorganisierte das Münzwesen. Und so vieles mehr, was hier alles gar nicht aufgezählt werden kann. Doch – eines noch: 794 versuchte er mit einem Kanal Altmühl und Rezat, Rhein und Donau zu verbinden. Mangelnde technische Kenntnisse und der Wettergott verhinderten Großartiges: Während der Bauarbeiten regnete es derart heftig, daß die gerade ausgehobenen Kanalwände sofort wieder einstürzten. Erst in unserem Jahrhundert sollte diese gesamteuropäische Schiffahrtsstraße geplant und gebaut werden können.

Und das erledigte Karl alles, wir wollen es nicht vergessen, zwischen Sattel und Lagerfeuer, zwischen Pfalz und Feldlager, im Norden, im Süden, im Westen und im Osten, ständig unterwegs; Karl absolvierte auch heute noch unvorstellbare Reisen, führte nahezu jedes Jahr seines Lebens an irgendeiner Stelle seines Reichs einen Krieg. Er war mehrfach verheiratet, zeugte viele Kinder, ehelich und unehelich. Doch nur einer der Söhne erwies sich als regierungsfähig: Ludwig der »Fromme«. Dieser trägt seinen Beinamen durchaus zu Recht, ließ er doch, aus eigenem Antrieb oder auf Anraten seiner geistlichen Berater, bewußt sehr viel von dem vernichten, was sein Vater aus gutem Grund hatte aufzeichnen lassen.

Kirchengrabung in St. Peter und Paul. Mauerreste und Gebeine aus zwölf Jahrhunderten.

Kaiser Karl starb 814 im Januar standesgemäß: Er hatte sich kurz zuvor auf einem Jagdausflug eine Erkältung zugezogen, die alsbald mit einer Rippenfellentzündung – tödlich – endete. Seine Gebeine im Aachener Dom fanden immer wieder das Interesse späterer Generationen. Die schönste Ehrung ließ ihm Friedrich Barbarossa zuteil werden, als er für die sterblichen Überreste seines großen Vorgängers den berühmten Karlsschrein anfertigen ließ.

Karl der Große war Herrscher über ein Reich, das sich vom Atlantik bis zur Elbe, von der Nordsee bis nach Rom erstreckte. Was die heutige Brüsseler Bürokratie nicht erreicht, trotz gänzlich anderer Kommunikations- und Verkehrsmittel, konnte Karl noch viel weniger gelingen. Und es sollte sich alsbald zeigen, daß der Zusammenhalt des Reichs nur durch seine Person, seine Persönlichkeit garantiert wurde. Wie schon früher in der Geschichte und auch später immer wieder: Nach dem Tod eines Staatsmannes, den man »den Großen« nennt, bricht das innere Gefüge, das staatliche System, zusammen. Zuletzt geschah dies uns Deutschen, die zu Beginn des 20. Jahrhunderts Kaiser Wilhelm II. ungeniert mit ebendiesem Ehrentitel »der Große« belegten – die katastrophalen Folgen dieser neuzeitlichen Hybris spüren wir bis heute.

Wir waren nach Obermarsberg gekommen, in das zeitweilige Zentrum der Sachsenkriege, als hier noch die Eresburg stand. Auf die Ausgrabung ihrer archäologischen Spuren werden wir ebenso warten müssen wie die Obermarsberger selbst. Doch deren Markung ist so dicht bebaut, daß kaum mehr Platz für eine Grabung zur Verfügung steht. Wir trafen auf eine alte Stadt (bis 1975 selbständig), auf enge Straßen, die eher geteerten Feldwegen gleichen. Wir trafen auf ein altes, teilweise schiefes Rathaus mit einem Schandpfahl aus dem 16. Jahrhundert davor. Hier pflegten in früheren Zeiten die »guten Bürger« Mundräuber, Diebe, Schläger, Betrunkene und andere bestrafte Zeitgenossen öffentlich zu verspotten, sie mit Mist zu bewerfen, sie zu bespucken. Harte Zeiten für Missetäter!

Wir trafen aber auch auf eine siebenhundert Jahre alte Kirche, auf ein Grabungsteam, das die Geschichte dieser Kirche archäologisch zu erfassen sucht. Mit bedeutenden Erfolgen.

Wie es so häufig bei Kirchenbauten vorkommt: Der alte Bau reichte irgendwann neueren Bedürfnissen nicht mehr, sei es aus liturgischen Gründen, sei es, weil die Kirchengemeinde einfach zu groß geworden ist. Neun Bauperioden können die Ausgräber nachweisen, angefangen mit der ersten karolingischen über den Neubau um 1260, den zurückhaltenden gotischen Umbau im 15. Jahrhundert. Hinzu kam die neue barocke Innenausstattung: Altäre, Kanzel, Orgel, Kirchenbänke. Vielleicht hatte im Jahr 1721 deswegen der Propst seine Mönche mit Hacke und Schaufel ausgerüstet, den sagenhaften Sachsenschatz, der unter der Kirche vergraben sein soll, zu finden. Vergeblich, er mußte dann doch zu den üblichen Finanzierungsmethoden greifen.

Baustellenatmosphäre herrscht im Kirchenschiff: Irgendwo hämmert ein Elektriker Leitungsschlitze in das Mauerwerk, ein Maurermeister verlegt die großen Fußbodenplatten aus Sandstein, Kunststoffrohre durchziehen den Kirchenraum: Eine neue Warmluftheizung wird eingebaut. Im Mittelschiff tritt ein Gewirr von Fundamentmauern zutage, einige geöffnete Grabstellen enthalten noch Gebeine; ein offensichtlich später erbauter Pfeiler stützt sich auf die Brust eines Skeletts, nur Becken und Beine ragen noch hervor.

Warmluftheizungen als Hilfe für die Archäologen: Wann sonst denn erhalten sie die Gelegenheit, in einer Kirche graben zu dürfen? Und Sankt Peter und Paul in Obermarsberg stand schon lange auf ihrem Wunschzettel. Neues zur westfälischen Geschichte, zur Geschichte des norddeutschen Raums hoffen sie hier finden zu können, wenigstens zur Kirchengeschichte. Da diese Kirche und ihre Vorgänger schon über zwölfhundert Jahre liturgischen Zwecken dienten, sind in ihr militärische oder zivile Funde nicht zu erwarten (und auch bislang noch nicht zum Vorschein gekommen). Aber: Weitgereiste Baumeister ermöglichten den ersten karolingischen Kirchenbau bei der Eresburg.

Vom hohen Stand ihrer Kunstfertigkeit zeugen auch die Reste des Mauerputzes, bemalt und unbemalt, die man im Bauschutt fand und auf das 8. bis 9. Jahrhundert datierte. Sehr wahrscheinlich also, daß sie zum ersten Kirchenbau gehörten.

Der Sohn Karls des Großen, Ludwig der Fromme, schenkte Sankt Peter und Paul im Jahr 826 dem 815 gegründeten Kloster Corvey bei Höxter. Dabei mag auch ein Stück Verbitterung mitgewirkt haben: Der kaiserliche Vater hatte nämlich den in Westfranken erzogenen und dort angeblich verweichlichten Sohn zur Abhärtung auf die Eresburg geschickt; Militärausbildung bei ständigem Wind, in waldreicher Einöde – auch für weniger verwöhnte Buben ein Graus. Nun, er trennte sich von Kirche und Erinnerung. Corvey richtete auf dem Berg alsbald ein Kloster ein, das sich bis 1803 hielt. Das barocke Propsteigebäude wurde danach privatisiert, ein Teil dient heute als Pfarrhaus.

Aus Corveyer Zeit wohl stammen jene vier Pfeilerfundamente, deren eines sich so despektierlich auf die Brust eines Toten stützt. Denn im Mutterkloster ist im Westwerk eine von vier Säulen getragene Empore eingebaut, wie eben in dieser Bauphase auch in Sankt Peter und Paul.

Einer weiteren Merkwürdigkeit sind derzeit Münchner Naturwissenschaftler auf der Spur: Der Eresberg barg früher reiche Kupfervorkommen. Von ihrer Ausbeutung zeugen noch heute die Drakenhöhlen, deren Gänge, so sagten uns die Einheimischen, den ganzen Berg durchziehen. Auch der Nibelungenheld Siegfried wird vom hiesigen Volksmund hierher versetzt: In diesen Höhlen nämlich hat er seinen Kampf mit dem Drachen bestanden. Doch zurück zum Kupfer: Wenige Jahre nach der Schenkung der Kirche an Corvey tauchen im Mutterkloster in den Wandmalereien dort bislang unbekannte Farbtöne auf. Die These: Experimentierfreudige Maler mischten ihre Farben mit gemahlenem Kupfer aus Obermarsberg, erzielten damit Farbtöne, die man zwar aus Byzanz kannte, nicht aber deren Herstellung. Wenn denn nun die chemischen Analysen die These bestätigen sollten, wäre die frühmittelalterliche Kunstgeschichte um eine bedeutende Erkenntnis reicher.

Noch einmal tritt Sankt Peter und Paul in das Licht der Reichsgeschichte: Als sich Thankmar, der ältere (aber illegitime) Halbbruder Ottos des Großen, 938 sein mütterliches Erbe erstreiten wollte, floh er vor der Übermacht seiner Gegner hierher. Trotz erklärter Friedensbereitschaft traf ihn ein durch ein Fenster geschleuderter Speer im Rücken – ein Meisterwurf. Da auch in karolingischer Zeit Fensterunterkanten von Kirchen über Augenhöhe lagen, warf und traf der Meuchelmörder blindlings!

Sehr geheimnisvoll ist auch die Krypta der Kirche: Man hat sie ganz und gar aus dem Felsen herausgehauen (so wie heute noch die Grabstellen auf dem Friedhof davor mit dem Preßlufthammer aus dem Zechstein herausgemeißelt werden). Diese Krypta hat nur einen Zugang, ist keine Umgangskrypta, ist liturgisch also eigentlich funktionslos. Ihr Gewölbe wird von einer schlanken Säule getragen, die durchaus karolingisch anmutet, aber wohl aus dem 13. Jahrhundert stammt. Die Obermarsberger wollen in ihr die Irminsul erkennen – jene Irminsul, die König Karl und seine Truppen auf ihrem ersten Sachsenzug 772 zerstörten. Nun, es gibt weder eindeutige archäologische noch schriftliche Beweise, wo sich das Sachsenheiligtum befunden hat. Dr. Isenberg hält es nicht für ausgeschlossen, daß es sich um eine Art Wanderheiligtum gehandelt haben könnte, das die Sachsen auf ihren Eroberungszügen mit sich führten und – vergleichbar den europäischen Kolonialmächten im 19. Jahrhundert – als Zeichen ihrer Herrschaftsansprüche vor Ort aufpflanzten.

Wir würden gern jenen Erdstrahlenfachmann zitieren, der uns in der Krypta gezielt den Punkt nachwies, den Punkt mit der stärksten Ausstrahlung: Dort, unmittelbar westlich vor der Säule, habe sich die »Opferstätte« befunden. Nur ist diese Methode als Beweismittel in der Archäologie noch nicht anerkannt. Und so bleibt das Geheimnis der Krypta weiterhin ungelüftet.

Auch Steine erzählen Geschichte. Dem Mittelalterarchäologen sind sie täglich hartes Brot. Präzision ist gefordert: beim Graben, beim Zeichnen der Funde und Befunde, beim Interpretieren. Dann nur – und mit etwas Glück – erzählen Steine Geschichte.

Wie in Sankt Peter und Paul zu Obermarsberg über Karl den Großen und seine Sachsenkriege.

Bettina Schrey

Das Wikingergold von Hiddensee

An die Nacht vom 12. auf den 13. November 1872 dürften sich die Seefahrer der Ostsee noch lange mit Schrecken erinnert haben: Ihre Küstengebiete wurden von der schwersten Sturmflut des Jahrhunderts heimgesucht. In Lübeck, Flensburg und im Öresund stieg das Wasser weit über Normalpegelstand. Viele Seeleute konnten sich nur mit größter Not aus ihren gestrandeten Schiffen ans Ufer retten.

Das aufgewühlte Meer richtete auf den der Küste vorgelagerten Inseln schlimme Verwüstungen an. Besonders in Mitleidenschaft gezogen wurde das kleine Hiddensee westlich von Rügen: Die Wassermassen rissen die schützenden Dünen meterweise mit sich, an einigen Stellen wurde die Insel von den Flutwellen völlig durchbrochen.

Am Morgen nach der Katastrophe offenbart sich am Strand von Hiddensee ein tausend Jahre verborgenes Geheimnis:

Fischern der Ortschaft Neuendorf fällt beim Strandgang ein funkelnder Gegenstand im nassen Sand auf. Halb verdeckt leuchtet ihnen auf einem handtellergroßen Goldschmuck etwas entgegen, das sich später als Vogelkopf entpuppt und zu einem kreuzförmigen Anhänger gehört, der mit exotischen Ornamenten reich verziert ist.

Die aufgeregten Fischer suchen weiter und entdecken an diesem Morgen noch ein zweites, ebenso prächtiges kreuzförmiges Schmuckstück. Auch im Laufe der nächsten Tage finden Strandgänger wieder einen Goldanhänger im Sand. Mit fieberhaftem Eifer durchkämmen die Einheimischen nun den Strand – doch ohne Erfolg. Erst zwei Jahre später spült eine weitere Sturmflut wieder goldenes Strandgut frei.

Nach und nach kommen zehn Kreuzanhänger, vier kleine Zwischenglieder, ein geflochtener Halsreif und eine prunkvolle Schmuckscheibe mit einem Durchmesser von acht Zentimetern zum Vorschein, die im Stralsunder Provinzialmuseum für Neuvorpommern und Rügen abgegeben werden. Alle Fundstücke sind aus purem Gold. Ihr Wert wird heute auf hundertzehn Millionen Mark geschätzt.

Der Stralsunder Stadtbibliothekar Rudolf Baier war 1874 der erste, der den kostbaren Fund näher untersuchen konnte. Sein Ergebnis: Die geheimnisvollen Schmuckstücke stammen aus der Wikingerzeit und wurden im 10. nachchristlichen Jahrhundert angefertigt.

Wie und wann das Gold jedoch im Meer versank und wer sein Besitzer war, das konnte auch Baier damals noch nicht beantworten.

Doch der geheimnisvolle Fund beflügelte Wissenschaftler wie Laien im ausgehenden 19. Jahrhundert immer wieder zu phantasievollen Spekulationen: Es wurde angenommen, daß ein Wikingerschiff auf der Rückkehr von einem Raubzug im Sturm vor Hiddensee mit Mann und Maus unterging und den Schatz mit sich in die Tiefe nahm. Einer anderen Vermutung zufolge gehörte der Schmuck dem Kapitän eines Schiffes, das in der Sturmnacht von 1872 vor Hiddensee gestrandet war. Der Schatz, ein Mitbringsel aus dem fernen Orient, soll als Geschenk für seine Braut bestimmt gewesen sein.

Einige Wissenschaftler ahnten damals schon, daß der Eigentümer des Schmuckes ein Jahrtausend zuvor diesen auf Hiddensee vergraben hatte. Das durch die winterlichen Stürme aufgewühlte Meer, dessen Wellen jedesmal ein Stück Ufer mit sich rissen, rückte dem Versteck des Goldes im Laufe der Zeit immer näher, bis schließlich Teile von ihm während der großen Sturmflut von 1872 ausgewaschen wurden.

Das Vergraben kostbarer Besitztümer gehörte bei den Wikingern Skandinaviens zur Tradition. Sie glaubten, daß nach dem Tod eines ihrer Angehörigen dessen Vermögen niemand anderem in die Hände fallen durfte. Die Schätze waren dazu bestimmt, im Reich der Toten ein sorgenfreies Leben zu ermöglichen. In alten Sagen klingt diese Vorstellung häufig an: Die vormaligen Eigentümer wachen in der Gestalt eines Drachen über ihre verborgenen Schätze.

Was den Träger und Besitzer des Schmuckes von Hiddensee anging, so stand man hinsichtlich seiner Identifikation lange vor einem Rätsel. Es war nur klar, daß es sich um eine ebenso reiche wie kunstverständige Persönlichkeit gehandelt haben muß.

In den dreißiger Jahren dieses Jahrhunderts entlarvte der Prähistoriker Peter Paulsen den Eigentümer. Für ihn kam nur Harald Blauzahn in Frage, ein dänischer König aus der zweiten Hälfte des 10. Jahrhunderts und der erste Wikingerfürst, der sich aus freiem Willen zum Christentum bekannte. Mit dieser politisch motivierten Entscheidung bewahrte Blauzahn als kluger Taktiker Dänemark vor der Unterwerfung durch Kaiser Otto I. Schon im Jahr 934 war der Wikingerkönig Knuba von Schweden in Haithabu an den Ufern der Schlei von König Heinrich I. besiegt worden. Nach dem Fall des bedeutendsten Hafens und Stützpunkts der Wikinger auf schleswigschem Boden war Knuba gezwungen worden, den christlichen Glauben anzunehmen. Danach war der Weg frei für das unaufhaltsame Vordringen des

Christentums in die skandinavischen Länder. König Blauzahn erkannte die Zeichen der Zeit, sah die Aussichtslosigkeit einer Auseinandersetzung mit dem mächtigeren Nachbarn und stellte sein Land unter die Oberhoheit des Heiligen Römischen Reiches Deutscher Nation. Doch 983 gelang es ihm, die dänischen Fürstentümer zu vereinigen und von der deutschen Vorherrschaft zu befreien.

Harald Blauzahn blieb nicht lange Gelegenheit, sich über seinen Triumph zu freuen. Der Grund: Familienstreitigkeiten. Sein Sohn, Svend Gabelbart, erhob Anspruch auf den Thron und zwang den Wikingerkönig zur Flucht. Quer über die Ostsee jagte Gabelbart seinen Vater, bis dieser sich im Mündungsgebiet der Oder zum Kampf stellte. Blauzahn wurde schwer verwundet und starb kurze Zeit später auf der Insel Julin, vermutlich am 1. November 986.

Vor der Schlacht soll Blauzahn auf Hiddensee, das ihm schon von früheren Kriegszügen her als Stützpunkt vertraut war, Zuflucht gesucht haben. In Ahnung seines nahen Todes mag er, der Wikinger, der neuen christlichen Lehre zu sehr mißtraut haben, als daß er sich mittellos in das ewige Leben begeben hätte. Infolgedessen könnte er seine Kostbarkeiten vor dem entscheidenden Kampf mit seinem Sohn nach altem Brauch seines Volkes auf der Insel vergraben haben.

Einen weiteren wichtigen Hinweis auf Harald Blauzahn als den möglichen Besitzer des Goldschatzes liefert ein ungewöhnlicher Runenstein, der auf Jütland gefunden wurde und dessen Inschrift lautet:

»Harald, der König, ließ errichten dieses Denkmal nach Gorm, seinem Vater, und Thyra, seiner Mutter; der Harald, der ganz Dänemark und Norwegen gewann und die Dänen zu Christen machte.«

Die Gestaltung des Steins veranschaulicht gleichermaßen altgermanische wie auch christliche Beeinflussung.

So ist das Haupt des gekreuzigten Christus nicht von einem Heiligenschein umrahmt, sondern von einem vierspeichigen Sonnenrad, dem Symbol des Gottes Thor. Auf einer anderen Seite des Runensteins findet sich eine mythologische Figur: das große Tier, eine Mischung aus Löwe und Pferd, mit weitgeöffnetem Rachen, eine Pranke wie zum Angriff erhoben.

Tiersymbole spielten in der Mythologie der Wikinger eine große Rolle. Als Wölfe, Bären, Adler und Löwen nehmen in der »Edda« oder der »Njalssaga« animalische Energien Gestalt an, die den Menschen nur noch im Unterbewußten innewohnen. Mensch und Tier wurden bei den Wikingern als die entgegengesetzten Enden desselben Spektrums verstanden. In ihren Sagen ist immer wieder von Verwandlungen der Menschen in Tiere die Rede, wenn es galt, mit Hilfe besonderer Kräfte große Taten zu vollbringen oder Schlachten zu schlagen. In den Märchen der neueren Zeit hat sich die Erinnerung an diese alte heidnische Vorstellung erhalten.

Die magischen und auch dunklen Kräfte der Tierwelt wurden beschworen, indem sich die Wikinger beispielsweise in Bärenfelle hüllten, um solchermaßen deren gewaltige Stärke auf sich zu übertragen. Auch durch Tierdarstellungen auf Rüstungen, Helmen und Schilden hofften die Männer aus dem Norden, mit den magischen Kräften aus der Tierwelt eins zu werden.

Die Schiffe der Wikinger sind die eindrucksvollsten Beispiele dieser Vereinigung:

Die Drachenköpfe, angriffslüstern und schreckenerregend am Bug angebracht, verwandelten Boot und Besatzung in ein einziges lebendiges Ungeheuer. Die Krieger wollten so einen Teil der zerstörerischen Kraft des Drachens auf sich selbst übertragen. Heute läßt sich nicht mehr entscheiden, ob wahrhafter Glaube oder ein gutgefüllter Met-Humpen diese Identifizierung begünstigte. Zumindest auf ihre Gegner und Opfer verfehlten die hochmotivierten, wilden Kämpfer auf ihren über das Meer segelnden Drachen die Wirkung nicht. Über mehrere Jahrhunderte hinweg versetzten die Überfälle der Skandinavier die Küstenregionen und auch die Niederlassungen und Städte an den großen Flüssen Europas in Angst und Schrecken.

Haralds Gedenkstein auf Jütland zeigt das Aufeinanderprallen zweier Weltanschauungen – der christlichen und der heidnischen. Er ist aber noch aus einem anderen Grund eine Besonderheit: Die in sich verschlungenen Schmuckbänder, mit denen die Runen und die beiden bildlichen Darstellungen verziert sind, weisen für eine in Stein gehauene Arbeit ungewöhnliche Merkmale auf. Ebenso wie die geflochtenen Schnüre, die als Zierborten die Bildseiten umschließen, gehören solche Schmuckelemente eigentlich zu den charakteristischen Schmiedearbeiten der Wikingerzeit. Der Historiker Paulsen kommt zu dem Schluß, daß der Steinmetz, der das Denkmal schuf, eigentlich ein Kunstschmied gewesen sein muß, der – vielleicht auf Befehl seines Fürsten – sich auf fremdes handwerkliches Terrain begab, dabei aber den vertrauten Techniken treu blieb. Die doppelten, spiralförmig verflochtenen steinernen Zierschnüre tauchen als Filigranarbeit in nahezu identischer Ausführung auf der Schmuckscheibe des Schatzes von Hiddensee wieder auf.

Runenstein und Goldschmuck sind sich in der Art der angewandten Stilmittel so ähnlich, daß sie mit großer Wahrscheinlichkeit von der Hand eines Künstlers oder zumindest eines Angehörigen derselben Werkstatt angefertigt worden sein müssen.

Jener Steinmetz, der den Runenstein schuf, dürfte sich Harald Blauzahns besonderer Wertschätzung sicher gewesen sein, da er die ehrenvolle Aufgabe der Gestaltung des Denkmals übertragen bekam. Ob er auch den Goldschmuck anfertigte, ist noch ungeklärt. Vielleicht läßt sich mit der Identifizierung des Künstlers das

Rechte Seite: Innerhalb von zwei Jahren wurde der Wikingerschatz nach und nach an den Strand der Insel Hiddensee geschwemmt.

222

fehlende Puzzlesteinchen im Rätsel um die Herkunft des Schatzes ergänzen. Wer war der Künstler?

Mit der Beantwortung dieser Frage beschäftigen sich heute die Kunsthistoriker und Restauratoren des Römisch-Germanischen Zentralmuseums in Mainz, wo sich »König Blauzahns« Schatz seit dem Sommer 1991 befindet.

Der Wikingerfürst war nicht der letzte, der seinen Goldschatz für immer der Vergessenheit anheimfallen lassen wollte. Nachdem der kostbare Schmuck über mehr als ein Jahrhundert die große Attraktion des Kulturhistorischen Museums in Stralsund gewesen war, verschwand er 1989 noch einmal (beinahe) spurlos von der Bildfläche, diesmal infolge eines großen Mißgeschicks:

Anläßlich des vierzigsten Jahrestages der ehemaligen DDR sollten die Preziosen auf einer Ausstellung in Paris gezeigt werden. Da Beschädigungen während des langen Transports dorthin nicht auszuschließen waren, entschloß man sich, die Schmuckstücke zu kopieren und diese Repliken in die französische Metropole zu schicken.

Doch die DDR-Kulturbehörde bewilligte nicht die Mittel, die nötig gewesen wären, um die Arbeit von ausgewiesenen Experten durchführen zu lassen. Die Stralsunder waren gezwungen, die Kopien mit Hilfe einer vereinfachten Version des Silikon-Kautschuk-Verfahrens selbst anzufertigen. Die Anleitung fanden sie in einer Fachzeitschrift.

Der unprofessionell ausgeführte Versuch schlug jedoch schon im ersten Arbeitsschritt fehl:

Um einen Abdruck herzustellen, müssen die Schmuckstücke zuerst mit flüssigem Silikon überzogen werden. Normalerweise – unter Beachtung aller nötigen Sicherheitsvorkehrungen – läßt sich der Silikonfilm gut in einem Stück ablösen. Nicht jedoch im Fall Stralsund: Das Silikon drang in die ungesicherten Fugen und Vertiefungen, füllte sämtliche Hohlräume und überzog das glänzende Gold mit einer unlösbaren, stumpfen Schicht.

Der Schmuck war dermaßen ruiniert, daß man darauf verzichtete, ihn in Paris auszustellen. Also beschloß man nach diesem Fiasko, die silikonverschmierten Exponate im Tresor einer Stralsunder Bank zu begraben und sie dort auf Nimmerwiedersehen verschwinden zu lassen.

Dort läge das Gold heute noch, wenn die deutsche Wiedervereinigung es nicht ans Tageslicht zurückbeförder hätte. Der Leiter des Stralsunder Museums, Dr. Andreas Krüger, rief nach dem Fall der Mauer die Experten aus Mainz zu Hilfe. Kurze Zeit später wurde der Schatz in das Römisch-Germanische Zentralmuseum gebracht, dessen Werkstätten und Laboratorien weltweite Reputation genießen.

Gegründet wurde das Museum bereits im Jahr 1852, es kann infolgedessen mit einer enormen Erfahrung aufwarten. Nach dem Willen der Gründerväter entstand

224

eine Forschungsinstitution, die sich, basierend auf dem nationalen Einigungsgedanken der Paulskirchenversammlung, den verschiedenen Kulturkreisen widmen sollte, die seit prähistorischen Zeiten den Raum zwischen Nordsee und Alpenrand prägten – in erster Linie Kelten, Germanen, Slawen und nicht zuletzt die Römer. Kernstück des Museums war die Studiensammlung, die einen fundierten Einblick in die verschiedenen Teilgebiete der noch jungen Wissenschaft »Prähistorische Archäologie« gewähren sollte.

Um ihre Sammlung zu vervollständigen, begannen die Mainzer Altertumsforscher, wichtige Fundstücke anderer Museen zu kopieren. Die hierfür eingerichteten Werkstätten übernahmen schon bald auch kleinere Reparaturen an den ihnen überlassenen Gegenständen. So entwickelte sich aus diesen Anfängen heraus allmählich ein eigenständiger Restaurierungsbetrieb.

Heute hat das Museum mit mittlerweile einhundertzweiundvierzig Mitarbeitern seinen Weltruf in erster Linie den drei Forschungsabteilungen zu verdanken, die sich der Vorgeschichte, der Römerzeit und dem frühen Mittelalter widmen. Die wissenschaftlichen Veröffentlichungen des Museums haben weltweit neue Standards gesetzt.

In den Restaurierungsabteilungen, die sich vor allem auf Gold-, Glas-, Ton- und Holzarbeiten spezialisiert haben, arbeiten unter der Leitung von Dr. Ulrich Schaaff fünfzehn festangestellte hochqualifizierte Fachleute mit Hilfe modernster Technologie. Die Werkstätten entwickeln sich als die größten ihrer Art mehr und mehr zur ersten und wichtigsten Anlaufstelle archäologischer Sensationen aus aller Welt. Kulturgüter aus fünftausend Jahren Geschichte geben sich hier ein Stelldichein:

Von der Regierung Perus sind die Mainzer Experten mit der Restaurierung der ersten vollständig erhaltenen Grabstätte aus der Moche-Kultur (die ersten Jahrhunderte nach der Zeitenwende), bekannt als das Fürstengrab von Sipan, betraut worden.

Dieser altamerikanische Grabfund ist ein besonderer Glücksfall: Noch nie zuvor war es Archäologen gelungen, in den peruanischen »Tälern der Könige« Grabräubern zuvorzukommen, noch nie zuvor ist es möglich gewesen, die Vielfalt eines an kostbaren Beigaben reichen Fürstengrabes in einem vollständigen Zusammenhang zu untersuchen.

Eine mondgesichtige Goldmaske mit grimmigen Gesichtszügen im Besitz eines Antiquitätenhändlers in Lambayeque erregt 1987 das Interesse der peruanischen Polizei. Augenscheinlich handelt es sich bei dem Fund um einen Gegenstand, der illegal aus einem Grab gestohlen wurde.

Die folgenden Ermittlungen führen die Polizei und den Direktor des archäologischen Museums, Dr. Walter Alva Alva, zu einem unscheinbaren Lehmziegelhügel im Lambayequetal in der Region Sipan, die wegen ihrer zahlreichen Grabstätten bei Archäologen wie Grabräubern gleichermaßen bekannt ist.

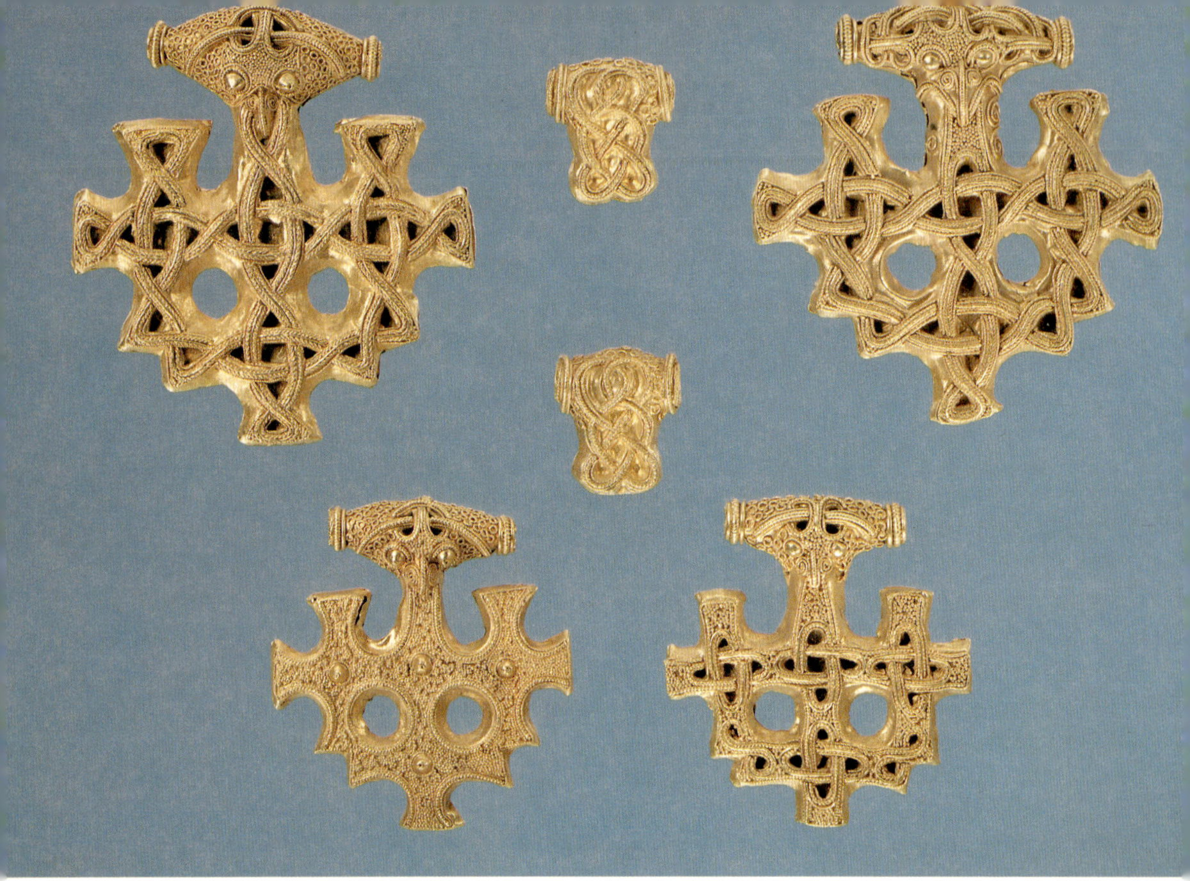
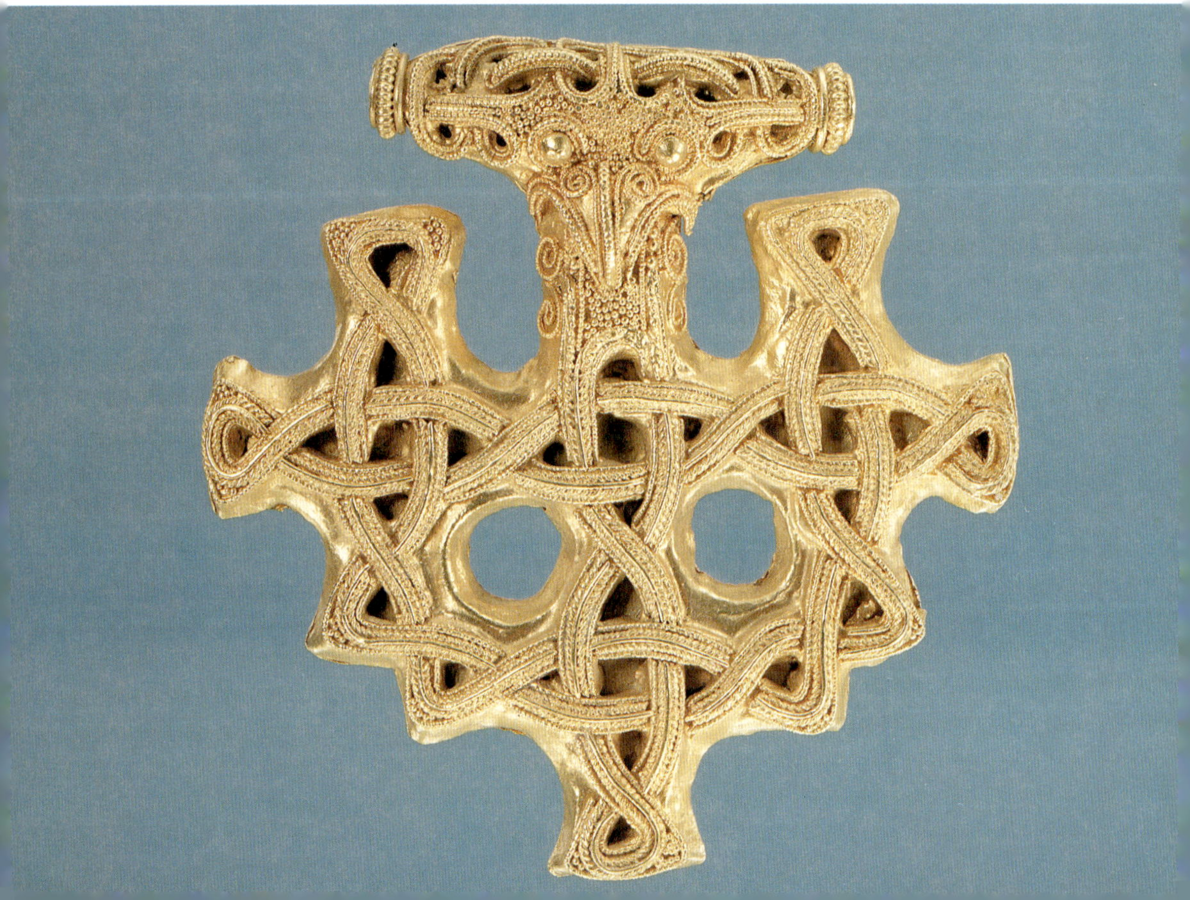

Linke Seite: Die unterschiedlich ausgearbeiteten Kreuzanhänger waren ursprünglich in einem mehrreihigen Collier zusammengefaßt (oben).
Besonderes Merkmal der Fundstücke sind die Vogelköpfe. In der Mythologie der Wikinger spielen sie als Symbolträger eine wichtige Rolle (unten).
Rechts: Die Fibel – das kostbarste und phantasievollste der Schmuckstücke. Vier schlangenhafte Tierfiguren winden sich um ihren Mittelpunkt.
Unten: Nach gelungener Wiederherstellung analysiert die Restauratorin Maiken Fecht die Herstellungsweise der ihr anvertrauten Geschmeide.

An besagtem Hügel sind die tiefen Bohrspuren der Raubgrabung noch zu erkennen. Unmittelbar daneben stoßen Dr. Alva Alva und sein Team bei eigenen Probebohrungen überraschend auf das unberührte, prächtige Fürstengrab aus dem 1. oder 2. Jahrhundert n. Chr.

Acht Menschen wurden hier bestattet: der Fürst, ein ungefähr dreißigjähriger, kräftiger Mann, zu seinen Füßen und über seinem Kopf zwei junge Frauen; zu seiner Rechten ein fürstlicher Krieger in einer kostbaren Rüstung, zu seiner Linken ein Mann, der mit einem Perlenkollier geschmückt war; über der Gruppe, näher an der Oberfläche, ein Grabwächter.

Das Grab war bei seiner Entdeckung in einem sehr schlechten Zustand. Die Holzdecke der Grabkammer muß schon sehr bald nach den Bestattungen in sich zusammengefallen sein, und die nachrutschenden Erdmassen haben den Innenraum dann über die Jahrhunderte immer weiter zusammengedrückt. Zur Zeit seiner Entdeckung war er nur noch wenige Zentimeter hoch. Die Bergung des kostbaren Fundes erwies sich unter diesen Umständen als besonders kompliziert.

Das Grab mußte in siebzehn einzelnen, dünnen Schichten, die Dr. Alva Alva in Zeichnungen detailgenau festhielt, abgetragen werden. Die Schichten wurden einzeln in Kisten verpackt und, mit einem Silikonüberzug gesichert, per Luftfracht nach Mainz gebracht.

Um die fortschreitende Korrosion zu stoppen, mußten die Gegenstände, die Kupferlegierungen enthalten, in Stickstoff gelagert werden. Die passenden Behälter wurden eigens für diesen Zweck entworfen.

Das besondere Interesse der Restauratoren galt Metallobjekten, deren grüne, unauffällige Färbung auf Kupfer schließen ließ. Fundstücke dieser Art wurden in ausgeraubten Gräbern von den Dieben oft vernachlässigt, da sie diese offensichtlich nicht als besonders wertvoll erachteten. Unter dem oxidierten Kupfer verbergen sich jedoch Gold- und Silberlegierungen, die nur durch ein aufwendiges chemisches Verfahren, die sogenannte »Reduktion in Wasserstoffniederdruckplasma mit Hochfrequenzanregung«, wieder sichtbar gemacht werden können. Das Römisch-Germanische Zentralmuseum führt dieses Verfahren in Zusammenarbeit mit dem Anorganisch-Chemischen Institut der Universität Zürich durch. Viele der Grabbeigaben, wie die kleinen Goldkupfermasken, die in Ketten aneinandergereiht waren, oder das Brustblech des Fürsten, ebenfalls aus Goldkupfer, konnten so erfolgreich restauriert werden.

Die kostbaren Grabbeigaben lassen darauf schließen, daß der Tote in Personalunion Fürst und Priester zugleich gewesen sein muß. Mit Hilfe der Zeichnungen Dr. Alva Alvas läßt sich eine genaue Anordnung der dem Grab beigegebenen Zeremonialgegenstände rekonstruieren. Der Verstorbene hielt zwei silberne Opfermesser in den Händen, auf deren Knäufen Menschenopfer abgebildet sind: ein knieender Gefangener, an seiner Halsfessel erkennbar, den starren Blick auf den Opferpriester gerichtet, der im Begriff ist, ihn zu töten.

Der Körper des Fürsten war in prächtigen Zeremonialschmuck gehüllt, der aus zwei Schuppenpanzerhemden aus einer Gold-Kupfer-Legierung, dazwischen diverse mit Dämonen verzierte Goldkupferbleche, zu Ketten aufgereihte silberne Masken sowie silberne und goldene Erdnüsse, und aus etlichen Gehängen aus Gold- und Türkisperlen bestand. Das Gesicht des Toten war in Gold eingehüllt. Goldschmuck bedeckte die Augen, Nase und Kinn, gehämmerte Goldbleche den Schädel und den Unterkiefer.

Ungewöhnlich sind die großen Ohrpflöcke, von denen drei Paar an den Seiten des Schädels angebracht waren. Sie sind mit Tierfiguren aus Türkis und figürlichen Darstellungen geschmückt. Ein Paar der Pflöcke zeigt den toten Fürsten selbst in seinem rituellen Gewand.

Noch ist die Auswertung des Grabfundes nicht abgeschlossen. Es gibt noch immer neue kleine Kostbarkeiten aus den Bruchstücken der einzelnen Grabschichten zusammenzufügen. Doch die Restaurierungsarbeiten werden nun mehr und mehr zu einem Wettlauf mit der Zeit. Spätestens im Sommer 1992 soll der gesamte Schatz in neuem Glanz dem Land Peru durch die Bundesregierung übergeben werden.

Auch der spektakulärste Fund des Jahres 1991, der als »Mann im Eis« bekannte Bronzezeitjäger, dessen Leiche über viertausend Jahre im Eis eines Tiroler Gletschers eingefroren war, wird mit Hilfe eines Wissenschaftlerteams des Museums ausgewertet. In Mainz werden während der nächsten zwei Jahre unter der Leitung von Dr. Markus Egg, einem gebürtigen Tiroler, die Ausrüstung des Jägers und die Reste seiner Bekleidung konserviert und erforscht.

Was hat den Mann damals zu seiner einsamen Hochgebirgstour bewogen? Auf welchen Wegen ist er in die eisigen Höhen des Hauslabjochgletschers hinaufgestiegen, wo kam er her? Mittels einer genauen Analyse seiner Ausrüstung hoffen die Archäologen, Anhaltspunkte zur Beantwortung dieser Fragen zu finden.

Einen Bogen, Köcher und Pfeile hatte der Jäger bei sich, dazu ein Traggerüst aus Holz für den Transport auf dem Rücken, einen Feuersteindolch, eine Axt mit einem hölzernen Stiel und einer Klinge aus Bronze, ein Feuerzeug, bestehend aus einem dicken Holzstift mit einer Kieselsteinmine, der gegen einen Feuerstein geschlagen wurde, einen Behälter aus Birkenrinde und mehrere aus Gräsern geflochtene Schnüre, mit denen er erlegte Tiere auf seine »Kraxe« binden konnte oder die ihm als Schnürsenkel dienten.

Die Kleidung des Bronzezeitlers ist nur noch in wenigen Fragmenten erhalten. Sie bestand aus Tierfellen, die ledernen Schuhe waren mit aus Gras geflochtenen Einlagen versehen.

Die Mainzer arbeiten im Rahmen ihrer Forschungen eng mit wissenschaftlichen Institutionen der verschiedensten Fachrichtungen zusammen: Spezialisten der Universität München versuchen durch genaue Untersuchungen der knöchernen Pfeilspitzen Hinweise auf die Herkunft des Materials zu erhalten.

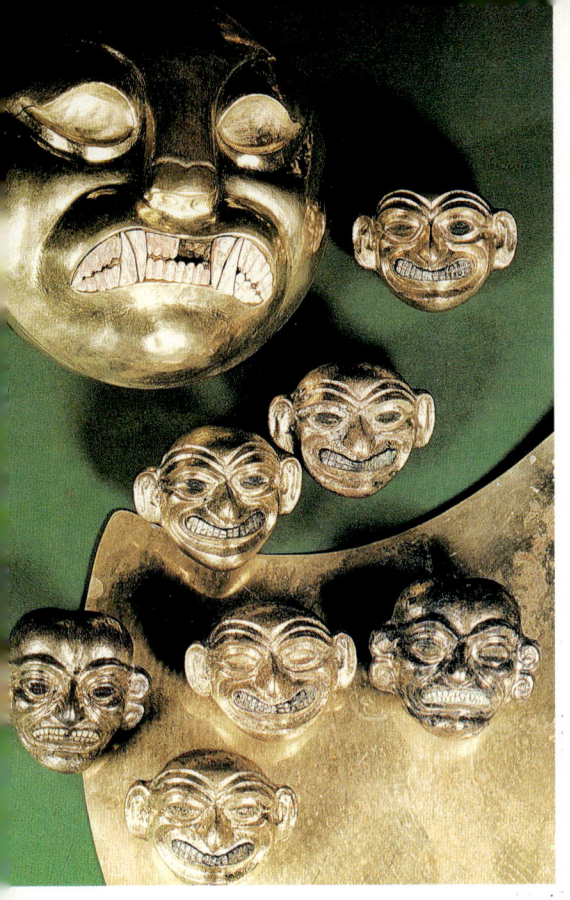

Fundstücke aus dem Fürstengrab von Sipan.

Linke Seite: Erdnußförmiger Anhänger aus Silberkupfer, Maske, runde und beilförmige Anhänger aus Gold und Goldkupfer.
Eine große Goldmaske mit Muscheleinlagen und kleine Goldkupfer-Masken (oben links).
Darstellung »Herrscher und Gefangener« vom Goldblechknauf eines Zeremonialmessers (oben rechts).
Dämonenartige Figur auf einem wie ein Panzer getragenen Hemd – vor seiner Restaurierung (unten rechts).
Restauriertes Goldkupfer-Kettenhemd (unten).

Die Schnüre aus Gras werden von Botanikern der Universität Innsbruck genauestens unter die Lupe genommen. Anhand der Grassorten läßt sich feststellen, in welcher Alpenregion sie gepflückt wurden – ob der Bronzezeitmann aus dem Tiefland kam oder ob er im Gebirge lebte. Auch das Bundeskriminalamt stellt seine gerichtsmedizinischen Mittel zur Verfügung. Über eine Analyse einzelner Haare der Fellbekleidung möchten die Wissenschaftler in Erfahrung bringen, von welcher Tierart die Felle stammen und ob es sich um Haustiere gehandelt haben könnte.

Die Feuersteinklingen werden von Mineralogen untersucht. Da diese Gesteinsart im Fundgebiet selbst nicht vorkommt, könnte man durch eine Herkunftsbestimmung die Heimat des Jägers ermitteln.

Das Hauptanliegen der Restauratoren jedoch liegt zunächst in der Konservierung und Rekonstruktion der Fundstücke. So sollen beispielsweise die Bekleidungsfetzen aus Leder wieder geschmeidig gemacht werden. Das Leder wird zuerst mit Wasser abgewaschen. Nicht der kleinste Fussel darf bei den Konservierungsarbeiten verlorengehen. Das Waschwasser wird gesiebt und gefiltert, der verbleibende Satz an die Botaniker der Universität Innsbruck weitergeleitet, um auf Pollen und andere Pflanzenreste untersucht zu werden.

Das gereinigte Leder wird mit dem Kunstwachs Polyathylenglykol getränkt und anschließend gefriergetrocknet. Im Anschluß an dieses aufwendige Verfahren beginnt erst die eigentliche Rekonstruktion der Kleidungsstücke: die langwierige Suche nach zueinanderpassenden Fellfetzen. Bisher läßt sich noch nicht feststellen, wie der Bronzezeitmensch gekleidet war.

Die Wissenschaftler hoffen jedoch, im Sommer 1992 an weitere Teile der Bekleidung und zusätzliche Ausrüstungsgegenstände des Jägers zu gelangen. Dann nämlich wird die gesamte Felsmulde, an deren Rand die Leiche gefunden wurde, abgeschmolzen. In einer Region mit einer Jahresdurchschnittstemperatur von minus fünf Grad Celsius läßt sich ein derartiges Vorhaben nur während der Sommermonate Juli oder August verwirklichen. Als der Bronzezeitmensch 1991 entdeckt wurde, war es bereits September. Geduld gehört bei den Archäologen mit zum Handwerk.

Obwohl die wissenschaftliche Bearbeitung des Fundes nicht vor 1994 abgeschlossen sein wird, bestehen bereits erste Vermutungen über die Herkunft des »Mannes aus dem Eis«. Dr. Markus Egg nimmt an, daß er aus Südtirol gekommen sein muß. Der Gletscher läßt sich von Süden her über den Vinschgau und das lange Ötztal sehr viel leichter begehen als aus irgendeiner anderen Richtung.

Zur Bearbeitung und Analyse menschlicher Überreste ist das Museum nicht eingerichtet. Die Leiche des Jägers wird von Medizinern der Universität Innsbruck untersucht.

Seit der Öffnung der Ostblockländer häufen sich in Mainz nun auch die Hilfegesuche russischer Museen.

Eine der schönsten Goldschmiedearbeiten überhaupt: das Skytische Pectorale aus Kiew. Es wird im Römisch-Germanischen Zentralmuseum restauriert.

Aus dem Museum für historische Kostbarkeiten der ukrainischen Hauptstadt Kiew stammen drei skythische Goldarbeiten aus dem 4. Jahrhundert v. Chr. Das interessanteste und wertvollste der Stücke, ein goldener Brustschmuck, auch Pektorale genannt, hat seit seiner Entdeckung 1971 im Grab eines fürstlichen Kriegers im unteren Dnjeprgebiet beinahe den Status eines nationalen Heiligtums erlangt. Das Pektorale besteht aus drei Bildebenen, die durch Goldreifen miteinander verbunden sind. Die Bildebenen mit Abbildungen skythischer Nomaden, von Tieren und Fabelwesen bestechen besonders durch ihre exzellente naturalistische Darstellung. Der Brustschmuck, der ebenso wie die anderen beiden Fundstücke, ein Goldhelm und eine Silberschale, im Auftrag skythischer Fürsten von griechischen Künstlern geschaffen wurde, gehört zu den erlesensten Goldschmiedearbeiten dieser Art überhaupt. Die auf derartige Dinge spezialisierte Restauratorin Maiken Fecht hat schon lange auf eine Gelegenheit gehofft, das wunderbare Pektorale, dessen Anblick das Herz eines jeden Experten höher schlagen läßt, wissenschaftlich untersuchen zu dürfen.

233

Das Museum übernimmt sämtliche Restaurierungsarbeiten auch internationaler Auftraggeber im Rahmen gegenseitiger Kulturhilfe kostenlos. Noch immer werden von den meisten der restaurierten Stücke Kopien für die eigene umfangreiche Studiensammlung angefertigt.

Dabei kommt das Silikon-Kautschuk-Verfahren zur Anwendung, das bei sachgemäßer Durchführung zu erstaunlich akkuraten Ergebnissen führt. Sogar eine nach diesem Verfahren kopierte Schallplatte läßt sich ohne größere Klangeinbußen auf einem Plattenspieler abspielen.

Bevor ein Gegenstand mit der Silikonmasse in Berührung kommt, müssen sämtliche Höhlungen, in denen sich das flüssige Silikon festsetzen könnte, abgedichtet werden. Selbst diese einfache Vorsichtsmaßnahme war beim Kopieren des Wikingerschatzes in Stralsund nicht beachtet worden.

Mit Hilfe der fertigen Silikonabdrücke werden Wachsmodelle angefertigt, die dann eine besonders feine Gipshülle verpaßt bekommen. Als nächstes wird das Wachs aus der Gipsform herausgeschmolzen, und die zurückbleibenden Hohlräume, die haargenau den Originalstücken entsprechen, werden mit Silber gefüllt. Der gesamte Prozeß erfordert viel Fingerspitzengefühl; Präzision ist gefragt; bei der Herstellung der Modelle kommt es auf jeden Millimeter an. Oft muß man die Silberkopien wieder einschmelzen und die ganze Prozedur völlig von vorn anfangen, bevor wirklich perfekte Kopien entstehen, die schließlich noch vergoldet werden.

Auch das Stralsunder Museum wird neben dem Originalschatz einen Satz Repliken erhalten. Ob dann diese oder die Originale in den Schaukästen bewundert werden können – das verrät der Leiter des Museums allerdings nicht. Bevor die Schmuckstücke aber wieder in Stralsund eintreffen, werden sie von Maiken Fecht, die ihnen in geduldiger, mühevoller Arbeit wieder zu ihrem warmen, anziehenden Glanz verholfen hat, hinsichtlich der Herstellungstechnik genau untersucht. Die Restauratorin, die auch als Goldschmied ausgebildet ist, hofft dabei, wichtige Hinweise auf die Identität des unbekannten Künstlers im Dienst Harald Blauzahns zu entdecken.

Anhand der kunstvollen Arbeiten kann die Expertin schon einiges über den unbekannten Kollegen aussagen. Demnach muß der Künstler entweder »übergeschnappt« gewesen sein, ein hoffnungslos verspieltes Genie oder ein schrecklicher Pendant. Auf alle Fälle beherrschte er sein Handwerk mit verblüffender Meisterschaft.

Der Ideenreichtum, die Vielfalt der Motive in all ihren Variationen, das Zusammenspiel der Dekorationen im gesamten Ensemble, die Liebe zum Detail lassen andere Funde aus der Wikingerzeit, etwa aus Haithabu, verblassen.

Viele der Feinheiten sind mit dem bloßen Auge kaum und für den Uneingeweihten schon gar nicht zu erkennen, und man darf davon ausgehen, daß das vor einem

Jahrtausend nicht anders war. Unter dem Mikroskop lassen sich beispielsweise Unterschiede in der Wahl der Zierdrähte feststellen: Während die einfacheren Anhänger, der niedrigeren Stufe in der Rangfolge des gesamten Ensembles entsprechend, mit glatten, gezwirnten Golddrähten geschmückt sind, hat der Meister die Fibel, das kostbarste der Fundstücke, mit aufwendig in sich gezwirnten Perldrähten versehen, die wie winzige aneinandergereihte Goldkügelchen aussehen. Schon die Herstellung der Golddrähte allein erforderte einen großen Arbeitsaufwand: Aus gehämmertem Goldblech wurden feine Streifen geschnitten, die, über dem Feuer erhitzt, durch kleine, in Elchgeweihplättchen gebohrte Löcher gezogen wurden. Dieser Vorgang wurde mehrmals wiederholt, bis die Drähte jeweils durchgängig gleichmäßig gezogen waren. Mehrere von ihnen konnten dann, zum Glühen gebracht, ineinander »verzwirnt« werden. Um die besonders arbeitsintensiven Perldrähte herzustellen, mußten die Goldkügelchen einzeln aus dem glattgezogenen Draht herausgefeilt werden. Eine weitere Variation der gezwirnten Drähte findet sich im Halsreif wieder, der aus vier dicken, ineinandergereihten Goldsträngen besteht.

Die Schmuckstücke zeigen kaum Abnutzungserscheinungen. Daraus schließt man in Mainz, daß zwischen der Herstellung des Schatzes und seinem Verschwinden nur eine kurze Zeitspanne gelegen haben kann: wahrscheinlich zwanzig, allerhöchstens vierzig Jahre. Es ist bekannt, daß König Blauzahn nach seinem Übertritt zum Christentum noch siebzehn Jahre lang regierte. Mit der Regierungszeit vor seiner Taufe, über die es kaum konkrete Angaben gibt, kommt man auf die von den Wissenschaftlern ermittelten Angaben.

Die Fibel – oder auch Schmuckscheibe –, die den Umhang des Trägers zusammenhielt, ist das prächtigste der Schmuckstücke. Auf ihr hat der Künstler alle ihm zur Verfügung stehenden dekorativen Elemente in ihren kompliziertesten Spielarten vereint. Der Mittelpunkt der Scheibe war ursprünglich mit grünem Glas gefüllt, heute ist nur noch die leere Fassung vorhanden.

Um sie herum sind vier Tierfiguren als Hauptmotive angeordnet. Die vogelähnlichen Köpfe, die zur Mitte der Scheibe hinblicken, gehen in schlangenhafte Körper über, deren ineinanderverwobene Gliedmaßen vermuten lassen, daß der Künstler den Betrachter bewußt verwirren wollte. Die langen Hälse der Tiere winden sich unter ihren Körpern hindurch in einem Bogen nach rechts und enden in den Vorderbeinen, die mit einer Spirale geschmückt sind. Nach links verläuft der Hals jedes Tieres zum »Rumpf«, dessen Abschluß nach einer Biegung Hinterbein und Schwanz bilden. Während sich der Schwanz unter dem Hals und über den Rumpf hinweg Richtung Kopf windet, kreuzt der hintere Unterschenkel, an den kleinen »granulierten« Goldkügelchen zu erkennen, weit ausladend das Vorderbein des nächsten Tieres, an dessen Huf es sich festzuklammern scheint. Durch die verschlungenen, stark abstrahierten Tierornamente, die aus aufgelöteten Perl-,

Zwirn- und auch glatten Drähten geformt sind, erhält die Schmuckscheibe ihre faszinierende Dynamik.

Besonderes handwerkliches Können erforderte die Herstellung der »granulierten« Goldkügelchen auf den hinteren Schenkeln der Tiere, zwischen den Vertiefungen der Schmuckscheibe und den zehn kreuzförmigen Anhängern des Schatzes. Die Kunst der Granulation hatten die Wikinger von ihren Beutezügen aus Kreta oder Ägypten mitgebracht. Die Kügelchen entstehen, indem man geschmolzenes Gold in einen mit Wasser gefüllten Behälter gießt und gleichzeitig das Wasser kräftig umrührt. Granulationen kennzeichnen mehrere silberne Schmuckfunde der Wikingerzeit. Der Schatz von Hiddensee ist jedoch die einzige Goldschmiedearbeit, die diese seltene, nur wenigen Edelschmieden bekannte Kunst aufweist.

Neben der Schmuckscheibe bildet jeder der Kreuzanhänger für sich ein abgeschlossenes Kunstwerk. In ihnen spiegeln sich deutlich die Einflüsse der alten und der neuen Religion der Wikinger wider: zum einen in den Vogelköpfen, zum anderen in der Form der Anhänger, dem Kreuz, das in seiner Ausführung mit den gleicharmigen Querbalken zu einem Symbol des Christentums vom Ostseeraum bis nach Südrußland wurde. Gleichzeitig schimmern in der Form der Anhänger aber auch Reste der vormaligen Verehrung des Gottes Thor durch. Schon in vorchristlichen Zeiten galt das vierspeichige Sonnenrad als Symbol des Herrn über Blitz und Donner.

Die Restauratoren und Kunsthistoriker nehmen an, daß nicht der gesamte Schatz vom Meer freigegeben wurde – ebenso wie wahrscheinlich nicht alle aufgefundenen Stücke dem Stralsunder Museum ausgehändigt worden sind. Anhand der unterschiedlichen Größen und der verschiedenen Zierornamente der zehn in Mainz untersuchten Kreuzanhänger konnte der ursprüngliche Umfang des Kolliers erschlossen werden: Die Anhänger dürften zu einem sechsreihigen Brustschmuck gehört haben, der in Größe und Pracht alle bis zu diesem Zeitpunkt bekannten Wikingerschmuckstücke übertraf: Sie waren Reihe für Reihe verschieden gestaltet. Die oberste Reihe mit den kleinsten und die unterste Reihe mit den größten weisen auf den Rückseiten ihrer Anhänger Ösen auf, die einer Schnur dienten, die dem ausladenden Brustschmuck mehr Halt verlieh.

Der Schatz von Hiddensee umfaßt bisher nur einen kleinen Teil des gesamten Kolliers. Wo aber sind die fehlenden Anhänger? Sind sie von ihren Findern schon längst eingeschmolzen worden? Liegen sie vielleicht aber auch irgendwo in der Nähe der Insel Hiddensee im Meer, oder gibt der Strand sie noch nicht frei?

Auf jeden Fall aber könnte sich nach der nächsten größeren Sturmflut wieder einmal ein Strandspaziergang auf der kleinen Insel lohnen.

Utz Kastenholz

Wo Richard Löwenherz gefangensaß

Im März des Jahres 1193 bewegt sich ein Zug von Reitern durch das Tal bei Annweiler, deren Standarten sie als kaiserliche Soldaten ausweisen. Der Trupp in Harnisch und Kettenhemden führt einen Mann in prächtiger Kleidung mit sich: Er trägt einen Mantel mit Reihen silberglänzender Halbmonde und schimmernder Sonnenkreise; goldene Sporen zieren seine Stiefel. Er, einer der berühmtesten Männer seiner Zeit, ist ein Gefangener. Der Trupp bringt ihn ins Gefängnis, das sie nun fast erreicht haben: die sicherste Burg des Reiches. Der noble Gefangene ist der englische König Richard Löwenherz, die Burg ist die Reichsfeste Trifels hoch über Annweiler.

Der Trifels war eine der bedeutendsten Burgen des deutschen Mittelalters. Die Anlage bewachte ursprünglich eine Heerstraße, die schon zur Römerzeit vom Rhein nach Lothringen führte, und erstreckte sich über einen 145 Meter langen und zwanzig Meter breiten, dreigeteilten Buntsandsteinfelsen – daher der Name. Viele Burgen der Südpfalz sind solche Felsennester, da die oft bizarren Buntsandsteintafeln auf den Bergkegeln sich für die Errichtung dieser Art Bauwerke geradezu aufdrängten. Den Trifels scheinen schon Kelten und Römer gekannt zu haben, wie die Funde im Burgbereich belegen.

Heute ist die Südpfalz eine schöne, aber abgelegene Landschaft an der Grenze zu Frankreich. Dabei war gerade diese Region im 11., 12. und 13. Jahrhundert das Kernland eines Reichs, das sich von der Nordsee bis nach Sizilien erstreckte. Der Trifels war seine stärkste und sicherste Festung, in deren Umkreis ein System von Reichsburgen Schutzfunktion übernommen hatte. Die Feste war so sicher, daß die Kaiser des Heiligen Römischen Reiches Deutscher Nation sie lange Zeit als Hort der Insignien ihrer Macht auserkoren: Von 1125 bis 1298 wurden hier Krone, Reichsapfel, Zepter, Schwert und liturgisches Gerät für die Kaiserkrönung verwahrt – mit Unterbrechungen mehr als sieben Jahrzehnte. Heute beherbergt der Raum des Turmes, in dem die Reichskleinodien früher gehütet wurden, handwerklich hervorragende Kopien, die selbst schon unbezahlbar sind. Die Originale werden in der Wiener Hofburg aufbewahrt.

Die Reichsfeste fungierte auch als Staatsgefängnis, dessen berühmtester Insasse Richard Löwenherz war. Einer Sage nach, die heute noch in der Pfalz erzählt wird, geschah damals folgendes: Ein Sänger namens Blondel de Nesle begab sich eines Tages auf die Suche nach seinem gefangenen König. Ein Minnelied, das nur ihm und Richard bekannt war, sollte ihm dabei helfen. So zog er jahraus, jahrein von Burg zu Burg und stimmte unter vielen Mauern sein Lied an, vergebens. Doch irgendwann hatte er Glück: Nach der ersten Strophe Blondels antwortete Richard aus dem Inneren der Burg mit der zweiten. Mit zwölf Rittern befreite der treue Sänger seinen edlen Herrn. Soweit die Legende.

Je nachdem, wo die Sage erzählt wird, handelte es sich bei besagter Burg um den Trifels – oder die Feste Dürnstein in der Wachau. Eine schöne Legende, die in späteren Jahrhunderten noch so manche Ausschmückung erfuhr.

Die historische Wahrheit ist eine andere. Den Tatsachen entspricht, daß Richard I., König von England, genannt Löwenherz, auf der Reichsfeste Trifels gefangengehalten wurde. Doch wie kam es, daß ein solch mächtiger König eine derartige Demütigung hinnehmen mußte?

Kaum eine Gestalt des Mittelalters war so sehr Gegenstand von Legenden wie Richard Löwenherz. In unseren Tagen verkörpert er in den Robin-Hood-Filmen den guten und tapferen König, dessen Rückkehr das Volk herbeisehnt: Sein schurkischer Bruder Prinz John plündert das Land aus, während Richard auf einem Kreuzzug im Heiligen Land zum Wohl der Christenheit Heldentaten begeht.

Richard war eine schillernde Figur – widersprüchlich sein ganzes Wesen. Da er aber auch in den Augen seiner Zeitgenossen als Verkörperung des ritterlichen Zeitalters und seiner Tugenden galt, lohnt es sich, den vermeintlichen Helden und seine Taten näher zu betrachten.

Seine Eltern sind Heinrich Plantagenet, Herzog der Normandie sowie Graf von Anjou, und Eleonore von Aquitanien. Plantagenet wird 1154 als Heinrich II. König von England. Die Tatsache, daß dem englischen König weite Teile Frankreichs gehören, ist Anlaß fast ununterbrochener Fehden mit dem französischen Königshaus.

Richard wird 1172 Herzog von Aquitanien. Doch Heinrich denkt nicht daran, Richard das mütterliche Erbe zu überlassen. Eleonore wirbt Söldner an und rebelliert gegen ihren Mann. Die Söhne Heinrich, Richard und Gottfried schließen ein Bündnis mit dem französischen König. Richard führt Krieg gegen seinen Vater, unterwirft sich diesem aber 1174 – ebenso wie sein Bruder Heinrich, der sich jedoch bald wieder den Rebellen anschließt. Noch einige Male werden sie die Fronten wechseln.

Rechte Seite: Der Trifels bei Annweiler in der Südpfalz: Im hohen Mittelalter war die Feste Schatzkammer und Staatsgefängnis der deutschen Kaiser.

Richards Leben besteht aus einer einzigen Kette von Kriegszügen – er liebt den Kampf, dem er nie ausweicht. Schließlich liegt darin – neben der Minne – die einzig ehrenvolle Beschäftigung, die einem Ritter gebührt. Ruhm und Ehre auf den Schlachtfeldern zu sammeln, das ist nach seinem Geschmack und entspricht seinem Temperament. Er ist darin ganz Kind seiner Zeit: roh, gewalttätig und skrupellos. Das Elend der Bevölkerung schert ihn nicht – aber das ist wohl in allen Kriegen so. Die Sizilianer, deren Land er später ausplündern wird, geben ihm den Beinamen »Löwenherz«. Doch meinen sie damit nicht »furchtlos« und »tapfer«, sondern »erbarmungslos« und somit »herzlos«. Später wird aus »Löwenherz« eine Ehrenbezeichnung.

1187 kommen aus dem Heiligen Land beunruhigende Nachrichten: Jerusalem ist gefallen. Richard ist der erste Fürst, der die Kreuzfahrt gelobt.

Saladin heißt derjenige, der die Christen des Abendlandes das Fürchten lehrt. 1169 wird der Offizier kurdischer Abstammung Wesir von Ägypten. Bald darauf läßt er sich zum Sultan proklamieren und wird 1174 durch den Kalifen von Bagdad als solcher bestätigt. Saladin ruft zum Heiligen Krieg gegen die Ungläubigen auf, die sich in Palästina eingenistet haben und in deren Hand Jerusalem ist. Nachdem er in zähen Kämpfen mit den muslimischen Glaubensgenossen seine Macht gefestigt hat, kann er mit seinem Feldzug beginnen: 1187 fällt eine Küstenstadt nach der anderen. Der König von Jerusalem, Guido von Lusignan, ruft das Abendland zu Hilfe. Doch die europäischen Potentaten sind zu sehr mit ihren eigenen Händeln beschäftigt. Das christliche Besatzungsheer wird in der Wüste bei Hattin vernichtend geschlagen. Im Oktober fällt Jerusalem. Achtundachtzig Jahre zuvor war den Christen die Heilige Stadt in die Hände gefallen, und sie hatten in einem grauenhaften Blutbad die gesamte Bevölkerung abgeschlachtet – Moslems, Juden und auch Christen.

Saladin zeigt sich nach der Rückeroberung sehr viel großmütiger.

Unbeschreibliches Entsetzen packt das Abendland. Der Papst ruft zum Kreuzzug auf. Die Könige von Frankreich, Deutschland und England heben gewaltige Heere aus, die sich nach und nach ins Heilige Land in Marsch setzen. Während Franzosen und Engländer über das Meer gen Palästina segeln, führt Friedrich Barbarossa das deutsche Kontingent auf dem Landweg via Balkan und Kleinasien dorthin. Er sollte sein Ziel nie erreichen.

1189 stirbt Heinrich II. Richard wird König von England – eine der wenigen Gelegenheiten, sich auf der Insel aufzuhalten. Insgesamt hat er dort in den zehn Jahren seiner Regentschaft nur wenige Wochen zugebracht. Seine ersten Amtshandlungen bestehen darin, Geld aus dem Land zu pressen, um sein Kreuzzugsheer aufzustellen. Die neuen Steuern lasten schwer auf den Menschen. Richard verschachert jedes Amt. Im Kreuzzug sieht er die Herausforderung seines Lebens, wie für

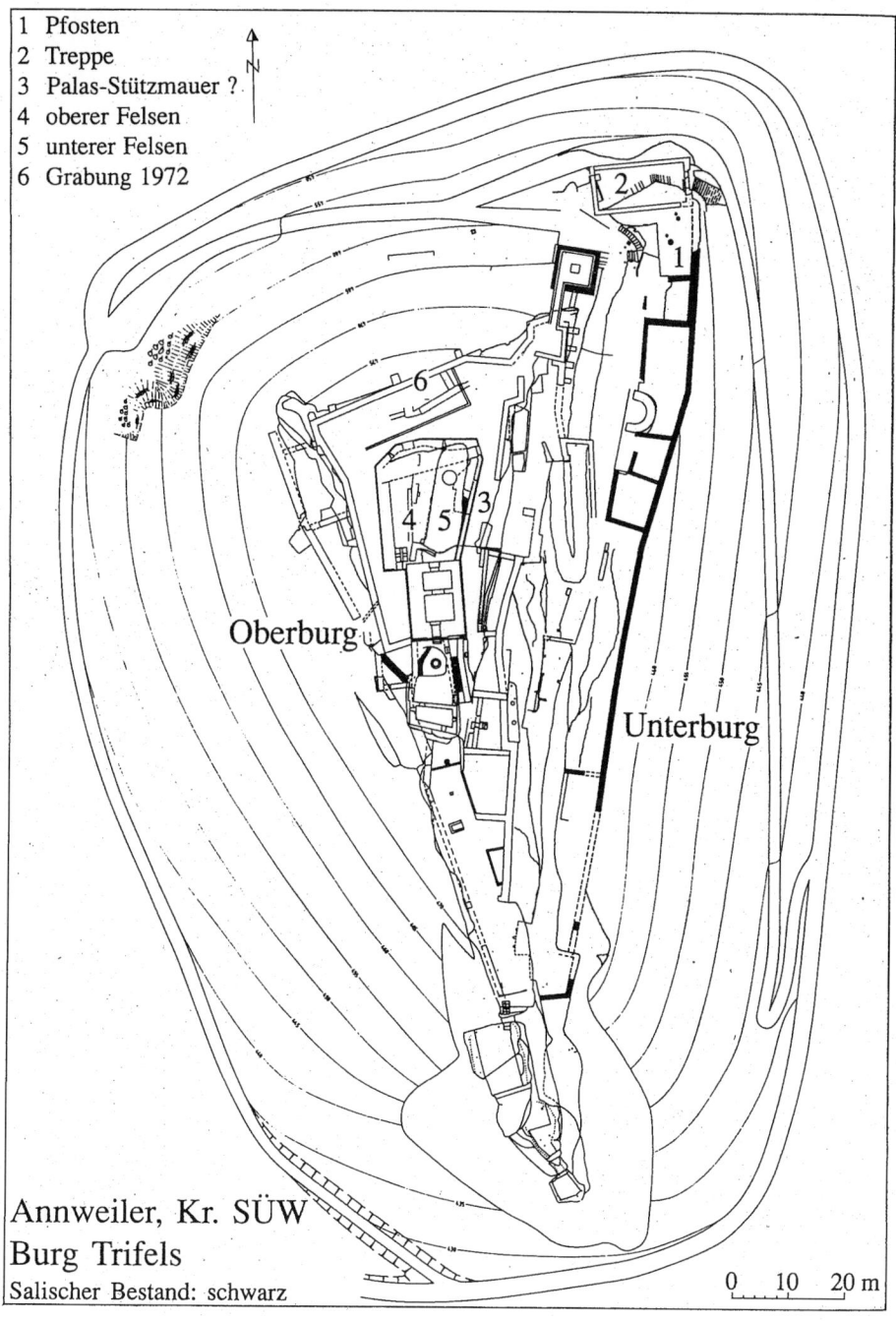

1 Pfosten
2 Treppe
3 Palas-Stützmauer ?
4 oberer Felsen
5 unterer Felsen
6 Grabung 1972

N

2

1

6

4 5 3

Oberburg

Unterburg

Annweiler, Kr. SÜW
Burg Trifels
Salischer Bestand: schwarz

0   10   20 m

Schema der Burganlagen des Trifels.

ihn gemacht. Mit Feuer und Schwert will er Jerusalem von den gottlosen Heiden befreien – eine Aufgabe, die eines edlen Ritters würdig ist.

Kreuzfahrerheere sind Söldnerhaufen, die bei jeder Gelegenheit marodieren. Übel ergeht es den Landstrichen, über die sie herfallen. Schon der erste Kreuzzug hatte sich in einer Welle von Pogromen entladen. Die fanatisierten Horden, darunter Entwurzelte, Unfreie und Kriminelle, knöpften sich zunächst die Juden im Rheinland vor. Die Ungläubigen im eigenen Land, die den Herrn Jesus ans Kreuz gebracht haben, sollten als erste dran glauben. Dabei ging es nicht um Religion, sondern um Raub – wie im Heiligen Land auch.

Lissabon ist bei diesem Kreuzzug das erste Opfer. Unterwegs wird Messina geplündert, das den Kreuzfahrern zunächst freundlich entgegentritt. Dann erobert Richard Zypern – nur um die Insel nach dem Kreuzzug wieder zu verkaufen. Der Weg ins Heilige Land wird zum einzigen Raubzug; Richards Kriegskasse ist chronisch leer – und er ebenso geldgierig wie verschwenderisch.

Im Juni 1191 erreicht der Engländer Akkon. Sein Gegenspieler, Philipp II. August von Frankreich, ist schon da. Konrad von Montferrat belagert – von Konstantinopel kommend – schon seit zwei Jahren erfolglos Saladins Festung. Angesichts der Mauern Akkons leben die alten Fehden unter den Fürsten wieder auf. Jeder ist darauf aus, den Konkurrenten in Taten und Ehrgeiz bei der Rückeroberung des Heiligen Landes zu überbieten.

Fünf Wochen nach Richards Ankunft fällt die Stadt. Sein Mut und seine Kriegskünste sind in aller Munde – was die Mißgunst der anderen hervorruft.

Richard hat sich bald etliche von ihnen zu Feinden gemacht. Herzog Leopold von Österreich wird von dem Engländer schwer beleidigt: Nach der Einnahme Akkons läßt Richard das Banner des Österreichers von den Mauern holen und durch den Straßendreck schleifen, er soll den Herzog mit Fußtritten traktiert haben. Die gefangenen Moslems will Richard – natürlich – zu Geld machen. Er verhandelt mit Saladin, einigt sich mit ihm auf ein Lösegeld, darunter auch auf die Herausgabe der Reliquie des wahren Kreuzes Christi.

Doch die erste Rate erfüllt nicht die Erwartungen des Siegers. Darauf läßt er die Gefangenen – zweitausendsiebenhundert sollen es gewesen sein – auf dem Strand zusammentreiben und massakrieren – unter den Augen der einheimischen Bevölkerung. Ein wenig ritterlicher Zug.

Richard marschiert Richtung Jerusalem. Saladins Reiterheere setzen den Christen schwer zu. Die europäischen Ritter kochen in ihren schweren Rüstungen, die für die Sommerhitze Palästinas völlig ungeeignet sind.

Es stellt sich bald heraus, daß keine Seite über die Stärke verfügt, den Gegner zu besiegen. Richards Ziel, als Befreier Jerusalems zurückzukehren, rückt in immer weitere Ferne. Er verhandelt wieder mit Saladin und erreicht einen Waffenstillstand für fünf Jahre. Christliche Pilger haben freien Zugang zu den heiligen Stätten.

Rechts: Blick vom Turm in den Pfälzer Wald. Die Pfalz war einmal das Kernland des Heiligen Römischen Reiches Deutscher Nation.

Unten: Weltliche und geistliche Symbole der Kaisermacht: Die Kopien der »Reichskleinodien« im Turm des Trifels.

Im Oktober 1192 reist der König ab, denn aus Europa dringt schlimme Kunde an sein Ohr: Philipp, schon vor ihm nach Frankreich zurückgekehrt, eignet sich dort Richards Besitzungen an. Bruder Johann, von seinem Vater mit dem Spottnamen »ohne Land« belegt, greift in England nach der Macht.

Die Heimfahrt steht unter keinem glücklichen Stern. Richard sieht sich gezwungen, als Pilger verkleidet durch das Gebiet Leopolds von Österreich zu reisen. Im Dezember 1192 werden er und seine Begleiter in Erdberg bei Wien erkannt. Für einen Wallfahrer war sein Aufzug etwas zu prächtig, und er soll mit Geld nur so um sich geworfen haben. Leopold ist hoch erfreut, an seinem Erzfeind Rache nehmen zu können, und kerkert Richard, den Helden seiner Zeit, auf Burg Dürnstein ein. Kaiser Heinrich VI., der Nachfolger des beim Kreuzzug ertrunkenen Friedrich Barbarossa, erfährt davon und verlangt die Herausgabe des Engländers, was im März 1193 beim Gerichtstag in Speyer geschieht. Dort wird eine lange Liste von Anklagepunkten verlesen, die unter anderem auf Mord und Verrat lauten: Richard soll die Ermordung Konrads von Montferrat, der Philipp von Frankreich unterstützte, angestiftet und durch seine Verhandlungen mit Saladin die Sache der Kreuzritter und Jerusalem verraten haben. Doch Richard ist ein stolzer und selbstbewußter Mann: In einer mitreißenden Verteidigungsrede überzeugt er die Anwesenden von seiner Unschuld. Alle Anklagepunkte werden fallengelassen, Heinrich lobt Richards Taten und gibt ihm den Friedenskuß.

Doch frei kommt er deshalb noch lange nicht. Richard kann froh sein, daß er nicht seinem französischen Widersacher Philipp ausgeliefert wird, der seinen Intimfeind liebend gern in die Finger bekommen hätte. Heinrich VI., der mächtigste Stauferkaiser und auch einer der unsympathischsten, schachert weiter mit dem prominenten Gefangenen und läßt ihn auf seiner Reichsfeste Trifels südwestlich von Speyer internieren. Er setzt ein Lösegeld von hundertfünfzigtausend Mark fest – eine für damalige Zeiten gewaltige Summe. Eigentlich ist Richard als Kreuzfahrer unantastbar, aber er hat sich zu viele Feinde gemacht.

Der Aufenthalt auf dem Trifels scheint angenehmer als die Haft in Österreich gewesen zu sein. Es wird berichtet, er habe unter Umständen gelebt, die eines Ritters würdig gewesen seien – in einem »goldenen Käfig«. Die Legenden erzählen von Saufgelagen und ritterlichen Spielen, die er mit seiner Wachmannschaft veranstaltet haben soll. Auch hatte er viel Zeit, traurige Lieder über sein hartes Los zu dichten:

> Schwach die Worte und stockend die Zunge,
> womit ein Gefangener seine traurige Lage beklagt;
> doch zu seinem Trost mag er ein Lied machen.
> Freunde hab' ich viele, aber ihre Gaben sind gering;
> Schande über sie, wenn unausgelöst ich armer Wicht
> zwei Winter schmachte hier!

244

Die Engländer müssen also wieder für ihren König bluten und bringen das gewaltige Lösegeld auf. Richard erkennt den deutschen Kaiser als seinen obersten Lehnsherrn an – und empfängt England als Lehen. Zudem sagt er dem Kaiser seine Unterstützung bei der Eroberung Siziliens zu. Im Februar 1194 kann er den Trifels nach vierzehn Monaten verlassen. Nach dem Fürstentag in Mainz darf er wieder seiner Wege ziehen.

Richard war ein Abenteurer, kein Politiker. Durch sein Leben zieht sich eine Spur von Blut, Zerstörung und Brutalität. Was er gerade unter größten Opfern an Menschenleben und Geld erworben hatte, gab er im nächsten Moment ohne Not wieder preis.

Man sollte sich hüten, ihn mit heutigen Maßstäben zu messen. Er war das Produkt seiner Zeit und nicht roher als andere seines Standes. Allerdings umwob ihn schon zu Lebzeiten die Legende, er galt als Verkörperung der ritterlichen Ideale. Sein Mythos sollte in den kommenden Jahrhunderten noch wachsen – durch Shakespeare beispielsweise, der ihn als furchtlosen Helden beschreibt, der mit bloßer Hand einem Löwen bei lebendigem Leib das Herz herausreißt.

Richards Leben war ein prächtiges Turnier, sein Tod gewöhnlich. 1199 belagerte er wieder einmal eine Burg. Bei einem leichtsinnigen Erkundungsritt traf ihn ein Armbrustbolzen in die Halsbeuge. Die Burg, nur von vierzig Männern und Frauen verteidigt, wurde gestürmt, die Besatzung getötet und der Schütze gefaßt. Der sterbende Richard übte sich noch in einer ritterlichen Geste: Er verzieh seinem »Mörder«, beschenkte ihn und gab ihm die Freiheit.

Doch kaum war Richard tot, wurde dem Unglücksschützen bei lebendigem Leib die Haut abgezogen und er dann gehängt.

Verlassen wir Richard Löwenherz, und kehren wir in die Pfalz zurück – in eine Landschaft, deren Vorzüge dem König nicht entgangen sein dürften.

Diese Region zwischen Rhein und französisch-luxemburgischer Grenze ist eine vom milden Klima verwöhnte, uralte Kulturlandschaft. Bis zur Völkerwanderungszeit siedelten hier Kelten und Römer, von denen vor allem eines bis heute geblieben ist: der Weinbau. Die römische Herrschaft endete, als germanische Stämme kurz nach 400 über den Rhein strömten und das Land verwüsteten.

Die Burgunder errichteten hier ihr kurzlebiges, sagenhaftes »Nibelungenreich«, dann kamen Alemannen und Franken.

Die Pfalz ist ein Burgenland – oder besser: ein Land der Burgruinen. Sofern die mittelalterlichen Anlagen die Fehden des Adels, den Bauernkrieg und den Dreißigjährigen Krieg überstanden hatten, wurden die meisten 1689 zerstört. Die Truppen des Sonnenkönigs machten in einem beispiellosen Vernichtungsfeldzug einer blühenden Landschaft und etlichen ihrer Kulturdenkmäler den Garaus. Damals gingen die alten Reichsstädte Oppenheim, Worms und Speyer ebenso wie kleine

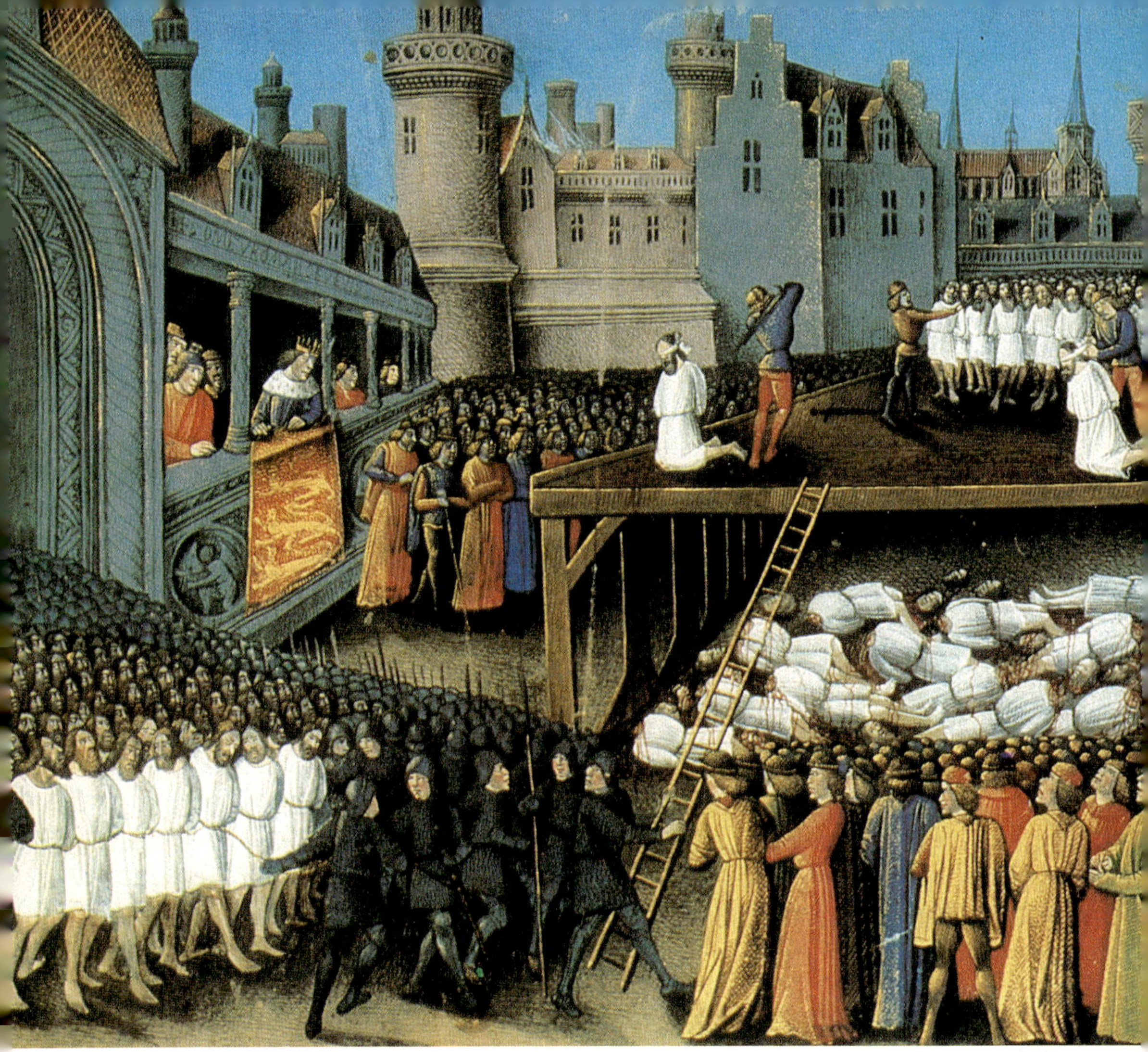

Oben: Eine Miniatur, um 1490 entstanden, zeigt König Richard, der die moslemischen Geiseln in Akkon hinrichten läßt.

Rechts: König Richard, »der Löwenherzige«, dargestellt auf seinem Sarkophag in Fontevrault.

Dörfer in Flammen auf. Zahllose Burgen – ob strategisch wichtig oder völlig veraltet – wurden gesprengt.

Die Dörfer bauten die Pfälzer wieder auf, die Burgruinen überwucherte bald Wald und Gestrüpp; sie wurden als Steinbrüche genutzt. Erst der »Ruinentick« der Romantik erweckte die Mauern aus ihrem Dornröschenschlaf. Mit der Burgruine sind bis auf den heutigen Tag Sehnsüchte und romantische Vorstellungen verknüpft. Sie ist beinahe zu einem Synonym geworden für eine vergangene Zeit, in der es noch hehre Ideale gab – zumindest eine Zeit, in der die Welt noch fest gefügt und überschaubar war.

Die Burg ist eine Erfindung des frühen Mittelalters. Die Schwächung des Königtums im Streit mit den Päpsten um die weltliche Vorherrschaft führte zum Aufstieg des Adels. Als sichtbare Zeichen der neugewonnenen Stärke entstanden überall im Heiligen Römischen Reich und im restlichen Europa diese befestigten Wohnsitze. Wer Burgen besaß, hatte Macht und Kontrolle über das Land, seine Bauern und über die Verkehrs- und Handelswege. Um die Mitte des 11. Jahrhunderts begann ein »Bauboom«: Zwischen dem 11. und 15. Jahrhundert wurden in Zentraleuropa schätzungsweise fünfzehntausend Burganlagen errichtet!

Einzelne Gebiete entwickelten sich zu regelrechten Burgenlandschaften, wie beispielsweise das Elsaß, der Odenwald, Schwaben – und die Pfalz. Dreihundert Burgen standen auf dem Gebiet der heutigen Pfalz, geblieben sind einige Dutzend.

Mit Beginn der Herrschaft des salischen Kaisergeschlechts Anfang des 11. Jahrhunderts wurde die Pfalz zum Kernland des Reichs. Im Worms- und Speyergau hatten die Salier ihre Hausmacht: Konrad II., Graf im Speyergau, wurde 1024 Nachfolger des Ottonen Heinrich II. Der Dom zu Speyer ist die Grablege dieses Kaisergeschlechts und zugleich der größte erhaltene romanische Kirchenbau. Die Pfalz war auf lange Zeit eine Königslandschaft, die »palatia regis«. Das Amt des »Pfalzgrafen« aus staufischer Zeit, des »comes palatini Rheni«, gab dem Land seinen Namen.

Die Burg in salischer Zeit entspricht kaum dem, was man sich unter dem klassischen Beispiel eines Ritterwohnsitzes mit Türmen, Zinnen und hohen Mauern vorstellt. In der Regel bestand sie aus einem Turm, der von einer Mauer oder Palisade umgeben war. Manche waren aus Holz errichtet. Viele von ihnen, vor allem die Wohnsitze der Ministerialen, der kaiserlichen Beamten, lagen nicht einmal auf einem Berg.

Bis vor kurzem wußten die Forscher wenig von den frühen Burganlagen. Das 11. Jahrhundert war für die Mittelalterarchäologie ein weißer Fleck. Erst die Vorbereitung der großen Salierausstellung in Speyer brachte 1988 einen entscheidenden Fortschritt. Archäologen und Historiker taten sich im selben Jahr zusammen und veröffentlichten schon 1991 innerhalb der Publikationen zur Salierausstellung zwei dicke Bände über die »Burgen der Salierzeit«.

Aus zwei Gründen waren die Erkenntnisse über diese Anlagen so dürftig: zum einen, weil viele aus Holz gebaut waren und die Zeiten nicht überdauerten; zum anderen, weil etliche salische Höhenburgen in staufischer Zeit vollkommen umgebaut wurden. Die Staufer, die den Saliern nach 1125 auf dem Kaiserthron folgten, bescherten dem Reich Mitte des 12. Jahrhunderts ein zweites »Burgenbaufieber«.

In der Pfalz existiert das sehr seltene Beispiel einer rein salischen Burg. Ihr alter Name ist nicht überliefert; der Volksmund nannte sie »Schlössel«. Sie liegt, von dichtem Wald umgeben, auf einer Bergkuppe nahe dem Ort Klingenmünster in der Südpfalz.

Dort, wo die Hügel des Rebenlandes an den Höhenzug der Haardt stoßen, beginnt der Pfälzer Wald – eines der größten Waldgebiete Deutschlands. Von den Bergen am Haardtrand hat man einen weiten Blick in die Rheinebene nach Osten und über das Pfälzer Bergland im Westen. Diese Berge waren wie geschaffen für den Burgenbau.

Wenn der Burgberg, den ich mit dem Filmteam suchte, so ausgesehen hätte wie damals, nämlich kahl, hätten wir ihn leichter gefunden. Heute überwuchert der Wald alles – und kein Hinweisschild zeigt den Weg zur Burg.

Als ich mit dem Filmteam die Kuppe des Berges erreicht hatte, fielen uns langgezogene Steinhaufen zwischen den Baumreihen auf. Sie sind die Reste eines Ringwalls, etwa zweihundertzehn Meter lang und hundert Meter breit, der sich noch deutlich erkennbar um die Bergkuppe legt. Solche Anlagen finden sich noch häufig in der Pfalz – vor allem an der Haardt: dort, wo die Berge des Pfälzer Waldes den Rheingraben begrenzen. Sie dienten als Fliehburgen für die Bevölkerung in der Ebene. Ihre Entstehung geht auf die Furcht vor den Wikingern zurück: Im 8. Jahrhundert kamen die Männer aus dem Norden mit ihren Drachenbooten weit den Rhein hinaufgefahren und plünderten die Landschaften entlang des Stroms aus. Die nicht minder raublustigen Ungarn waren nach 900 mehrfach mit ihren Reiterheeren über den Rhein vorgedrungen.

Die Fliehburgen waren nie bewohnt, wie die archäologische »Fundleere« dort beweist. Nachdem keine Bedrohung von außen mehr zu befürchten war, gerieten sie so vollständig in Vergessenheit, daß die Bevölkerung diese Bauwerke den Römern, den »Heiden«, zuschrieb, wie die Namen »Heidenlöcher«, »Heidenmauern« oder »Heidenschloß« beweisen.

Die Anlage auf dem Treitelkopf bei Klingenmünster wurde zwischen 880 und 920 erbaut; ist also spätkarolingisch-frühottonisch. Während andere Ringwälle nur mit geübtem Auge im Waldboden zu erkennen sind, gibt es hier sogar noch ein deutlich sichtbares Tor.

In der Mitte der Bergkuppe, am nordwestlichen Rand des Ringwalls, stehen die Reste der salischen Turmburg. Sechs Meter ragen die Mauern noch empor. Sie sind mehr als zweieinhalb Meter dick. Daraus schlossen die Archäologen, daß der Turm einmal fünf Geschosse hatte und somit eine Höhe von über zwanzig Metern erreichte. Sein Grundriß verläuft mit dreizehn mal dreizehn Metern exakt quadratisch. An seiner Nordflanke ist ein ebenfalls quadratischer Abortturm mit vier mal vier Meter Grundfläche angebaut – ein Hinweis darauf, daß es sich um einen Wohnturm gehandelt haben muß. An seiner Südseite fällt ein maskenartiges Gesicht auf, das vielleicht alle bösen Einflüsse von außen bannen sollte. An der Innenseite des Torturms findet sich ein ähnliches Motiv.

Als Anfang des Jahrhunderts zum erstenmal Forscher auf diese Reste aufmerksam wurden, war von den Mauern kaum etwas zu sehen. Die Grabungen förderten Türstürze mit Kerbschnittornamentik und die Säulen eines Drillingsfensters zutage. Auf der dazugehörigen Fensterbank war ein Mühlespiel eingraviert. Diese Teile befinden sich heute im Historischen Museum der Pfalz in Speyer.

Steine an den Mauerecken sind mit den für die salische Zeit typischen Fischgrätenmustern verziert, welche die Datierung der Burg ermöglichen: Sie muß schon zur Zeit Konrads II. gebaut worden sein – um 1040 – und ist damit eine der ältesten Burgen im deutschen Südwesten.

Bestand die Anlage anfangs nur aus einem Turm und dem alten Ringwall, so wurde sie um 1080 erweitert. Den Turm stockte man auf und fügte dem Ganzen eine steinerne Ringmauer mit Torturm, Anbau und einem Wirtschaftsgebäude hinzu. Damit war schon eher die Ähnlichkeit mit den klassischen Wehrburgen, wie sie bald überall entstanden, gegeben.

Die Turmburg »Schlössel« ist deswegen eine der wenigen rein salischen Anlagen, weil sie früh zerstört und nie wieder aufgebaut wurde. Wahrscheinlich gehörte sie im 12. Jahrhundert den Grafen von Saarbrücken. Die Überlieferung berichtet von einer Fehde zwischen Kaiser Friedrich I. Barbarossa und dem Haus Saarbrücken, der vier Burgen in der Pfalz und im Saarland zum Opfer fielen.

Burgenbau war ursprünglich ein Privileg der Könige. Je schwächer das Königtum wurde, desto eher bedienten sich Fürsten und andere mächtige Territorialherren des Mittels »Burgenpolitik«, um ihre Machtvorstellungen durchzusetzen. Der Staufer Barbarossa seinerseits dokumentierte seinen Herrschaftsanspruch durch die Zerstörung dieser vier Adelsburgen. Weiter nördlich, in Kaiserslautern, lag eine seiner wichtigsten Pfalzen. Sie sollte nur von seinen Reichsburgen umgeben sein.

So ist das »Schlössel« höchstwahrscheinlich 1168 auf Befehl Barbarossas niedergebrannt worden. Noch heute erkennt man die Spuren des Feuers an der Nordseite des Turmes, wo infolge der Hitzeeinwirkung die Mauersteine aufgeplatzt sind.

Wie so oft in der Pfalz hat sich auch dieser Ruine ein Burgenverein angenommen, dessen Mitglieder die Mauern wieder hochgezogen und gesichert haben. Viele dieser Initiativen von Burgenfans waren für die alten Gemäuer eher schädlich als nützlich, weil die Eingriffe unsachgemäß durchgeführt wurden.

Linke Seite: Das Innere der salischen Turmburg »Schlössel«. Die dicken Mauern des Erdgeschosses lassen auf eine ursprüngliche Turmhöhe von über zwanzig Metern schließen.

Oben: Ein maskenhaftes Gesicht an der Südmauer sollte wohl das Böse von den Mauern abwehren.

Rechts: Das »Fischgrätenmuster« war ein für die salische Zeit typisches Mauersteindekor.

Die Einheimischen sind stolz auf ihre Burgen und würden die Ruinen am liebsten wieder aufbauen. Doch die sind historisch-archäologische Denkmale und keine Objekte für Freizeitaktivitäten. Eine Ruine ist ein viel aussagekräftigeres Zeugnis vergangener Epochen als eine noch so gut gemeinte »Rekonstruktion«. Ohne fachkundiges Vorgehen werden wichtige Bodenurkunden zerstört. Burgenarchäologie ist eine Sache für Fachleute. Ohne Zustimmung der Landesdenkmalämter darf sowieso nichts an einem archäologischen Objekt verändert werden – ob Keltengrab oder Burg. Die Hobbyburgenpfleger legen Mauerwerk, Keller und Fußböden frei, die dann ohne entsprechende Konservierung rasch zerfallen, während ihnen der Boden Schutz geboten hätte. Sind solche Reste einmal freigelegt, dann zieht ihr Unterhalt Kosten nach sich. Doch dafür fehlt dann oft das Geld.

Andere gehen bei der Sicherung der Mauern verschwenderisch mit Beton um – so auch am »Schlössel«. 1980 verpaßten die »Burgenbauer« dem größten Teil der Mauerkrone einen soliden Betondeckel. Sondierungsgrabungen wurden nicht dokumentiert. Die ausgegrabenen Fundamente des Wirtschaftsbaus werden von hirnlosen Wandalen zerstört, weil sie nicht geschützt sind. Die vor dem Turm freigelegten Reste eines Backofens waren ebenfalls zertreten.

Die Burg Trifels, auf der Richard Löwenherz seine Haftzeit absaß, war ebenfalls in salischer Zeit entstanden, etwa zur gleichen Zeit wie das »Schlössel«. Mit dem Lösegeld für Richard eroberte Heinrich VI. das Normannenreich auf Sizilien und erbeutete dort den sagenhaften Schatz der Normannen. Der Truchseß Marquard von Annweiler hatte zuvor am 4. Mai 1194 unterhalb der Burg die kaiserlichen Heere versammelt. Die geraubten Reichtümer brachte man auf die Reichsfeste Trifels. Angeblich sollen hundertvierzig Maultiere für den Transport notwendig gewesen sein. Die vornehmsten Vertreter des sizilianischen Hochadels begleiteten ihn: Sie wurden hier als Geiseln gefangengehalten.

Mit einem Teil der für den englischen König erpreßten Summe hatte Heinrich begonnen, die Reichsfeste vollkommen umzubauen. Es entstand jene staufische Burg, die zu einem Symbol deutscher Reichsgeschichte des Mittelalters wurde. Darunter verschwand die salische Festung. Doch wie ihre salische Vorgängerin existiert auch der Bau der Staufer nicht mehr. Die heutige Anlage ist größtenteils ein Neubau.

Mit dem Niedergang der Königsmacht zeichnete sich auch das Ende der Reichsfeste ab. 1568 wurde die Burg zum letztenmal renoviert. Damals diente sie als Archiv der Herzöge von Zweibrücken. Die Inventarliste enthüllt, daß sie zu jenem Zeitpunkt schon ziemlich verwahrlost gewesen sein muß: Es ist von morschen Tischen und kaputten Fensterläden die Rede. 1602 zerstörte ein Blitzschlag den Palas. Der letzte Burgvogt verließ die Burg 1635, mitten im Dreißigjährigen Krieg. Unter der geschundenen Bevölkerung, die hier Zuflucht gesucht hatte, war die Pest ausgebrochen.

252

Danach teilte sie das Schicksal Hunderter von Burgen der Pfalz: Die verwend-
baren Teile wie Fußböden, Sandsteinsäulen, Fenster- und Türstöcke wurden zwischen 1660 und 1680 herausgebrochen – eine Burg als billiger Steinbruch. Anfang
des 18. Jahrhunderts existierten nur noch der Turm mit der Kapelle, der Brunnen-
turm, die Ruine des Wachhauses und geringe Reste des Palas.

Künstler des 19. Jahrhunderts haben den damaligen Bestand in Lithographien
und Aquarellen festgehalten. 1866 gründete sich der »Trifels-Verein«, der sich die
Erhaltung der Ruine zur Aufgabe machte.

Die Burg, die sich heute dem Besucher präsentiert, steht als anschauliches Beispiel
dafür, daß sich Ideologie nicht um geschichtliche Wahrheit schert, sondern sie in
ihrem Sinn gestaltet. Die Reichsfeste Trifels hat für eine »Rekonstruktion« herhal-
ten müssen, der eine Idee, aber keine Belege, wie sie einmal ausgesehen hat,
zugrunde lagen.

Wie es zum umstrittenen Wiederaufbau Ende der dreißiger Jahre kam, hat der
profilierteste Kenner und Burgenforscher der Pfalz, Günter Stein, gründlich recher-
chiert und in einer Festschrift veröffentlicht. Der damalige Zeitgeist, der über die
Trifelsruine hereinbrach, tritt hier besonders kraß zutage.

1938 erbat ein »namhafter Vorgeschichtsforscher«, der sich vor allem durch
seinen »völkischen« Denkansatz auszeichnete, vom Historischen Museum der
Pfalz in Speyer Material über pfälzische Burgen. Er war der festen Überzeugung,
daß die Burgen in Deutschland nicht mittelalterlich oder römisch, sondern vorge-
schichtlich seien. Er schrieb: »Mit Ausnahme von wenigen Burgen, welche im
Mittelalter bewohnt waren und die wahrscheinlich zu diesem Zweck erweitert
worden waren, zeigen die Burgen keine Spuren, daß sie bewohnt waren ... Römisch sind die Burgen bestimmt ebenfalls nicht, so daß nur die Lösung bleibt, daß
es vorgeschichtliche Malstätten waren, Wallfahrtsorte, und daß die Bauten nur
eine sinnbildliche Bedeutung hatten. An manchen Burgen kommen Bildrunen und
Schriftrunen vor, welche die Heiligkeit besagen...« – und so weiter. Man sollte
meinen, daß solch blühenden Unsinn aus der Feder eines Halbgebildeten mit
rassischer Fixierung kein Mensch ernst genommen hätte. Doch in diesen Zeiten
erfuhr der Schreiber Unterstützung von höchsten Stellen.

Nachdem er das Speyrer Material gesichtet hatte, schrieb er: »Soweit ich das
Schrifttum von der Speyrer Staatsbücherei in Händen bekam, ist gerade für die
Pfalz zu erweisen, daß kulturell und auch blutlich fast nichts Römisches geblieben
oder entstanden ist, daß also an der Römischen Kulturherkunft nichts wahres ist.«
Zu erforschen seien allein Thingstätten, Hünengräber, heilige Quellen, Wege-
kreuze, Straßenzüge, Flur- und Siedlungsnamen, Bräuche, Sagen und »die übrigen
Weihestätten..., die allerdings großenteils von Burgen, Klöstern und Kirchen
überbaut sind«. Der Gipfel dieser messerscharfen Logik: »Daher ist der Verfall
dieser Burgen usw. zu begrüßen, damit die alten Weihestätten wieder frei werden.

Die Pfalz braucht auf ihre Burgen nicht stolz zu sein, sondern muß sich schämen, mit das Ausgangsland für das römische Recht gewesen zu sein. Diese Burgen sind also nicht mit einzubeziehen, Reichsminister Darré nennt sie Zwingburgen und Schandmale... Alles Römische wäre also auszuschließen, da es lediglich feindlich-fremde vorübergehende Besetzung und Kulturverminderung war. Es wird sich also erweisen, daß die Kultur der Pfalz nicht römisch und nicht erst christlich ist.«

Alle bekannten historischen und kunstgeschichtlichen Tatsachen des deutschen Südwestens werden von dem braunen Schreiberling als Geschichtsfälschung hingestellt. Die römischen Bauwerke in Trier, Deutschlands ältester Stadt, die einmal das »Rom des Nordens« genannt wurde, sind also Sinnestäuschungen. Deutscher Boden und deutsches Blut unter fremdem, südländischem Einfluß! Das paßte einfach nicht ins germanenzentrierte Weltbild.

Und doch sollte die »Zwingburg« Trifels wiedererstehen – und zwar mit ausdrücklicher Billigung des Führers und mit Unterstützung des bayerischen Ministerpräsidenten Siebert (die Pfalz gehörte bis 1933 zu Bayern, danach zur Saarpfalz in der Westmark). 1937 baute man durch den Wald eine Straße zum Trifels. Bei ihrer Übergabe hielt Siebert eine Festrede. Der Trifels, führte er aus, dieser trutzige Zeuge deutscher Geschichte, sei in der Vergangenheit sträflich vernachlässigt worden. Die neue Zeit wolle alle Burgen der Pfalz und des Reichs neu gestalten. Der Führer habe insbesondere die Neugestaltung des Trifels gebilligt und einen großen Betrag aus seiner Kasse zur Verfügung gestellt. Der Trifels sei als nationale Weihestätte auserkoren, in welcher der Gau Saarpfalz seine großen Weihestunden an historischer Stätte begehen wolle. Verdiente Angehörige der Parteiorganisationen sollten jeweils vier Wochen eine Ehrenwache auf der Burg halten.

Der Gutachter für diesen Wiederaufbau war Bodo Ebhard, der schon zu Kaisers Zeiten der habsburgischen Hohkönigsburg im Elsaß zu neuem »Glanz« verholfen hatte. Er schrieb: »Damit würde Tausenden und Abertausenden unserer Volksgenossen eine Stunde ernster Einkehr und tiefster Bewegung ermöglicht werden und im Westen des Deutschen Reiches ein Mahnmal entstehen, das unser Volk daran erinnert, wie in früheren Zeiten ungeheuer Großes – durch die Stauferkaiser Erreichtes – zusammenbrach durch die Uneinigkeit und Ziellosigkeit innerdeutscher Gewalten, und wie hoch wir dagegen heute die großzügige Gestaltung des Dritten Reiches unter der klaren und heldenmütigen Führung durch Adolf Hitler dankbar einschätzen müssen. Es würde einer großen Vergangenheit und einer stolzen Gegenwart ein weithinragendes Denkmal gesetzt.«

Also keine Rede mehr von einem »Schandmal«. Eine besonders deutsche Burg, eine Gralsburg sollte hier entstehen; zur Verherrlichung einer Epoche, als das Reich der Deutschen sich von der Nordsee bis nach Sizilien erstreckte.

Mit dem Aufbau des »Reichsehrenmals« wurde Rudolf Esterer beauftragt, Ministerialrat im Bayerischen Staatsministerium der Finanzen.

Der zweigeschossige Saal im Palas des Trifels nach den Plänen Rudolf Esterers; konzipiert für nationalsozialistische Fahnenweihen und Parteiveranstaltungen.

Es fanden sich damals schon Kritiker dieses Prestigeprojekts – wie der Speyrer Museumsleiter Friedrich Sprater. Er meinte, aufgrund der geringen Reste sei es nicht möglich, eine getreue Nachbildung der Feste Trifels zu schaffen. Dort hatte der »Historische Verein Speyer« von 1935 bis 1937 unter Spraters Leitung Ausgrabungen durchgeführt, die wichtige Erkenntnisse über das Aussehen der alten Burg erbrachten. Sogar der bereits erwähnte Ebhard riet von einem Wiederaufbau ab.

Esterer setzte sich über diese Bedenken hinweg. Er beachtete weder die archäologisch gesicherte Bausubstanz, noch kümmerte er sich um die vorhandenen Reste. So entstand das Wohnhaus des Kastellans an einer Stelle, wo ein kleiner Hof freigelegt worden war, und der Toilettenbau wurde über einer staufischen Ausfalltreppe errichtet. Dagegen fällt ein Charakteristikum der staufischen Burgen, der ausgeprägte Abortturm, völlig weg: Solch profane Bauteile paßten nicht zu einer »neugermanischen« Weihestätte.

Den Palas, der nur noch in geringen Mauerresten erhalten war, errichtete er völlig neu in historisierenden Formen. Er versuchte, die »Staufik« – oder was er dafür hielt – zu imitieren. Beim Neubau orientierte er sich angeblich an staufischen Bauten in Apulien. Der Bau des Trifels wurde allerdings nicht von Burgen Südita-

255

liens, sondern – wie neuere Forschungen nahelegen – von der Normandie architektonisch beeinflußt.

Was dabei herauskam, ist nichts als eine sehr freie Interpretation. Esterer gab das auch zu. In einem Zeitungsinterview sagte er 1951: »Eine Rekonstruktion war unmöglich, überhaupt jeder Versuch einer historisierenden Imitation. Was zu verwirklichen war, das war eine Idee: die Trifels-Idee!«

Die »Trifels-Idee«, von der er spricht, ist nichts anderes als eine Manifestation der Naziideologie. 1941 bestimmte der Führer den Trifels neben der Marienburg und der Wartburg zum Reichsehrenmal. Damals war der Palas noch im Bau – doch der Krieg verhinderte die Fertigstellung der »Gralsburg«.

Pikant ist, daß nach dem Krieg nach den Plänen Esterers weitergearbeitet wurde. Die Denkmalpflege stand vor dem Dilemma, einen unfertigen Torso zu konservieren oder die begonnenen Bauteile nach Esterers Maßgaben zu vollenden – und seien sie auch noch so fragwürdig. Die Behörde entschied sich für das letztere.

Als der Palas vollendet war, stellte sich heraus, daß er viel zu hoch war. Also mußte auch der – in großen Teilen erhaltene – Turm aus Gründen der Proportion um ein Stockwerk erhöht werden. Das geschah in den Jahren 1964 bis 1966.

Der Palas veranschaulicht eindringlich die Willkürlichkeit dieser Rekonstruktion: Das erste und zweite Stockwerk sind zu einem einzigen großen Raum zusammengefaßt – eine für staufische Zeiten auch bautechnisch unmögliche Lösung. Dieser Raum erhielt eine freitragende Deckenkonstruktion aus Eichenholz. Im Inneren führt eine große Freitreppe zur Galerie. Solche Treppen gab es in staufischer Zeit nur als äußere Freitreppen. Der Raum mußte so hoch sein, um bei Parteiveranstaltungen große Menschenmengen mit Fahnen und Standarten aufnehmen zu können.

Hinter den pseudostaufischen Mauern verschwanden auch die letzten Reste der salischen Reichsburg, in der einst der prominenteste Gefangene seiner Zeit saß. Von ihrem Aussehen wissen wir nichts. Die Burgenarchäologie wäre heute mit ihren gründlichen Bauaufnahmen zu gewissen Aussagen darüber fähig. Doch dafür ist es zu spät. Esterers eitles Werk hat das ein für allemal verhindert.

Die Bauausführung ist handwerklich perfekt – und doch demonstriert dieser Neubau nur kalte Pracht, die mit der Geschichte dieser Burg nichts gemein hat. Die wenigsten der jährlich hundertachtzig- bis zweihunderttausend Besucher der Burg werden da differenzieren können. Der Neubau der Trifelsburg kann nur bedingt Geschichte vermitteln, denn das was dort zu sehen ist, ist zum großen Teil Geschichte aus zweiter Hand.

Was von Trifels weiterlebt, ist die Erinnerung, daß an diesem Ort die wichtigste Burg der Stauferzeit stand und daß hier Richard Löwenherz, der »edle« Ritter, seine Bewacher unter den Tisch trank.

Anna Benita Steinhardt

Propaganda aus Beton

»Was ist Weltkriegsarchäologie überhaupt?« fragte sich unser Team, als vom ZDF der Auftrag kam, für die C-14-Sendereihe einen Film über das neueste Gebiet der deutschen Bodendenkmalpflege zu drehen.

Schon den Begriff empfanden wir als widersprüchlich: Unter Archäologie verstanden wir die Suche nach versunkenen Kulturen, nach griechischen Tempelanlagen, römischen Statuen, bandkeramischen Scherben oder steinzeitlichen Beilen und Speerspitzen; auf jeden Fall bedeutete Archäologie für uns das Erforschen der Antike, des Altertums. Eine Wissenschaft, in der man jahrelang und mit größter Sorgfalt Erdschicht um Erdschicht abträgt, um auf Spuren längst vergangener Zeiten zu stoßen.

Eine Zeit, von der die Generation unserer Väter aus eigenem Erleben berichten und Photoalben aus den Schubladen hervorziehen kann, gehörte unserer Meinung nach zwar unbedingt in das Forschungsgebiet der Geschichte, aber nicht in das der Archäologie. Erst recht nicht, wenn es sich um Relikte aus den Weltkriegen, insbesondere aus der Zeit des Nationalsozialismus handelte, denen – da waren wir uns einig – keinerlei Ehrung als Denkmal zukommen sollte.

Die Möglichkeit, daß ein Denkmal auch ein Mahnmal sein kann, hatten wir bei unseren Überlegungen ebensowenig bedacht wie die banale Tatsache, daß die Zeit nicht stehenbleibt und jede Gegenwart sich kontinuierlich in Vergangenheit, in Vorzeit verwandelt. Und je unangenehmer eine Gegenwart für die Menschen ist, um so schneller soll sie verdrängt, vergessen werden – und möglichst keine Spuren hinterlassen.

Eben dies berücksichtigte das Land Nordrhein-Westfalen, als es 1980 ein neues Denkmalschutzgesetz erließ. Bis dahin galt das Preußische Ausgrabungsgesetz von 1914, dessen Definition der archäologischen Aufgaben des Staates ungefähr so antiquiert war wie unsere Vorstellungen. Das neue Gesetz sieht nunmehr den *Schutz* von Bodendenkmälern als primäres Aufgabengebiet der Bodendenkmalpflege an und nicht deren *Ausgrabung*.

Schlagartig konnten von nun an viele zum Beispiel durch Landwirtschaft und Straßenbau bedrohte Bodendenkmäler wie keltische Ringanlagen, Landwehren oder Grabhügel vor weiterer »Beackerung« und »Asphaltierung« geschützt, aber auch alte, im Boden befindliche Gegenstände der Zeitgeschichte vor eilfertiger Beseitigung bewahrt werden.

So geriet der Westwall auf die Denkmalschutzliste und zum umfangreichsten Bodendenkmal in Nordrhein-Westfalen. Der Westwall – von 1938 an das nationalsozialistische Bollwerk gegen den »Erzfeind Frankreich« – wurde unser Filmbeitrag über das Thema Weltkriegsarchäologie.

Die Begründung zur Eintragung als Bodendenkmal lasen wir dennoch mit großer Skepsis: »Der Westwall gehört mit seiner materiellen Hinterlassenschaft zu den Denkmälern aus unserer unmittelbaren Vergangenheit. Als Befestigungsanlage ist er bedeutend für die Geschichte der Menschen in Deutschland sowie der Entwicklung der Fortifikationstechnik [Befestigungstechnik] ... An seinem Schutz besteht ein öffentliches Interesse.«

Von öffentlichem Interesse, einem wesentlichen Faktor für die gesetzliche Einstufung als Denkmal, konnte in den meisten Eifelgemeinden und bei den Touristikverbänden kaum die Rede sein: Die Filmaufnahmen sollten in der Gegend um Aachen und in der Nordeifel stattfinden, wo angeblich besonders viele Reste des Westwalls vorhanden sind. Vom zuständigen Bonner Amt für Bodendenkmalpflege wurden uns dreitausendvierhundert Einzelanlagen auf einer Strecke von hundertfünfundachtzig Kilometern angegeben. In keinem der vielen alten und neuen Reiseführer und Prospekte, die wir gewälzt hatten, wurde die Existenz des Westwalls auch nur mit einem einzigen Wort erwähnt.

Zunächst wunderten wir uns nicht, da wir davon ausgingen, daß vom Westwall – wie oft bei Objekten archäologischen Interesses – so gut wie gar nichts mehr zu sehen sei außer vielleicht einer Erhöhung hier und einer Vertiefung dort im Erdreich, die der Laie nur wahrnimmt, wenn der Fachmann darauf zeigt.

Mit diesen Vorstellungen fuhren wir nach Bonn, um den »Westwall-Spezialisten« vom Rheinischen Amt für Bodendenkmalpflege, Manfred Groß, zu treffen. Er wollte uns zu den Drehorten begleiten. Schon auf der Fahrt – wir befanden uns auf einer Bundesstraße südlich von Aachen – wies Manfred Groß mit der Bemerkung aus dem Fenster: »Das ist übrigens der Westwall, Teile der Höckerlinie.« Wir trauten unseren Augen kaum: Wohl über einige Kilometer Länge zog sich ein mehrfach gestaffeltes graues Betonband durch die Landschaft, quer durch Wiesen, Obstgärten und Bauernhöfe und – mit einer Auslassung von drei Autobreiten – auch über unsere Straße hinweg.

Hier mußte nichts ausgegraben werden: Diese Betonbänder bestimmen unübersehbar das Landschaftsbild, und das nicht nur an dieser Stelle. Wir waren nun doch darüber irritiert, daß wir in den Reiseführern nicht einen einzigen Hinweis auf diese »Sehenswürdigkeit« gefunden hatten, jede andere Befestigungsanlage aber – ob mittelalterliche Burg, Stadtmauer oder der niedergermanische Limes der Römer – beschrieben wurde. Wie konnte man Bauwerke und Trümmer von derartiger Präsenz einfach ignorieren?

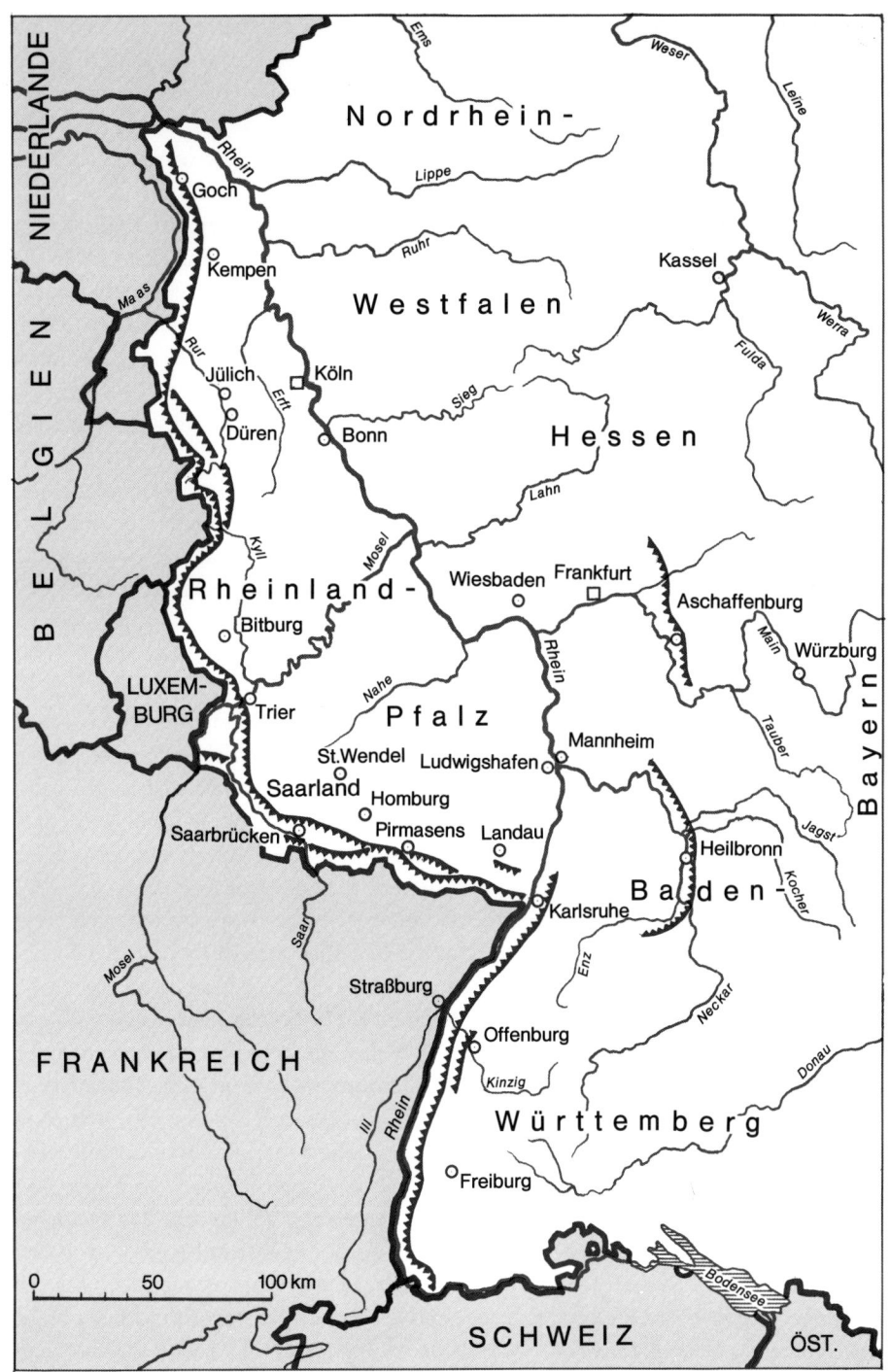

Manfred Groß entlockte unsere Irritation nur ein Lächeln. Unsere Reaktion entsprach wohl mehr oder weniger seiner eigenen vor fast zwanzig Jahren, als er zum erstenmal in dieser Gegend war und den Westwall »entdeckte«, ohne zunächst zu wissen, um was es sich dabei handelte, und ohne zu wissen, daß ihm diese »Entdeckung« noch viel Arbeit und noch mehr Schwierigkeiten einbringen würde.

Manfred Groß hatte damals einige Wochen »Begehung« nahe der niederländischen Grenze vor sich. Routinearbeit für ihn, der schon seit fünfzehn Jahren die sogenannte archäologische Landesaufnahme für das Rheinische Amt für Bodendenkmalpflege in Bonn durchführte. Ausgerüstet mit deutschen Grundkarten im Maßstab eins zu fünftausend, mit Bleistiften und Fundzetteln, galt es archäologisch interessante Bodenfunde im Kreis Heinsberg, nördlich von Aachen, aufzuspüren, in den Karten zu vermerken und in einem Fundbericht für eine mögliche spätere Ausgrabung zu qualifizieren.

Diese Tätigkeit erfordert vom »Begeher« neben großer Aufmerksamkeit und Geduld vor allem strikte Objektivität gegenüber den Funden, also keinerlei Vorlieben, und eine gewisse Wetterfestigkeit. Manfred Groß erfüllt diese Bedingungen. Seiner leidenschaftlichen Suche nach Versteinerungen hat er letztlich seinen jetzigen Beruf zu verdanken: Auf solchen Wanderungen sieht man eben nicht nur das, was man sucht, sondern nimmt natürlich auch vieles andere wahr.

So erging es ihm auch 1974 im Kreis Heinsberg. Wie gewohnt hatte Manfred Groß seinen Blick vorurteilslos über Erdboden und Landschaft schweifen lassen, auf der Suche nach antiken, steinzeitlichen oder mittelalterlichen Spuren. Dabei fielen ihm plötzlich große graue Betonplatten ins Auge, die – weit über das Kreisgebiet verteilt – vereinzelt aus der Erde ragten. So etwas hatte er bei seinen »Begehungen« bisher noch nicht gesehen. Der gebürtige Ostpreuße wußte nichts damit anzufangen und fragte bei den örtlichen Gemeindearchiven nach dem Ursprung dieser »Betonbrocken«. »Das sollen Reste des Westwalls sein, aber Unterlagen gibt es hier in keinem Archiv mehr. Alles vernichtet«, war die Antwort.

Damals, 1974, galt in Nordrhein-Westfalen noch das alte Preußische Ausgrabungsgesetz. Für die Bodendenkmalpfleger waren diese Relikte aus der jüngsten deutschen Vergangenheit kein Thema. Auch sonst interessierte sich offensichtlich niemand dafür. Manfred Groß aber packte das »private Jagdfieber«, wie er es selber nennt. Es sollte die nächsten Jahre seines Lebens bestimmen und der Bodendenkmalpflege schließlich ein neues Forschungsziel bescheren.

In seiner Freizeit fand er noch andere merkwürdige Objekte in den Gebieten nahe der deutschen »Westgrenze«: Im Rurtal stieß er auf schnurgerade, zwischen vier und zwanzig Meter breite, von Pappeln gesäumte Wasserflächen. Durch die hügelige Eifellandschaft zogen sich jene Betonbänder, die wir schon in der Nähe von Aachen gesehen hatten. Hier waren sie häufig und über einige hundert Meter

Oben: Bauarbeiten
an einem Beton-
höcker-Hindernis
zur Panzerabwehr.
Die sogenannte
Höckerlinie verteilte
sich auf ungefähr
175 Kilometer Länge
des Westwalls.

Unten: Viele der
Bunker wurden
durch unterirdische
Gänge und Stollen
miteinander verbun-
den.

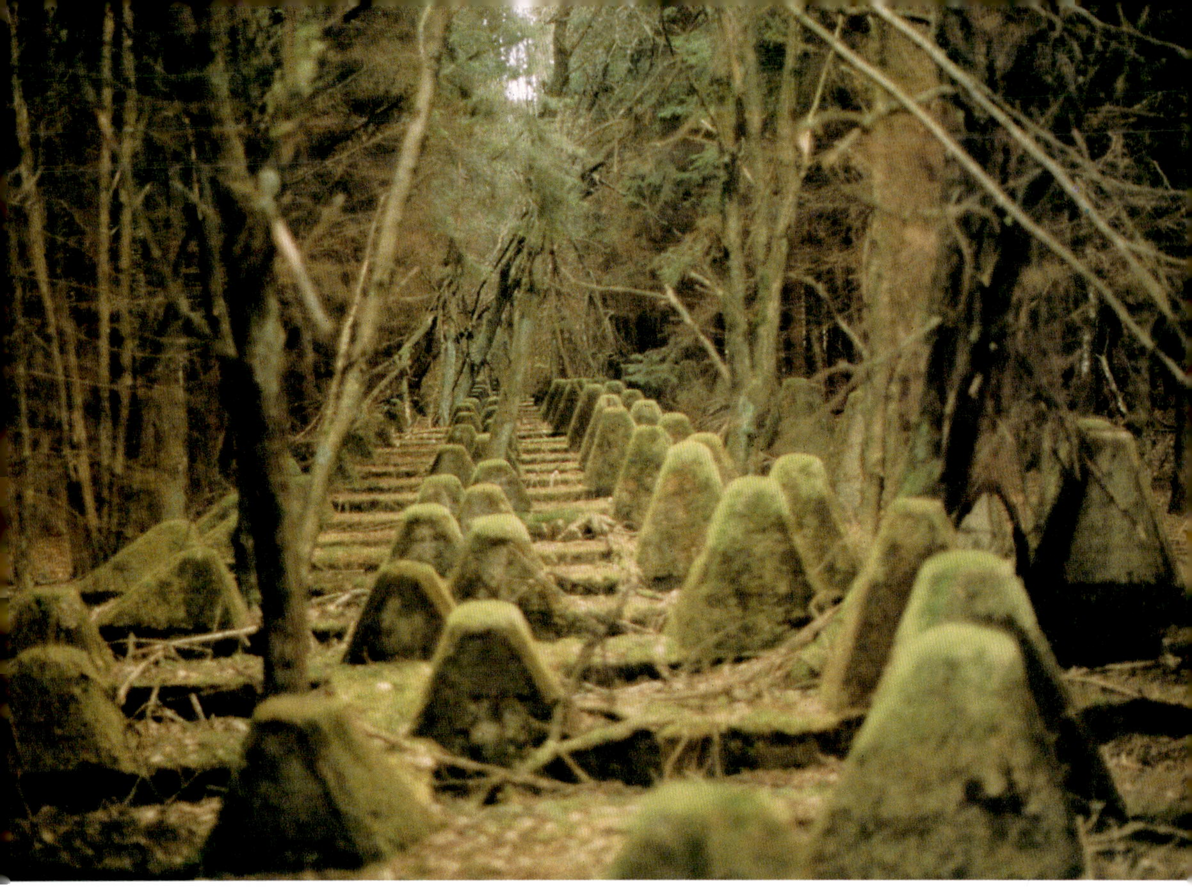

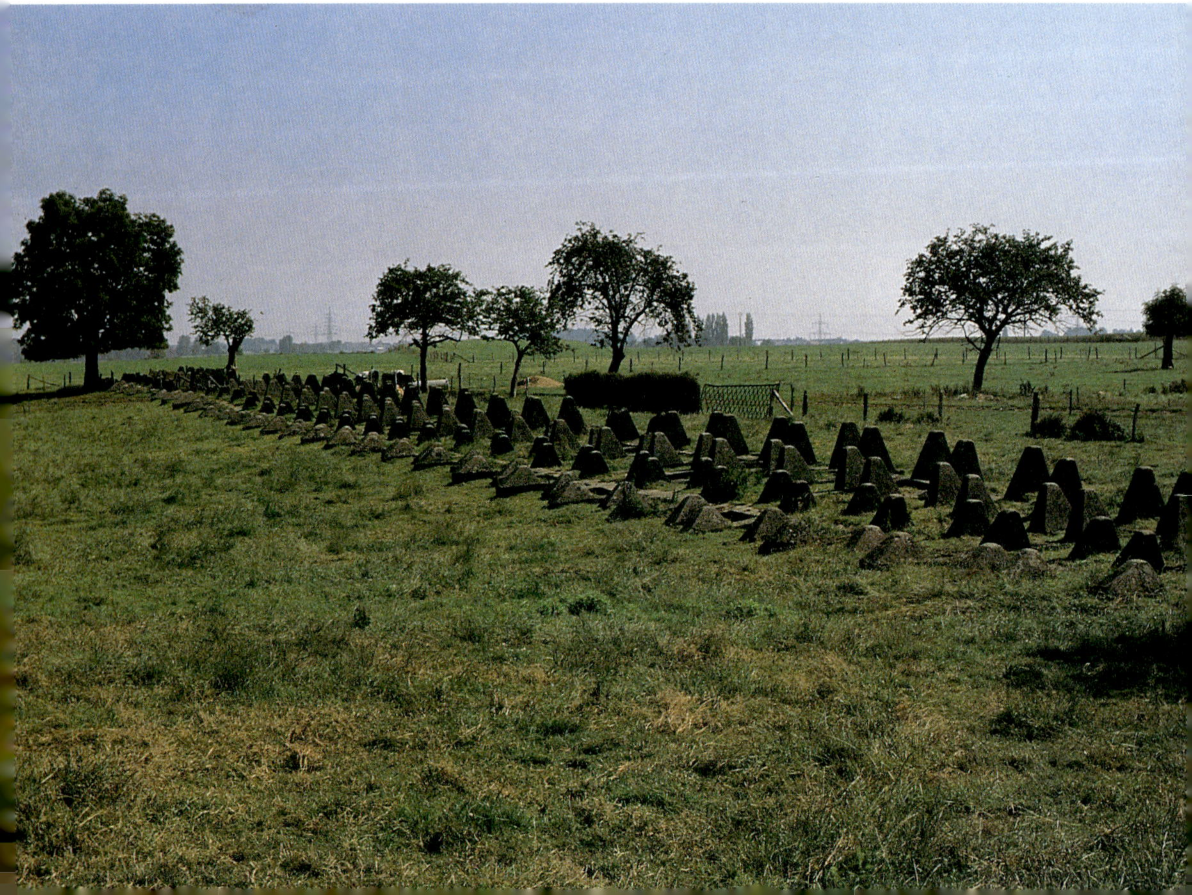

Große Teile der Höckerlinie sind heute noch vorhanden. Sie prägen das Landschaftsbild vor allem im äußersten Westen von Nordrhein-Westfalen und stehen häufig sowohl der Anlage eines Gartens als auch eines geschlossenen Feldes im Wege.

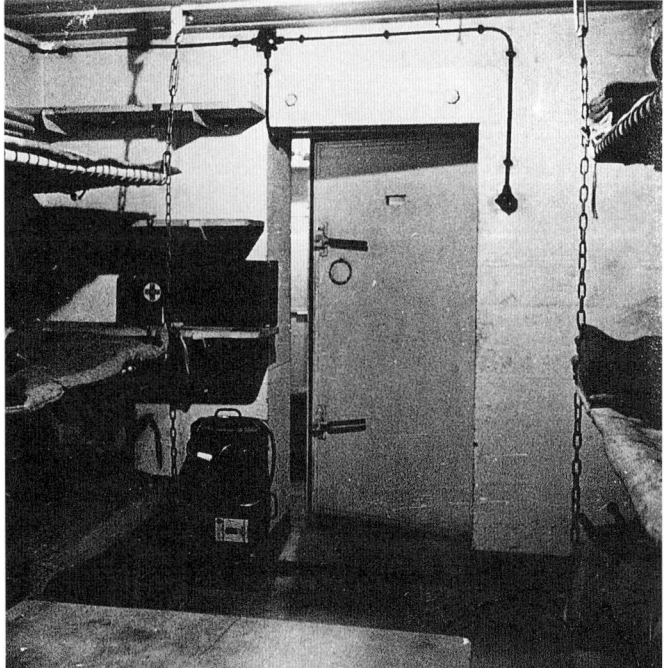

*Oben: Den Haupt-
anteil des Westwalls
machten die Bunker-
anlagen aus. Ent-
gegen der national-
sozialistischen Pro-
paganda waren sie
zur Verteidigung
überhaupt nicht
geeignet.*

*Unten: Knapp einen
Quadratmeter Nutz-
fläche pro Person
boten die Mann-
schaftsräume, in
denen die Soldaten
im Angriffsfall
Deckung finden soll-
ten.*

mit Pappeln bepflanzt oder ragten vereinzelt als haifischzahnähnliche Gebilde aus dem Boden. Weiter südlich und tiefer im Land entdeckte er weitere »Betonbrokken«, oft an Hängen und an den schönsten Aussichtspunkten gelegen. Ursprung und Zweck lagen weiterhin im dunkeln. Manfred Groß notierte diese Funde, wie er es aus seiner Arbeit der archäologischen Landesaufnahme gewohnt war.

Inzwischen hatte er auch Zugang zu Akten- und Kartenmaterial aus der NS-Zeit, die im Bundesarchiv in Koblenz und im Militärarchiv in Freiburg eingelagert sind und nach einer Sperrfrist von dreißig Jahren ab 1976 eingesehen werden durften. Und nun wurde ihm plötzlich klar, was er da entdeckt hatte: Die Wasserflächen waren einst Panzergräben, die Betonbänder Teile der sogenannten Höckerlinie zur Panzerabwehr und die »Betonbrocken« ehemals Mannschafts- und Versorgungsbunker und Geschützstellungen. Tatsächlich alles Reste vom Westwall, Hitlers »unbezwingbarem Festungswerk«, das dieser zwischen 1937 und 1944 entlang der deutschen »Westgrenze« als »Verteidigungsanlage« bauen ließ.

Auch diese Recherchen machte Manfred Groß als Privatmann. Seine Behörde berief sich auf das noch geltende Preußische Ausgrabungsgesetz. Auch bei der Bevölkerung vor Ort stieß Manfred Groß häufig auf Widerstand. Der Westwall – ein Tabuthema.

Die Zeit des Nationalsozialismus ist für die meisten Menschen emotional zu stark besetzt und reicht noch zu weit in die Gegenwart hinein, als daß man von ihr neutral oder gar unbefangen wie von anderen historischen Zeiten sprechen könnte. Jemand, der sich ausgerechnet mit den militärischen Hinterlassenschaften des Nationalsozialismus beschäftigt, erregt daher grundsätzlich Mißtrauen.

Dabei lag Manfred Groß daran, mit einer exakten, archäologischen Aufnahme und Dokumentation des Westwalls zu beweisen, daß der Westwall von vornerein zur Irreführung sowohl des Auslandes als auch der deutschen Bevölkerung geplant war:

Hitler ließ den Westwall nicht zum Zwecke der behaupteten Verteidigungsstellung bauen, sondern zu dem der Täuschung über seine wirklichen, nämlich offensiven Kriegsabsichten. Die militärische Sinnlosigkeit und die Täuschungsfunktion dieses kolossalen Bauwerks könnte man den jetzigen und den kommenden Generationen anhand der noch verbliebenen Reste der Anlagen, vor allem anhand der Bunker, verdeutlichen.

Es sollten jedoch noch einige Jahre vergehen, bis das »öffentliche Interesse« geweckt war. Inzwischen verschwanden kontinuierlich Teile des Westwalls, doch davon später.

Die Geschichte des Westwalls begann 1936, als Hitler den Befehl zum Einmarsch in das Rheinland gab. Die Siegermächte des Ersten Weltkrieges hatten das linksrheinische Gebiet zur »entmilitarisierten Zone« erklärt und den Deutschen verboten, die dort noch aus dem Ersten Weltkrieg verbliebenen Befestigungen beizubehalten oder neue anzulegen.

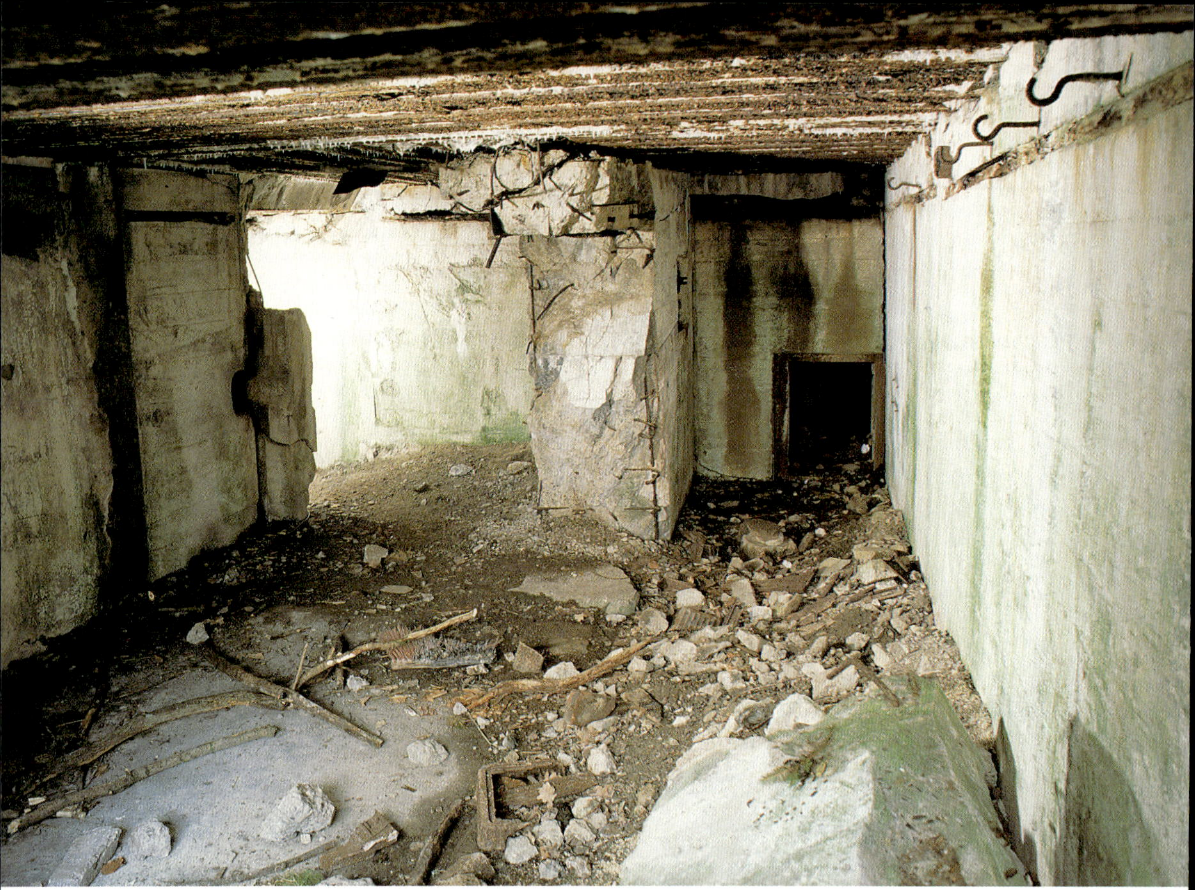

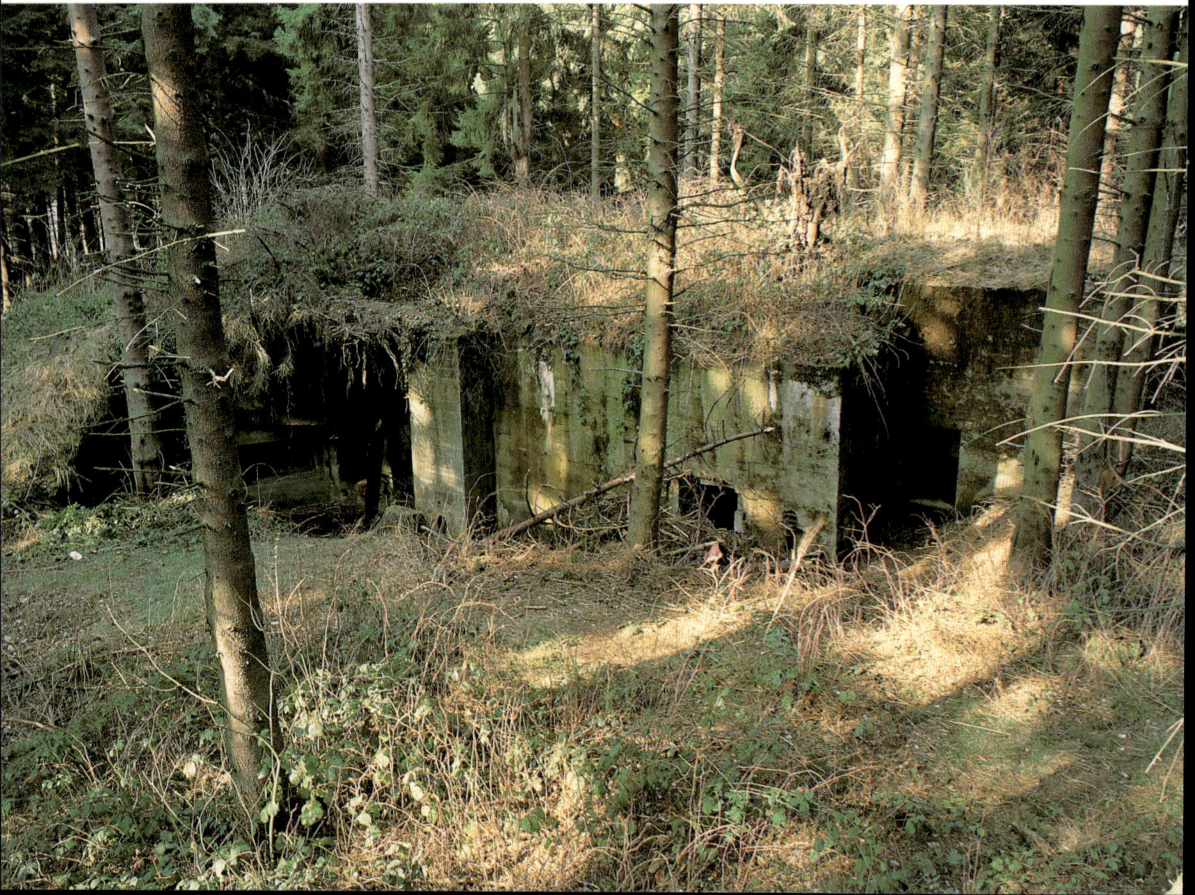

Viele der noch intak-
ten Bunkeranlagen
wurden unmittelbar
nach dem Krieg von
den Alliierten ge-
sprengt. Die wenigen
noch erhaltenen und
unter Denkmal-
schutz gestellten Ein-
zelanlagen zeugen
von den Schrecken
des Krieges – und
von der Sinnlosigkeit
des Westwalls.

Achtung Feind hört mit

Hitler hatte allerdings bereits 1934 mit der Wiedereinführung der allgemeinen Wehrpflicht gegen die Bestimmungen des Versailler Vertrages verstoßen, ohne daß England, Frankreich, Italien oder der Völkerbund eingeschritten wären. Auf die Besetzung des Rheinlandes erfolgte wieder keine ernsthafte Reaktion, die Hitler vielleicht noch von weiteren Verstößen gegen die Friedensvereinbarungen und von dem nun folgenden Bau des Westwalls hätte abhalten können.

Am 9. März 1938 genehmigte Hitler den Bau von Grenzbefestigungen entlang der niederländischen, belgischen und luxemburgischen Grenze. Entlang der französischen Grenze hatte man – mit dem Hinweis auf die von den Franzosen einige Jahre zuvor errichtete Maginotlinie – damit schon angefangen. Nun wurde auch im Norden, in der Nähe von Aachen, dort, wo Manfred Groß 1974 zuerst auf die »Betonbrocken« gestoßen war, mit dem Bau begonnen.

Originalton eines Propagandafilms aus dem Jahr 1939: »Zum Schutz des deutschen Landes gibt der Führer am 28. Mai '38 an Heer und Luftwaffe den Befehl zum verstärkten und beschleunigten Ausbau der Westbefestigungen. Aus seinen großen Kriegserfahrungen heraus bestimmt er Umfang und Grundzüge eines Festigungswerks, wie es noch kein Volk zu seinem Schutz und zur Erhaltung des Friedens errichtet hat.«

Daran war fast alles falsch, um nicht zu sagen: erlogen. Hitler hatte in dieser Sitzung nicht nur den verstärkten Ausbau beschlossen und den Fertigstellungstermin des Westwalls auf den 1. Oktober 1938 festgesetzt, sondern auch den Zeitpunkt für den Angriff auf die Tschechoslowakei bestimmt: den 2. Oktober 1938. Tatsächlich wurde ab jetzt unter Einsatz aller nur verfügbaren Kräfte gebaut. Fast siebenhundert Kilometer entlang der deutschen »Westgrenze« waren damit zur Großbaustelle erklärt.

Welche unmittelbaren Folgen dieser Bau für die Grenzgebiete und vor allem für die Bevölkerung dort hatte, berichten Briefe und Aktennotizen, die Manfred Groß in den Archiven fand. Plötzlich kamen Tausende Arbeiter in diese dünn besiedelten Landstriche, brauchten Unterkunft und Verpflegung, mußten zu den Baustellen transportiert werden. Die Organisation »Todt«, vorher mit dem Bau der Reichsautobahn beschäftigt, hatte die Leitung des Westwallbaus übernommen und sorgte mit rigiden Methoden dafür, daß dieses Unternehmen – ohne Störungen durch die Bevölkerung – vorankam. Von überall her mußte Baumaterial herangeschafft werden. Für »Todt« fuhren zeitweilig bis zu siebentausendfünfhundert Lastwagen täglich Kies heran, hinzu kamen dreitausendfünfhundert Busse der Post, die die Arbeiter transportierten.

Immer wieder kam es zu schweren Verkehrsunfällen. Die Kiesfahrer wurden von der Bevölkerung nur noch »Wildwestfahrer« genannt, weil sie rücksichtslos und mit höchster Geschwindigkeit durch die Ortschaften rasten. Die eigene Versorgung war nicht immer gewährleistet, der Fremdenverkehr im Eifelgebiet erlitt heftige Einbußen. Hotels und Privatquartiere waren belegt, es reizte niemanden, zwischen Bunkern, Stacheldraht und Panzerhindernissen Urlaub zu machen. Landwirte mußten große Teile ihrer Äcker und Wiesen für den Bau der Höckerlinien oder der Bunker hergeben. Viele verloren trotz Entschädigungen ihre Existenzgrundlage, weil sie wegen der vielen Hindernisse und der teilweise völlig ruinierten Wege ihre Felder nicht mehr bewirtschaften konnten.

Auch aus diesen Gründen wollten viele Bauern vierzig Jahre später nichts mit den Recherchen von Manfred Groß und schon gar nichts mit einem möglichen Denkmalschutz des Westwalls zu tun haben.

»Viele Landwirte«, so Manfred Groß, »bedrückte vor allem auch das Gefühl, nicht mehr Herr auf der eigenen Scholle zu sein und diese dann bei einem künftigen Kriege auch noch verlassen zu müssen.«

Um so wichtiger war es damals, daß die Nazipropaganda sich des Westwalls annahm und ihn der Bevölkerung als notwendiges Verteidigungswerk des friedliebenden Deutschland gegen das angeblich kriegslüsterne Frankreich vorführte: »Wie gieriges Meer Land um Land verschlingt, so hat Frankreich Jahrhunderte hindurch in andringender Brandung ein Stück deutschen Bodens nach dem anderen an sich gerissen. Jetzt aber hat unser Führer den Schutzdeich errichtet, an dem diese gefährliche Flut für alle Zeit abprallen wird. Das ist der deutsche Westwall.« Oder es hieß, wohl mehr an das Ausland gerichtet: »Nach dem Willen des Führers soll dieser mächtige Gürtel für alle Zeiten unsere Grenze gegen Frankreich bilden. Wir wollen Frankreich niemals angreifen...«

Hitler verglich den Westwall auch mit dem römischen Limes. Indem er den Bau des Westwalls als »Limesprogramm« bezeichnete, unterstrich und verschleierte er zugleich Zweck und Dimension seines Vorhabens: Mindestens die Größe und Beständigkeit des römischen Imperiums standen Hitler auch für das »Tausendjährige Reich« vor Augen. Doch der Westwall sollte keineswegs wie der Limes ein reines Verteidigungswerk sein.

Hitler wollte zwar gegen Frankreich Krieg führen, vorher wollte er aber Polen überrennen. Für seinen Überfall im Osten brauchte er im Westen einen »freien Rücken« – dazu sollte der Westwall, vor allem aber die Propaganda über dieses angeblich unbezwingbare Festungswerk dienen.

Wie genau Hitler diese Täuschung geplant hatte, ist in der Weisung Nr. 1 für die Kriegsführung (gegen Polen) vom 31. August 1939 nachzulesen:

»3.) Im Westen kommt es darauf an, die Verantwortung für die Eröffnung von Feindseligkeiten eindeutig England und Frankreich zu überlassen... Die deutsche Westgrenze ist zu Lande an keiner Stelle ohne meine ausdrückliche Genehmigung zu überschreiten...

4.) Eröffnen England und Frankreich die Feindseligkeiten gegen Deutschland, so ist es Aufgabe der im Westen operierenden Teile der Wehrmacht, unter möglichster Schonung der Kräfte die Voraussetzungen für den siegreichen Abschluß der Operationen gegen Polen zu erhalten. Im Rahmen dieser Aufgabe sind die feindl. Streitkräfte und deren wirtschaftl. Kraftquellen nach Kräften zu schädigen. Den Befehl von Angriffshandlungen behalte ich mir in jedem Falle vor. Das Heer hält den Westwall ...«

Hitler erreichte es tatsächlich, einen Zweifrontenkrieg vorerst zu vermeiden, obwohl ihm England und Frankreich, als Verbündete Polens, den Krieg erklärten. Inwieweit sie auch durch den Westwall von »Feindseligkeiten« abgehalten wurden, kann bis heute nicht eindeutig geklärt werden.

Nachdem die Alliierten im September und Oktober 1944 schon große Teile des Westwalls erobert hatten, sollte es aber noch bis Februar 1945 dauern, bis sie die deutsche Verteidigungslinie endgültig angriffen und einnahmen. Nur vier Wochen später standen sie bereits am Rhein, und Ende April war der Krieg faktisch beendet.

Entgegen aller Propaganda und entgegen ihren eigenen Befürchtungen stellte der Westwall für die Alliierten kein wirkliches Hindernis dar. Der Historiker R. Pomerin bringt es auf den Punkt: »Die eigentliche Tragik des Westwalls, an dessen friedenserhaltende und abschreckende Intention sicherlich die meisten der an seinem Bau beteiligten Deutschen geglaubt hatten, liegt in der Tatsache, daß der ... Westwall auch Ende '44 von den Westalliierten in seiner Widerstandsfähigkeit erheblich überschätzt wurde.«

Und damit sind wir wieder bei der Arbeit von Manfred Groß. Auch wenn er sich dabei ausschließlich auf die technischen Daten der Festungsanlage konzentriert und sich jeder politischen Stellungnahme enthält, sind es doch die Ergebnisse seiner Forschungen, welche die Feststellung von R. Pomerin über die tragische Überschätzung des Westwalls materiell belegen.

Tatsächlich ist der Westwall nie fertiggestellt worden. Es wurde von 1937 bis in den November 1944 hinein, also noch nachdem die Amerikaner den Westwall bei Aachen schon einmal durchbrochen hatten und das Ende des Krieges bevorstand, daran herumgebaut, genauer ausgedrückt: daran herumbetoniert. Organisation und Ausführung des Westwallbaus waren chaotisch. Es wurden Verteidigungsanlagen errichtet, von denen man wußte, daß sie veraltet und damit für ihre Bestimmung sinnlos waren. Wo immer etwas halb fertig war, gab es neue Anweisungen: Bunkerwände wurden verstärkt, Schießscharten vergrößert, die Höckerlinie wurde um eine Hindernisreihe ergänzt, um nur einige Beispiele zu nennen.

Insgesamt, so errechnete Manfred Groß, wurden in dieser Zeit schätzungsweise acht Millionen Kubikmeter Beton – zum Vergleich: für das Fundament eines durchschnittlichen Einfamilienhauses benötigt man fünfzehn bis zwanzig Kubikmeter Beton – und zigtausend Tonnen Eisen und Stahl in die Erde versenkt beziehungsweise in circa hundertsiebzig Kilometer Höckerlinien und in ungefähr zwanzigtausend Bunker (!) aller Art verbaut.

Trotz Denkmalschutz werden die meisten Bunker in einigen Jahrzehnten verschwunden sein. Die Natur erobert ihr Terrain zurück.

1980 trat das neue Denkmalschutzgesetz in Kraft. Von nun an ging es vorrangig um den *Schutz* von Denkmälern aus *allen* geschichtlichen Epochen. Es mußten Listen »denkmalwürdiger Kulturgüter« zusammengestellt und ausführliche Begründungen für deren Unterschutzstellung formuliert werden. Im Westwall sah man den »Denkmalwert des Unerfreulichen« manifestiert und bereitete seine Eintragung als Bodendenkmal vor. Sechs Jahre privater Forschung hatten sich schließlich gelohnt. 1989 erschien Manfred Groß' Arbeit als Einzelband der Reihe »Archäologische Funde und Denkmäler des Rheinlandes«. Heute ist der Westwall das umfangreichste Baudenkmal in Nordrhein-Westfalen.

Zu einem der mittlerweile als Baudenkmal eingetragenen Bunker gelangten auch wir schließlich für die Filmaufnahmen nach einer abenteuerlichen Fahrt durch den Staatsforst der Gemeinde Simmerath. Früher muß man von diesem Höhenzug der Eifel einen weiten Blick ins Land gehabt haben. Inzwischen versperren hohe Tannen die Sicht und haben auch die Bunkeranlagen hier oben unter ihren Wurzeln fast vergraben.

Für unseren Beitrag erklärte Manfred Groß die Intention der Bodendenkmalpflege bei der Unterschutzstellung dieses Bunkers: »Der Wanderer, der hier vorbeikommt und sich die Anlage anschaut, soll sehen, wie armselig diese Bunker im Gegensatz zur Propaganda des Dritten Reiches waren, in der sie als unüberwindliche und mit allem Komfort ausgestatteten Gehäuse geschildert wurden. Selbst die heutigen Medien zeigen immer wieder den im Jahre 1938 produzierten Propagandafilm. Nur selten erfolgt eine Richtigstellung oder Kommentierung. Hier kann sich jeder überzeugen, wie es wirklich aussah.« Was wir zu sehen bekamen, gab uns eine Vorstellung von dem Grauen des Krieges.

Mit tiefgebeugtem Oberkörper folgten wir ihm über ein paar Stufen hinab in eine Eingangs- und Gasschleuse, die früher mit Panzertüren nach außen gesichert war, und von hier aus in den eigentlichen Bunker. Mit der Kamera gingen wir durch die feuchten und finsteren Räume: Der Bunker bestand aus zwei Räumen von insgesamt etwa zwanzig Quadratmetern Größe. Bis zu einundzwanzig Mann waren hier untergebracht, jeder hatte also knapp einen Quadratmeter Platz für sich, seine Waffen, seine Munition, seine Kleidung, seine Verpflegung. Wie in den meisten Bunkern gab es hier kein elektrisches Licht und auch keine Toilette. An den Wänden konnten wir noch verschiedene Beschriftungen erkennen, wie »Achtung, Feind hört mit« oder »Entlüftung«. Die Bunker standen unter Überdruck, damit kein Gas von außen eindringen konnte. In den Schartenöffnungen waren früher Maschinengewehre eingebaut, um die Eingänge der Bunker zu sichern. Für den Fall eines Angriffes war in den Bunkern Verpflegung für nur sieben Tage vorgesehen. In einer Ecke entdeckten wir eine vielleicht siebzig Zentimeter große Öffnung, den Notausstieg. Er war früher mit Sand gefüllt und mit Eisenschienen verbaut. Wenn der Bunker beziehungsweise die Türen des Bunkers durch Bomben oder Granateinschläge verschüttet waren, mußte sich die Mannschaft durch dieses Rohr nach oben herausarbeiten. Einschläge nahmen die Menschen als starke Schwankungen wahr, Beton platzte von den Wänden, und der Staub behinderte das Atmen.

»Diese Anlagen waren vollkommen sinnlos, eine Verteidigung war gar nicht möglich. Hier können Sie sehen, wie die Decken langsam verrotten und wie die Eisen im Beton rosten und ihn abplatzen lassen. ›Pfusch am Bau‹ war üblich. In einigen hundert Jahren wird diese Anlage auch ohne unser Zutun verschwunden sein«, erklärte Manfred Groß abschließend. Wir waren froh, als wir unseren Film »abgedreht« hatten und den Bunker wieder verlassen konnten.

Die Geschichte wäre vielleicht anders verlaufen, hätten sich damals sowohl die deutsche Bevölkerung als auch Vertreter des Auslandes von der tatsächlichen »Qualität« des Westwalls mit eigenen Augen überzeugt. Und wären sie damals schon so mißtrauisch gewesen, wie es heute zum Glück die meisten Menschen gegenüber jeglicher Form politischer Propaganda sind. Als Objekt der Bodendenkmalpflege wird der Westwall dennoch nicht nur von der Bevölkerung, sondern auch von vielen Fachkollegen Manfred Groß' abgelehnt.

272

Daß sich die Bevölkerung vor Ort mit der Unterschutzstellung schwer tut, ist verständlich. Sie muß mit den »Betonbrocken« leben. Die Höckerlinien zerteilen immer noch Felder und Wiesen, verschandeln manchen Garten, Bunkerreste behindern die Bebauung von Grundstücken. Je mehr vom Westwall verschwindet, um so besser – so lautet die überwiegende Meinung. Bis zur Unterschutzstellung des Westwalls war dies recht einfach zu bewerkstelligen: Man ließ die störenden Teile sprengen. Das war zwar teuer, kostete die Betroffenen, auf deren Grundstücken sich Teile des Westwalls befanden, aber nichts.

Eigentümer des Westwalls ist nämlich der Bund. Genauer gesagt, ist der Beton seit Gründung der Bundesrepublik Deutschland Teil des Bundesvermögens. Das Bundesvermögensamt verfügt seither über einen jährlichen Etat zur »Versprengung« der Anlagen, vor allem der einsturzgefährdeten Bunker, die eine Gefährdung der Allgemeinheit darstellen.

Mit Berufung auf »akute Einsturzgefahr« stellten etliche Grundstückseigentümer den Antrag auf Sprengung und nutzen die Gelegenheit, sich von dieser Erinnerung an den Hitlerstaat zu befreien. Heute erfolgen die Sprengungen nur noch in Absprache mit dem Amt für Bodendenkmalpflege. Das in der Begründung für die Unterschutzstellung des Westwalls angegebene »öffentliche Interesse« ist also immer noch mehr die Vorgabe der Fachleute, als tatsächlich vorhanden.

So haben die Bodendenkmalpfleger die Idee eines archäologischen Wanderweges, wie er entlang des Römerkanals (siehe Seite 153 ff.) bereits realisiert und begeistert aufgenommen wurde, wieder verworfen. In Eigeninitiative hat der »Eifel-Verein« auf einigen Kilometern entlang der Höckerlinie zwischen Simmerath und Lammersdorf einen »Westwall-Wanderweg« eingerichtet. Er wird so wenig genutzt, daß wir Mühe hatten, ihn für unsere Filmaufnahmen zu finden. Brennesseln überwucherten die Hinweisschilder, der Zugang war von Unkraut und Gestrüpp versperrt.

Doch gerade weil die Bereitschaft, sich mit unserer jüngsten Vergangenheit zu beschäftigen, so gering ist, gewinnen das neue Forschungsgebiet »Weltkriegsarchäologie« und die Einbeziehung zeitgeschichtlicher Bodendokumente in die Denkmalpflege an Bedeutung. Denn sofern und solange wie Zeitgeschichte mit persönlichen Erfahrungen, individuellen Schicksalen und Opfern verbunden ist, wird jede Konfrontation mit ihr als »unangenehm« empfunden und möglichst vermieden. Das gilt erst recht für ihre »materiellen Hinterlassenschaften«: aus dem Auge, aus dem Sinn. Deshalb ist jede archäologische beziehungsweise denkmalpflegerische Bemühung um diese Hinterlassenschaften der Zeitgeschichte so umstritten wie wichtig.

Die unbeliebte Aufgabe, die zu schützenden Teile des Westwalls zu bestimmen und für die Eintragung auf die Denkmalliste vorzubereiten, hat im wesentlichen Manfred Groß für das Amt für Bodendenkmalpflege geleistet. Ob die Intention, auch bedrückende Zeugnisse der Zeitgeschichte als Denkmäler zu erhalten, Erfolg haben wird, bleibt offen. Es hängt davon ab, wie wir damit umgehen. Das Risiko der Verehrung des Denkmals ist ebenso damit verbunden wie die Chance, es als Mahnmal im Rahmen einer sich bewußt und kritisch mit der Vergangenheit auseinandersetzenden Geschichtsauffassung zu nutzen.

Bei uns im Filmteam hatte, wie gesagt, die unmittelbare und plötzliche Konfrontation mit dem Westwall für Irritation gesorgt. Hier in der Eifel waren wir der Vergangenheit *unvermittelt* ausgeliefert und durch die Betonmassen inmitten der ansonsten scheinbar unberührten und friedlichen Landschaft zur Auseinandersetzung darüber aufgefordert, was Hitler vor gut einem halben Jahrhundert hier und in ganz Europa anrichtete.

Ob für eine derartige Auseinandersetzung eine gesetzliche Unterschutzstellung des Westwalls notwendig ist, sei dahingestellt. Fraglich würde sie werden, wenn die geschützten Teile des Westwalls – mit deutscher Perfektion und den Mitteln der Denkmalpflege – als Denkmal »kultiviert« oder gar aus didaktischen Gründen in den ursprünglichen Zustand versetzt würden. Damit würde die historische Realität hinter einer Kulisse für Sightseeing-Touren verschwinden, mit deren prekärem Hintergrund man sich nicht mehr beschäftigen müßte.

Heute grasen Kühe zwischen den Betonhöckern der Panzersperren. Hier und da ist ein windstilles Beet für Tomaten und Küchenkräuter zwischen ihnen angelegt worden. Manche Bunkerruine wurde zur »ökologischen Nische« für Vögel, Insekten und vom Aussterben bedrohte Pflanzen. Wenn eines Tages die Natur ihr von den Nationalsozialisten zubetoniertes Terrain zurückerobert haben wird, sind wir vielleicht soweit, daß sich der folgende Satz – dessen Verfasser mir leider nicht bekannt ist – nicht bewahrheiten muß: »Diejenigen, die die Vergangenheit vergessen wollen, sind dazu verurteilt, sie noch einmal zu erleben.«

Zeitgeschichtliche Archäologie und Denkmalpflege aber werden wohl auch in Zukunft heikle Themen bleiben.

274

Saxa loquuntur –
Über die geheime Verwandtschaft
von Archäologie und Seelenkunde

Wer heute als Besucher Wiens in der berühmten Hofburg die Kaiserkrone und die Reliquien des Heiligen Römischen Reiches Deutscher Nation bewundert oder in den Schlössern, Kirchen und Museen der Stadt angesichts kulturgeschichtlicher Kostbarkeiten den Atem anhält, findet dennoch nur selten den Weg in die Berggasse 19. So entgeht ihm eine Schatzkammer ganz eigener Art, die freilich von jeher die Bestimmung hatte, ein Schauplatz fern der Öffentlichkeit, ein weltabgeschiedener, höchst privater und fast geheimnisumwitterter Ort zu sein.

Diese Schatzkammer ist das Haus Sigmund Freuds. Von 1891 bis 1939 hat der Begründer der Psychoanalyse in der Wiener Berggasse 19 gewohnt, seine Patienten dort empfangen, die wichtigsten Werke – etwa die 1900 veröffentlichte »Traumdeutung« – geschrieben und dabei seine Arbeitsräume im Laufe der Zeit in ein einzigartiges archäologisches Kabinett verwandelt.

In einem Brief an Stefan Zweig aus dem Jahre 1931 verweist Freud darauf, daß er bei aller ihm nachgesagten Anspruchslosigkeit viel in seine Sammlung griechischer, römischer und ägyptischer Altertümer investiert und sich im Grunde mehr mit Archäologie als mit Psychologie beschäftigt habe. Das ist zwar eine Übertreibung, aber der Seelenarzt Sigmund Freud, der die Heil- und Menschenkunde revolutionierte, als er in die Abgründe des Unbewußten vorstieß und verdrängte Gefühle als Krankheitsursachen ausfindig machte, war in der Tat fasziniert von der Erforschung und der Hinterlassenschaft der Antike. Von ihren sichtbaren Zeugnissen auf dem Gebiet der Baukunst oder der Plastik ebenso wie von ihrer Literatur, ihren Sagen und ihren mythologischen Gestalten. Vor allem aber fesselte ihn – wie bei der Erforschung der Seele – das Untergegangene und Versunkene, das zumeist nicht wirklich verschwunden, sondern mit einer Fülle von Spuren noch nachweisbar und wirksam ist.

In seiner beeindruckenden Freud-Biographie, die erst kürzlich in deutscher Sprache erschienen ist, hat der Amerikaner Peter Gay die Auswirkungen dieser Leidenschaft für das Archaische und Ursprüngliche plastisch beschrieben: Das Sprechzimmer, in dem Freud seine Patienten empfing, und das sich daran anschließende Arbeitszimmer füllten sich allmählich bis in den letzten Winkel mit kostbaren Teppichen, antiken Statuen und Figuren, steinernen Plaketten und einem dichten Wald von Skulpturen. Die verglasten Bücherschränke waren überladen mit Schriften, Zeichnungen, Fotografien und Fragmenten aus der Welt des Altertums, die Freud sogar auf seinem ordentlich aufgeräumten Schreibtisch duldete oder in speziellen Vitrinen aufbewahrte. An den Wänden hingen Abbildungen des Sphinx von Gizeh, der Tempelanlage in Abu Simbel, der Ödipussage sowie Gemälde mit mythologischen Motiven. Kein Wunder, daß Freud, der mit bedeutenden Archäologen befreundet war und Berichte über Ausgrabungen mit Begeisterung und Erregung verfolgte, in der Selbstdiagnose alle Symptome einer »Sucht« an sich feststellte.

Aber dieses Heimweh nach der alten Welt, die fast erotische Bindung an geschichtsträchtige Gegenstände, die Freud immer wieder zärtlich in die Hand nahm und auch bei der konzentriertesten Arbeit selten aus dem Blick ließ, war keine zerstörerische, sondern eine höchst motivierende und für das Lebenswerk des Begründers der Psychoanalyse äußerst aufschlußreiche »Sucht«. Die Frage nach ihrer Herkunft und ihrer tieferen Bedeutung hat Freud nicht ruhen lassen. Er fand die Antwort. Und er hat damit die medizinische Psychologie, also die Erforschung und Behandlung seelischer Krankheiten, einerseits und die mit der Untersuchung von Denkmalen und Bodenfunden befaßte Altertumskunde andererseits in ein unauflösbares, aber bis heute kaum beachtetes Verwandtschaftsverhältnis gesetzt.

Daß Freud wie so viele Menschen aus dem Norden Natur und Kultur des Mittelmeerraumes liebte, daß seine wie ein Heiligtum gehütete Sammlung zugleich Erinnerungen an eine verlorene Welt beschwor, in der er und sein Volk, die Juden, ihre Wurzeln und ihre Heimat hatten, reicht zur Erfassung seiner suchtähnlichen Leidenschaft für die frühe Geschichte nicht aus. Die Liebe zur Archäologie war für ihn viel mehr: eine Art Leitmotiv, ein vielschichtiges Symbol seiner Lebensarbeit und zugleich deren konkretes Fundament.

»Nehmen Sie an, ein reisender Forscher käme in eine wenig bekannte Gegend, in welcher ein Trümmerfeld mit Mauerresten, Bruchstücken von Säulen, von Tafeln mit verwischten und unlesbaren Schriftzeichen sein Interesse erweckt« – so beginnt eine der Passagen, in denen Freud die Nähe zwischen Altertumsforschung und Seelenforschung erläutert. Diese Parallele zieht sich durch sein gesamtes Werk. Ähnlich dem Vorgehen des Archäologen bei seinen Ausgrabungen sei auch der Psychoanalytiker, so Freud, darauf angewiesen, Trümmerfelder der Erinnerung und der seelischen Versteinerung in Angriff zu nehmen, den Schutt wegzuschaffen und – ausgehend von den noch sichtbaren Resten und Spuren – das unter der Oberfläche Liegende aufzudecken. Die besondere Herausforderung für den Seelenarzt liege darin, »viele Schichten in der Psyche seines Patienten bloßzulegen, bevor er zu dem Wertvollsten, aber zugleich auch am tiefsten Verborgenen gelangen könne«.

Im Spiegel der archäologischen Spurensicherung erkannte Freud demnach den Kern seiner eigenen Arbeit – das Prinzip der psychoanalytischen Entdeckungsreise zu den Kindheitserlebnissen, den frühen Lebenserfahrungen, Ängsten und Wünschen der Patienten, die längst durch spätere Eindrücke überlagert und häufig ins Unbewußte verdrängt sind, aber ihre prägende Kraft nicht aufgeben. Nur wenn es gelingt, sie unter aktiver Mithilfe des Kranken aufzuspüren und ins Bewußtsein zu heben, ist ein Heilungsprozeß möglich.

Nicht nur in der Methode, sondern auch im Ergebnis, im Erfolg, sieht Freud den Archäologen und den Psychotherapeuten wesensverwandt. Gelingt die Arbeit, »so erläutern die Funde sich selbst; die Mauerreste gehören zur Umwallung eines Palastes oder Schatzhauses, aus den Säulentrümmern ergänzt sich ein Tempel, die zahlreich gefundenen Inschriften enthüllen ein Alphabet und eine Sprache, und deren Entzifferung und Übersetzung ergibt ungeahnte Aufschlüsse über die Ereignisse der Vorzeit, zu deren Gedächtnis jene Monumente erbaut worden sind. Saxa loquuntur!«

Saxa loquuntur – die Steine reden. Diese Losung hatte Freud erstmals 1896 bei einem Vortrag über die Entstehung der Hysterie, einer besonders hartnäckigen Form seelischer Erstarrung oder Versteinerung, seinen Wiener Kollegen zugerufen. Es ist die kürzeste und zugleich markanteste Formel für die Analogie zwischen der analytischen und der archäologischen Grabung. Beide – der Seelenforscher und der Altertumsforscher – stehen immer wieder vor der Aufgabe, von spärlichen, aber dennoch aussagefähigen Indizien und Beweisresten auf ursprüngliche Tatorte und Geschehnisse zu schließen. Beide unternehmen einen anstrengenden Vorstoß in die Vergangenheit, um dann das Licht der Erkenntnis wieder in die Gegenwart zu tragen. Beide sind Schatzgräber der Wahrheit.

Es verwundert nun nicht mehr, daß es gerade Heinrich Schliemann, der legendenumwobene Trojaforscher, ist, an dessen Lebensgeschichte Sigmund Freud das größte Vergnügen fand. Als Schliemann – so Sigmund Freud – den Schatz des Priamos gefunden habe, sei ihm, wie nur wenigen Menschen sonst, wahres irdisches Glück zuteil geworden: »Denn Glück gibt es nur in der Erfüllung eines Kindertraumes.«

Und doch erlebte auch Freud solche Glücksmomente – wenn mühsame und langwierige psychoanalytische Arbeit von Erfolg gekrönt war, wenn die Steine der Seele, die Trümmer der Erinnerung zu sprechen begannen. Als zum erstenmal ein Patient, tief unter Symptomen verschüttet, durch die neue Methode der Psychoanalyse »eine Szene aus seiner Urzeit« wiederentdeckte, durch die »alle übriggelassenen Rätsel« eine Erklärung fanden, notierte Freud voller Euphorie: »Ich getraue mir noch kaum, daran ordentlich zu glauben. Es ist, als hätte Schliemann wieder einmal das für sagenhaft gehaltene Troja ausgegraben.«

Nicht nur für Schliemann und Freud, sondern auch für viele andere Deutsche vor und nach ihnen, die ihre Gedanken und Gefühle auf die Antike richteten, haben die Steine des Südens gesprochen. Für Goethe waren es vor allem die Mauern, Denkmale und Paläste der »Ewigen Stadt« Rom, die ihm ihre Botschaft mitteilten und mit denen er Zwiesprache hielt. Die »Römischen Elegien«, ein Höhepunkt der deutschen Klassik, legen davon Zeugnis ab.

Im Anschluß an Johann Joachim Winckelmann, der Mitte des 18. Jahrhunderts die wissenschaftliche Archäologie begründete, hat Goethe durch ein berühmt gewordenes Zitat aus seinem Schauspiel »Iphigenie« auch das zweite antike Sehnsuchtsziel benannt, das damals die Dichter, Denker und Künstler beschäftigte: »Das Land der Griechen mit der Seele suchend«. In dieser Zeit hatte sich nicht nur Deutschland, sondern ganz Europa in eine wahre Gräkomanie, eine fast hysterische Griechenlandverehrung, hineingesteigert.

Freud ist nicht der letzte in der Reihe der Gräkomanen. Seine Leistung liegt darin, daß er die Goethesche Wendung sozusagen um ihre unausgesprochene andere Hälfte bereichert hat: das Land der Seele bei und mit den Griechen suchend. Aufgrund seiner Begeisterung für die antike Welt begründete er eine Art Archäologie der Seele, die auch das nicht auf- und preisgibt, was längst durch spätere Entwicklungsphasen überwuchert ist, sondern dorthin vorzustoßen versucht, wo alles Leben und alle Kultur einmal ihren Anfang nahmen.

Um diesen Weg nachzuvollziehen, muß man nicht nach Rom, Athen oder Kairo reisen. Und auch nicht unbedingt nach Wien in die Berggasse 19. Auch die Steine des Nordens sprechen zu uns und lassen uns staunen. Gerade die Spuren, Funde und Schätze, die vor unserer eigenen Haustür aufzuspüren und lange vernachlässigt worden sind, haben ihre ganz besondere Faszination. Ein bißchen Freud-Lektüre allerdings, die so gern als überholt gilt, kann bei der Wiederentdeckung dieser Schätze nicht schaden. Denn sie bringt nicht nur eine meisterhafte deutsche Prosa wieder in den Blick, sondern auch eine noch nicht annähernd ausgelotete Tiefenbeziehung zwischen Archäologie und Psychologie.

Hans Helmut Hillrichs

Eckdaten menschlicher Spuren

um 4000–3500 »Das Tal des verlorenen Baches« und »Menschen an Mooren und Ufern«

um 2500 »Die Mumie im Elbsand«

um 1000 »Kannibalen im Kyffhäuser« und »Der Jäger des vergrabenen Schatzes«

um 500 »Der Keltenfürst von Hochdorf«

um 8000 Jericho, erste Ansiedlung

um 2635 Stufenpyramide von Sakkara

um 2200 »Schatz des Priamos« in Troja

um 2000 erste Gilgamesch Epen (Herrscher von Uruk)

um 1350 Echnaton (Amenophis IV) und Gemahlin Nofretete

um 1250 Auszug der Israeliten aus Ägypten unter Moses

um 1200 »Trojanischer Krieg«

um 950 Gründung Athens

776 erste Eintragung eines olympischen Siegers

753 angebliche Gründung Roms

560–486 Gautama Buddha

431–404 Peloponnesischer Krieg zwischen Athen und Sparta

356–323 Alexander der Große

279 Kelten in Delphi

218 Hannibals Alpenübergang

	58–51 Gallischer Krieg Caesars, Sicherung der Rheingrenze gegen die Germanen
	um 6 Geburt Jesu
	0 Beginn unserer Zeitrechnung
9 »Wo Arminius die Römer schlug«	
	50 Köln erhält römisches Stadtrecht
	83–85 Baubeginn des Limes
um 100 »Wasser für die Römerstadt«	
um 230 »Der Tempelschatz im Spargelbeet«	
	um 375–570 Germanische Völkerwanderung
	330 Konstantinopel wird Hauptstadt des Römischen Reiches
	391 Christentum wird Staatsreligion im Römischen Reich
	570–632 Mohammed
	732 Sieg Karl Martells über die Araber bei Poitiers
	768–814 Karl der Große
um 800 »Der Kampf um die Eresburg«	um 1000 Wikinger in Nordamerika
um 1000 »Das Wikingergold von Hiddensee«	
	1066 England von Normannen erobert
	1096–99 Erster Kreuzzug
	1189–92 Dritter Kreuzzug (mit Richard Löwenherz)
um 1200 »Wo Richard Löwenherz gefangensaß«	1215 Magna Charta
	1492 Kolumbus in Amerika
	1914–18 Erster Weltkrieg
1937–44 »Propaganda aus Beton«	1939–45 Zweiter Weltkrieg

Literatur

Das Tal des verlorenen Baches

Helmut Schlichtherle, Barbara Wahlster: Archäologie in Seen und Mooren. Stuttgart 1986.
Fritz Hans Schweingruber: Der Jahrring. Standort, Methodik, Zeit und Klima in der Dendrochronologie. Bern, Stuttgart 1983.

Menschen an Mooren und Ufern

Helmut Schlichtherle, Barbara Wahlster: Archäologie in Seen und Mooren. Stuttgart 1986.
Helmut Schlichtherle: Pfahlbauten. Die frühe Besiedlung des Alpenvorlandes. In: Spektrum der Wissenschaft. Juni 1889.
(Diverse Veröffentlichungen des Pfahlbaumuseums Unteruhldingen, 7772 Uhldingen, Seepromenade 6.)

Die Mumie im Elbsand

Arne Eggebrecht (Hrsg.): Das alte Ägypten. München 1984.
Hermine Hartleben: Champollion – Sein Leben und sein Werk. Berlin 1906.
Hornung: Einführung in die Ägyptologie, Stand, Methoden, Aufgaben. Darmstadt 1967.
Eberhard Otto: Wesen und Wandel der ägyptischen Kultur. Berlin 1969.
Pharaonendämmerung/Wiedergeburt des alten Ägypten. Strasbourg 1990.
Walther Wolf: Die Welt der Ägypter (Große Kulturen der Frühzeit). Stuttgart 1965.
Walther Wolf: Das alte Ägypten. München 1978.

Kannibalen im Kyffhäuser

Archäologie in der Deutschen Demokratischen Republik. Leipzig, Jena, Berlin 1989.
Günter Behm-Blancke: Höhlen – Heiligtümer – Kannibalen. Leipzig 1958.
Gisela Graichen: Das Kultplatzbuch. Hamburg 1988.

Der Jäger des vergrabenen Schatzes

Wilhelm A. von Brunn: Die Hortfunde der frühen Bronzezeit aus Sachsen-Anhalt, Sachsen und
    Thüringen. Berlin 1959.
Irene Kühnel-Kunze: Bergung, Evakuierung, Rückführung: Die Berliner Museen in den Jahren
    1939–1959. Berlin 1984.
Michael J. Kurtz: Nazi Contraband. American Policy on the Return of European Cultural
    Treasures 1945–55. New York, London 1985.
Carl Schuchardt: Der Goldfund vom Messingwerk bei Eberswalde. Berlin 1914.

Der Keltenfürst von Hochdorf

Der Keltenfürst von Hochdorf. Methoden und Ergebnisse der Landesarchäologie. Katalog der
    Ausstellung (Hrsg. v. Landesdenkmalamt Baden-Württemberg). Stuttgart 1985.

Wo Arminius die Römer schlug

Der Kleine Pauly. Lexikon der Antike. München 1979.
Die Römer in Nordrhein-Westfalen. Stuttgart 1987.
Joachim Fernau: Cäsar läßt grüßen. München, Berlin 1971.
Führer zu archäologischen Denkmälern in Deutschland. Der Kreis Lippe I. Bd. 10. Stuttgart
    1985.
Hermann Kesting: Der Befreier Arminius. Detmold 1984.
Ulrich von Motz: Das Hermannsdenkmal und die Schlacht im Teutoburger Wald. Detmold 1987.
Hartmut Polenz: Römer und Germanen in Westfalen. Münster 1988.
Wolfgang Schlüter: Römer im Osnabrücker Land. Bramsche 1991.
2000 Jahre Römer in Westfalen. Mainz 1989.

Wasser für die Römerstadt

Frontinus-Gesellschaft (Hrsg.): Geschichte der Wasserversorgung. Band 1: Wasserversorgung im
    antiken Rom (mit einer Übersetzung des Frontinus-Textes). München 1982; Band 2 und 3: Die
    Wasserversorgung antiker Städte. Mainz 1988; Band 4: Die Wasserversorgung im Mittelalter.
    Mainz 1991.
Klaus Grewe: Atlas der römischen Wasserleitungen nach Köln. Rheinische Ausgrabungen 26.
    Bonn 1986.
Klaus Grewe: Der Römerkanal-Wanderweg. Ein archäologischer Wanderführer. Düren 1988.
Klaus Grewe: Planung und Trassierung römischer Wasserleitungen. Schriftenreihe der Frontinus-
    Gesellschaft, Suppl. Bd. 1. Wiesbaden 1985.
Klaus Grewe: Vermessungsgeräte der Römer: In: Vermessung, Fotogrammetrie, Kulturtechnik
    89. 1991, S. 606–616.
Vitruv: Zehn Bücher über Architektur. Darmstadt 1976.

Der Tempelschatz im Spargelbeet

Eveline Grönke, Edgar Weinlich: Kastell Weißenburg. Treuchtlingen 1990.
Hans-Jörg Kellner, Gisela Zahlhaas: Der römische Schatzfund von Weißenburg. München,
    Zürich 1984.
Ludwig Wamser: Biriciana – Weißenburg zur Römerzeit: Kastell – Thermen – Römermuseum.
    Stuttgart 1984.

282

Der Kampf um die Eresburg

Wolfgang Braunfels (Hrsg.): Karl der Große. Lebenswerk und Nachleben. 5 Bde. Düsseldorf 1965–1968.
Hans K. Schulze: Vom Reich der Franken zum Land der Deutschen: Merowinger und Karolinger. Berlin 1987.

Das Wikingergold von Hiddensee

Das Fürstengrab von Sipan. Verlag des Römisch-Germanischen Zentralmuseums. Mainz 1989.
Joachim Herrmann: Wikinger und Slaven. Zur Frühgeschichte der Ostseevölker. 1982.
P. Paulsen: Der Goldschatz von Hiddensee. Führer zur Urgeschichte 13. Leipzig. 1936.
Marc Rosenberg: Geschichte der Goldschmiedekunst auf technischer Grundlage. 1918.

Wo Richard Löwenherz gefangensaß

Wolfgang Böhme (Hrsg.): Burgen der Salierzeit. Teil 2. In den südlichen Landschaften des Reiches. Sigmaringen 1991.
Jürgen Keddigkeit, Helmut Katz: Burgen der Pfalz in Luftaufnahmen. Landau/Pfalz 1989.
Peter Milger: Die Kreuzzüge. Krieg im Namen Gottes. München 1988.
Günter Stein: Burgen und Schlösser in der Pfalz. Frankfurt/M. 1976.
Günter Stein: Trifels und Hohkönigsburg. Zitate und Gedanken zum Wiederaufbau zweier Burgruinen. In: Oberrheinische Studien Bd. III. Bretten, Karlsruhe 1975.
Stefan Weinfurter: Herrschaft und Reich der Salier. Grundlinien einer Umbruchszeit. Sigmaringen 1991.

Propaganda aus Beton

Archäologie im Rheinland 1989. Hrsg. v. Landschaftsverband Rheinland, Rheinisches Amt für Bodendenkmalpflege. Bonn 1990.
Gesetz zum Schutz und zur Pflege der Denkmäler im Land Nordrhein-Westfalen (Denkmalschutzgesetz vom 11. März 1980).
Manfred Groß: Der Westwall zwischen Niederrhein und Schnee-Eifel. Bonn 1989.
Walter Hubatsch: Hitlers Weisungen für die Kriegsführung 1939–1945. Frankfurt/Main 1962.
Materialien zum Denkmalschutz. Hrsg. v. Deutschen Nationalkomitee für Denkmalschutz. Bonn 1990.
Reiner Pomerin: Überlegungen zur Funktion des Westwalls in Hitlers Politik. In: M. Groß: Der Westwall zwischen Niederrhein und Schnee-Eifel. Bonn 1989.

Personen- und Sachregister

Aachen 173, 214
Aachener Dom 216
Abukir, Seeschlacht bei 54
Abydos 61
Adgandestrius, Chattenfürst 148
Ägypten 54, 56 f., 62, 236
Aeppli, Johannes 44 f.
Akinsha, K. 110
Akkon 242
Algerien 168
Almuñecar 162
Altheimer Gruppe 17, 28
Alva Alva, Walter 225
Amphibolit 27
Annolied 153
Annweiler 176, 237
–, Marquard von 252
Antipatros 138
Antonova, Irina 110
Aquäduktmarmor 173, 176
Arminius, Cheruskerfürst 132, 136, 140 f., 143 ff., 148
Artamonov, Michail 108
Art News 110
Athen 116
Atlas der römischen Wasserleitungen 172
Attigny 212
Augsburg 178, 189
Augusta Vindelicum s. Augsburg
Augustus, Kaiser 133, 136, 138, 143 ff., 178

Bagdad 207
Baier, Rudolf 220
Bandkeramik 23
Bauer, Sibylle 29, 33
Behm-Blancke, Günter 71 ff., 76 f., 79 f., 82, 84, 88 ff.
Bellori, Giovanni Pietro 54

Belzoni 61
Berger, Frank 152
Berg, Fridjof 70
Bibliotheca Laurentiana (Florenz) 132
Bieler See 45
Biel, Jörg 116, 121, 126, 128
Binnenkolonisation 23
Biriciana, Kastell 177, 180, 187, 189, 196
Birkenpech 26 f.
Blauzahn, König Harald 220 ff., 224, 234
Blondel de Nesle 238
Bodensee 16, 35, 41, 44, 52
Bonifatius 201
Braasch, Otto 129 f., 149, 152
Braunschweig 176
Bregenz 41
Bronzezeit, Gräber in der 29
Bronzezeitjäger (»Mann im Eis«) 229
Brukterer 140
Bruns, Gerda 105
Buchau, Wasserburg 38
Buchenwälder 25, 52

Caligula, Kaiser 145
Cannstatt bei Stuttgart 209
Canterbury (Kathedrale) 176
capitulatio de partibus saxoniae 210, 214
Caracalla, Kaiser 180
Carl, Prinz 56
Cassius, Dio 141
Castellum divisorium 161
Champollion, Jean-François 64 f., 68
Chatten 72, 140, 148
-kriege 178
Cherusker 136, 140

chorobates 168
CIC (amerikanischer Geheimdienst) 105
Claudius, Kaiser 178
Clunn, Tony 149
Colonia Claudia Ara Agrippinensium (CCAA) 154 s. a. Köln
Corvey, Kloster 130, 132, 217 f.

Dachs 120
Dankwarderode, Burg 176
Darré, Richard Walter 254
DDR 79, 90, 108
Demeter 85
Dendera 61
Dendrochronologie 29, 32 ff., 38
Desiderata 200
Desiderius 200, 204
Detmold 132, 140
Deutsche Forschungsgemeinschaft (DFG) 16, 37
Diedenhofen 204, 208
Die keltischen Pfahlbauten in den Schweizer Seen (Keller) 45
Dinkel 24
Djosker, Stufenpyramide des 57
Döderlein, Johann Alexander 179
Domitian, Kaiser 178
Doreh-Bai (Westneuguinea) 45
Drakenhöhlen 217
Dreimühlen 156
Drover-Berg-Tunnel 164
Drusus 133, 136, 145, 178
Dürer, Albrecht 173
Dürnstein, Burg (Wachau) 238, 244
Dulles, Allan 104

Eberswalde, Goldschatz von 91–94, 96 ff., 100 f., 104 f., 108, 110

Ebhard, Bodo 254
Egg, Markus 229, 232
Ehringsdorf 80
Eichenwälder 25 f., 52
Eick, C. A. 154
Eidringe 94
Einkorn 24, 49
Eleonore von Aquitanien 238
Emmer 24, 49
Enger 212
Eresburg 200 f., 204 f., 208, 210,
    212 f., 216 f.
Erft 156 f., 173
Erfurt, Bischof von 89
Essentho 199
Esterer, Rudolf 254 ff.
European Advisory Commission
    (EAC) 102
Euskirchen-Rheder 173

Fecht, Maiken 233 f.
Federsee 16, 45 f.
Feuerstein 27
Flachs 24
Flavus (Bruder von Arminius) 140
Franken, die 199 f., 207 f., 210,
    212 f.
Freispiegelleitung 164 f.
Friedrich I. Barbarossa, Kaiser 82,
    130, 216, 240, 244, 249
Friedrich II. (Enkel von Friedrich I.
    Barbarossa) 82
Friedrich III., Kurfürst 54
Friedrich Wilhelm III. von Preußen,
    König 56, 62
Friedrich Wilhelm IV. von Preu-
    ßen, König 65
Frontinus 162, 178
Fürstengräber 112

Gabelbart, Svend 221
Gallien 133, 144
Gallischer Krieg 133
Garum 184
Genf, Reichsversammlung in 204
Gerassimow 81
Germanen 72, 88, 133
Germanicus 132, 136, 144 f., 148
Germanien 132 f., 136, 138, 140,
    144, 148, 152
Gerste, Wilde 49
Gesta Trevirorum 153
Goethe, Johann Wolfgang von 54,
    79–82

Goldmann, Klaus 91 f., 94, 96 ff.,
    101, 105, 108 ff.
Grimm, Jakob 148
Groß, Manfred 258, 260, 265,
    268–273
»Grüner Pütz« 156
Guido von Lusignan (König von
    Jerusalem) 240

Hadrian, Kaiser 179
Hadrian I., Papst 204, 209, 212
Haithabu 220
Hallstatt (Oberösterreich) 84, 112
-zeit 71, 109, 112
Haltern an der Lippe 136
Hammeräxte 27 f.
Hathamar 201
Heinrich II. von England, Kö-
    nig 238, 240
Heinrich II. der Heilige, Kai-
    ser 247
Heinrich VI., Kaiser 244, 252
Heinrich I., König 220
Hellweg 205
Henning, Alois 71
Hermann der Cherusker 140, 152
    s. a. Arminius
Hermannsdenkmal 132
Hermunduren 71 f.
Herodes 138
Herodot 124
Herstal 208
Hiddensee 219–222, 236
Hieroglyphenschrift 64
Hildegard (Ehefrau von Karl dem
    Großen) 208 f.
Hildesheim 176
Himmler, Heinrich 76
Hirsch, Aaron 92 f., 97
Hispania, Provinz 180
Hitler, Adolf 97, 254, 265, 268,
    270, 275
Hochdorf 112, 116, 118, 120,
    125 f.
–, Bronzekessel von 121
–, Keltenfürst von 111–128
Höhlen, Heiligtümer, Kannibalen
    (Behm-Blancke) 82, 88
Hohenasperg 113
Hohensyburg 205, 213
Homo sapiens 23, 34
Horhusen 213
Hornstaad-Hörnle 16, 38
Humboldt, Alexander von 65

Humboldt, Wilhelm von 65
Hus, Jan 212
Hypokausen 186

Imperium Romanum 130, 133
Irminsul 200 f., 212, 218
Isenberg, Gabriele 213
Islam 207
Italien 144, 204

Jähne 110
Jena 79 f.
Jericho 90
Jerusalem 240, 242, 244
Johann (ohne Land) von England,
    König 238, 242
Jütland 221 f.
Julia (Tochter von Kaiser Augu-
    stus) 136
Julin, Insel 221
Julius Cäsar 133
Jungsteinzeit 37 f., s. a. Neolithi-
    kum
Jupiter Ammon 47
Juthungen 180

Kannibalenhöhlen (Kyffhäu-
    ser) 82
Kannibalismus 84 f.
Karig, Joachim 69 f.
Karl der Große, Kaiser 173, 189,
    199 ff., 204 f., 207–210, 212 ff.,
    216 ff.
Karl V., Kaiser 173
Karlmann (Bruder von Karl dem
    Großen) 200, 209
Karlsgraben 189
Karlsschrein 216
Keldenich 156
Keller, Ferdinand 45
Kelten 113 f., 116, 120 f., 126
Kerndl, Alfred 108
Kiew 233
Klausbrunnen 156
Klein, Lew 108 f.
Kleist, Heinrich von 144
Kline 111, 120 f.
Klingenmünster 248
Klopstock, Friedrich Gottlieb 144
Knochenfunde 28, 41
Knuba, Wikingerkönig 220
Köln 153 f., 156 f., 161, 164, 176
Körber-Grohne, Udelgard 121
Konrad II. der Salier, Kaiser 247,
    249

Konrad von Montferrat 242, 244
Kozlov, G. 110
Kreta 236
Krüger, Andreas 224
Kümmel, Otto 98, 100 f.
Kyffhäuser 82, 84 f., 88

Ladurie, Emmanuel Le Roy 64
Längerer, Gerhard 125 f., 128
Lambayeque 225
Lammersdorf 273
Landsberg am Lech 15
Landshut 17
Langobarden 136, 204, 209
Langsdorff, Alexander 104
Leibfried, Renate 112
Leive, Rainer 70
Leo III., Papst 207
Leo X., Papst 132
Leopold von Österreich, Herzog 242, 244
Lepsius, Richard 65
Limes 177 f., 179, 269
Lindau 41
»Lippekorridor« 141
Lissabon 242
Ludwig der Deutsche, Kaiser 189
Ludwig der Fromme, Kaiser 208, 216 f.
Luther, Martin 140
Lyon 164

Maier, Hans (bayr. Kultusminister) 194
Mainz 133, 194
Makroreste 25
Malta 90
Marbod 136, 143, 148
Marienburg 256
Markomannen 136, 143, 180
Marktbreit 152
Marsberg 199
Marser 140
Marx, Karl 89
Maternus, Bischof 153
Mechernich 153, 156 f., 160, 172
Medina 207
Mehmed Ali 54
Mekka 207
Melanchthon 132
Menu, Nicolas Jean Henri Benjamin 56, s. a. Minutoli, Menu von

Messina 242
Met 121
Michalkov (Ukraine), Goldschatz von 109
Minutoli, Menu von 56 f., 60 ff., 64 f., 68 ff.
Missing Art of Europe (Verein) 110
Moche-Kultur 225
Mohammed Ali 65
Mommsen, Theodor 149
Monbijou, Schloß (Berlin) 62
Münchhausen, Burg (Wachtberg/Adendorf) 173

Napoleon I. Bonaparte 54, 68
Nauen 76
Neef, Reinder 24
Nelson, Admiral 54
Neolithikum 21, 23 ff., 41
–, Kleidung im 28 f.
Nettersheim 156
Neudorf (Hiddensee) 219
Niederländische Reise (Dürer) 173
Niedermarsberg 213
Nîmes 164 f.
Nitsche, Dieter 128
Nürnberg 189

Oberaden an der Lippe 136
Oberdorla (Thüringen) 71 ff., 89
Obermarsberg 213, 216 ff.
Obermeilen 44
Octavian 133, s. a. Augustus, Kaiser
Oelknitz 90
Opium 25
Oppenheim 245
Opus caementicium 160
Opus signinum 160
Osning 132
OSS (US-Geheimdienst) 104
Otterndorf 53
Otto I. der Große, Kaiser 201, 218
Otto von Freising, Bischof 130

Paderborn 176, 201, 205, 207, 210, 213
Pandateria 136
Paulsen, Peter 220, 222
Pausanias von Sparta, König 124
Pavia 200, 204, 209
Peru 25, 229

Pestenacker 15 ff., 20, 23 ff., 27 ff., 33 f.
Pfahlbau-Freilichtmuseum 46, 48
Pfahlbauten 15 f., 20, 23, 34 f., 37, 41, 44 f., 48
Pfalz 245, 247 f., 253 f.
Pfünz 180
Philipp II. August von Frankreich 242, 244
Piotrovskij, Professor 109
Pippin d. J. (Vater von Karl dem Großen) 200
Plantagenet, Heinrich (Graf von Anjou) 238
Plinius 184
Pollenanalyse 25
Pomerin, R. 270
Pont du Gard 164
Popitz, Johannes (preußischer Finanzminister) 100
Preußen 54, 56, 69
Priamos, Schatz des 98, 100 f., 104 f., 110
Publius Quinctilius Varus s. Varus
Pozzuolanerde 160

Rätia, Provinz 177 f.
Rastorgujew, A. 110
Ravenna 148, 173
Reinerth, Hans 46
Rembrandt 98
Rheinbach 173
Rhodos 136
Richard I. Löwenherz, König von England 237 f., 240, 242, 244 f., 252, 256
Riesbeck 60
Römische Geschichte (Cassius) 141
Roland (Paladin von Karl dem Großen) 208
Rolandslied 208
Roskilde (Dänemark), Dom zu 176
Rubens, Peter Paul 98
Rügen 219

Sachsen, die 199 ff., 204 f., 207–210, 212 f., 218
-kriege 199, 201, 204 f., 208, 213 f., 216 f.
Sakkara 57
Saladin 240, 242, 244
Salier 247 f.

Sankt Dionys (Engern) 214
Sankt Peter und Paul, Stiftskir-
    che 199, 213, 217 f.
Sassaniden 180
»Scara«-Garde 208
Schaaff, Ulrich 225
Schalck-Golodkowski 109
Scheffel, Victor von 44
Schillingskapellen, Kloster (Swist-
    tal) 173
Schlafmohn 24 f.
Schlegel 144
Schleswig an der Schlei 213
Schlichtherle, Helmut 16, 37
Schliemann, Heinrich 98
Schlössel (Turmburg) 249, 252
Schlüter, Wolfgang 130, 149,
    152
Schönfeld, Guntram 20 f., 27
Schuchhardt, Carl 92 f.
Schwagstorf 152
Schwartz, Carl-Heinrich von 69
Schwartz, Gebrüder 69
Segestes 141, 145
Segimer 140 f.
Semjonov 108
Seneca 187
Sethos I. 61
Sextus Julius Frontinus s. Frontinus
Shakespeare, William 245
Siebert (bayr. Ministerpräsi-
    dent) 254
Siedlung Forschner (Federsee) 16
Siga 168, 172
Sigiburg s. Hohensyburg
Sigismund, Kaiser 212
Silex 27
Simmerath 271, 273
Sipan, Fürstengrab von 225
Sipplingen am Bodensee 38
Siwa, Oase 57
Skythen 233
Smena 108
Soest 176
Sötenicher Kalkmulde 154, 164
Soldatengeld 150

Soverseno sekretno 108
Spaltbohlen 17
Spanien 180, 207
Speyer 245
–, Dom zu 247
–, Gerichtstag in 244
Sprater, Friedrich 255
Staufer 248
Stauffenberg, Claus Graf von 100
Stein, Günter 253
Süntel 210
Sulger, Georg 45
Swistbach 156 f., 173

Tacitus 71 f., 130, 132, 138, 140,
    144, 148
»terra sigillata« 185
Teutoburger Wald 132, 152
Thankmar 218
Thor 221, 236
Thumelicus (Sohn von Armi-
    nius) 148
Thusnelda (Ehefrau von Armi-
    nius) 132, 141, 145
Tiberius 133, 136, 138, 140, 145,
    148, 178
Todt, Organisation 268
Toelken, E. H. 64
Tosbecken 161, 172
Trifels, Burg (Annweiler) 176,
    237 f., 244 f., 252–256
Trinkhörner 116
Tupfleisten 28

UdSSR 108
Ulm 189
UNESCO 79
Untersee 16
Unteruhldingen 48
Unterwasserarchäologie 35–52
Unverzagt, Professor Wil-
    helm 100 f.
Urfey 156
Urft s. Erft
-tal 156

Varus 132, 136, 138, 140 f., 143,
    145, 149, 152
-schlacht 130, 132, 145, 152
Velleius Paterculus 136, 138, 140
Veneto-Illyrer 85
Verden 209
–, Blutbad von 209 f.
Versailler Vertrag 268
Vespasian, Kaiser 178
Vetoniana, Lager 177, 180
Vitruv(ius) 162, 164, 168
Vix, Kessel von (Burgund) 124

Wagen, keltischer 125 f., 128
Wangen am Bodensee 38, 44
Wartburg 176, 256
Weickert, Carl 105
Weimar 73, 79 f., 90
Weißenburg 177, 180 f., 184,
    186 f., 189, 193 f., 198
–, Schatz von 178, 193 f.
Wermusch, G. 110
Westwall 257–275
-wanderweg 273
Widukind, Herzog 208 ff., 212 ff.
Wieland, Christoph Martin 144
Wiener Hofburg 237
Wikinger 220 ff., 236
Wilbers-Rost, Susanne 150
Wildung, Professor Dietrich 54,
    57, 61 f., 64 f., 68
Wilhelm II., Kaiser 92, 216
Wolff, Karl 104
Worms 200, 205, 208, 245

Xanten 133, 141, 145, 148

Yzeronsiphon 164

Zehn Bücher über Architektur (De
    Architectura Libri Decem)
    (Vitruv) 162, 164
Zivilisation, Beginn der bäuer-
    lichen 23
Zypern 242

Die kursiv gesetzten Stichworte beziehen sich auf Publikationen.

Bildnachweis

Aus: Archäologie in der Deutschen Demokratischen Republik. Leipzig, Jena, Berlin 1989: 78, 80, 81.

H. Bernhard, D. Barz, (aus: H. W. Böhme [Hg.]: Burgen der Salierzeit. Teil 2. Jan Thorbecke Verlag. Sigmaringen 1991): 241.

Bibliothèque Nationale, Paris: 246 oben.

bildarchiv preussischer kulturbesitz (Foto: J. Liepe): 58 unten, 59, 67 oben, 107 oben und unten; (Foto: M. Büsing): 63, 66, 67 unten; (Foto: S. Diller): 206; 202, 203 oben und unten.

Bundesarchiv Koblenz: 261 oben, 264 oben und unten.

H. Fahnsen: 261 unten.

Fotostudio Beyer: 95 oben, 99 oben und unten.

S. Göbel: 277 unten, 231 unten links.

G. Graichen: 134 oben und unten, 137 oben und unten, 139.

L. Holzner (aus: L. Wamser: Biriciana – Weißenburg zur Römerzeit. Konrad Theiss Verlag. Stuttgart 1984): 181.

Illustrierte QUICK (Foto: Vezin): 55 oben und unten.

U. Kastenholz: 74 oben und unten, 83 oben, unten links und unten rechts, 239, 243 oben und unten, 250, 251 oben und unten, 255.

A. Kehry: 58 oben.

Kulturgeschichtliches Museum Osnabrück: 135; (Foto: Foto Strenger): 146 oben und unten, 147 oben und unten, 151 oben, unten links und unten rechts.

Kulturhistorisches Museum Stralsund/Römisch-Germanisches Zentralmuseum Mainz: 223, 227 oben; (Foto: V. Iserhardt, C. Beeck): 226 oben und unten.

Landesbildstelle Berlin: 103 oben.

Landesdenkmalamt Baden-Württemberg: 113, 115 oben, unten links und unten rechts, 119 oben, unten links und unten rechts, 122 oben und unten, 123 oben und unten, 127 oben und unten; (aus: H. Schlichtherle, Barbara Wahlster: Archäologie in Seen und Mooren. Konrad Theiss Verlag. Stuttgart 1986): 40, 42 unten, 49, 50.

Peter Milger: 246 unten.

Museum für Ur- und Frühgeschichte Weimar (aus: G. Behm-Blancke: Höhlen, Heiligtümer, Kannibalen. Archäologische Forschungen im Kyffhäuser. VEB F. A. Brockhaus Verlag. Leipzig 1962): 86 oben links, oben rechts und unten, 87 oben und unten; (Foto: U. Kastenholz): 75.

Museum für Vor- und Frühgeschichte Berlin (Foto: Fotostudio Beyer): 95 unten links und rechts, 102, 103 unten, 106.

Pfahlbaumuseum Unteruhldingen: 39 oben und unten, 42 oben, 43, 47 oben und unten; (Foto: H. Reinerth): 51 oben und unten.

Prähistorische Sammlung, Museum für Vor- und Frühgeschichte München: 185, 190 oben links und oben rechts, 190 unten links und unten rechts, 195.

Rheinisches Amt für Bodendenkmalpflege (Foto: K. Grewe) und Rheinisches Landesmuseum Bonn (Foto: H. Lilienthal): 158 oben und unten, 159 oben und unten, 163 oben und unten, 165, 166, 167 oben und unten, 169, 170, 171 oben und unten, 174 oben und unten, 175; (Foto: M. Groß): 262 oben und unten, 263 oben und unten; (A. Thünker): 266 oben und unten, 267 oben und unten, 271.

Römermuseum Stadt Weißenburg: 179, 182 oben und unten, 183.

Römisch-Germanisches Zentralmuseum Mainz: 210, 230, 231 oben links, oben rechts und unten rechts, 233.

G. Schönfeld: 18 oben und unten, 19 oben links, oben rechts und unten, 20, 21, 22 oben und unten, 26, 30 oben und unten, 31.

F. H. Schweingruber (aus: ders.: Der Jahrring. Verlag Paul Haupt. Bern und Stuttgart 1983): 33.

Strähle KG, Unteruhldingen: 37.

L. Wamser: 191.

Westfälisches Museum für Archäologie Münster (Foto: J. F. Jüttner): 142, 211, 215 oben links, oben rechts und unten.

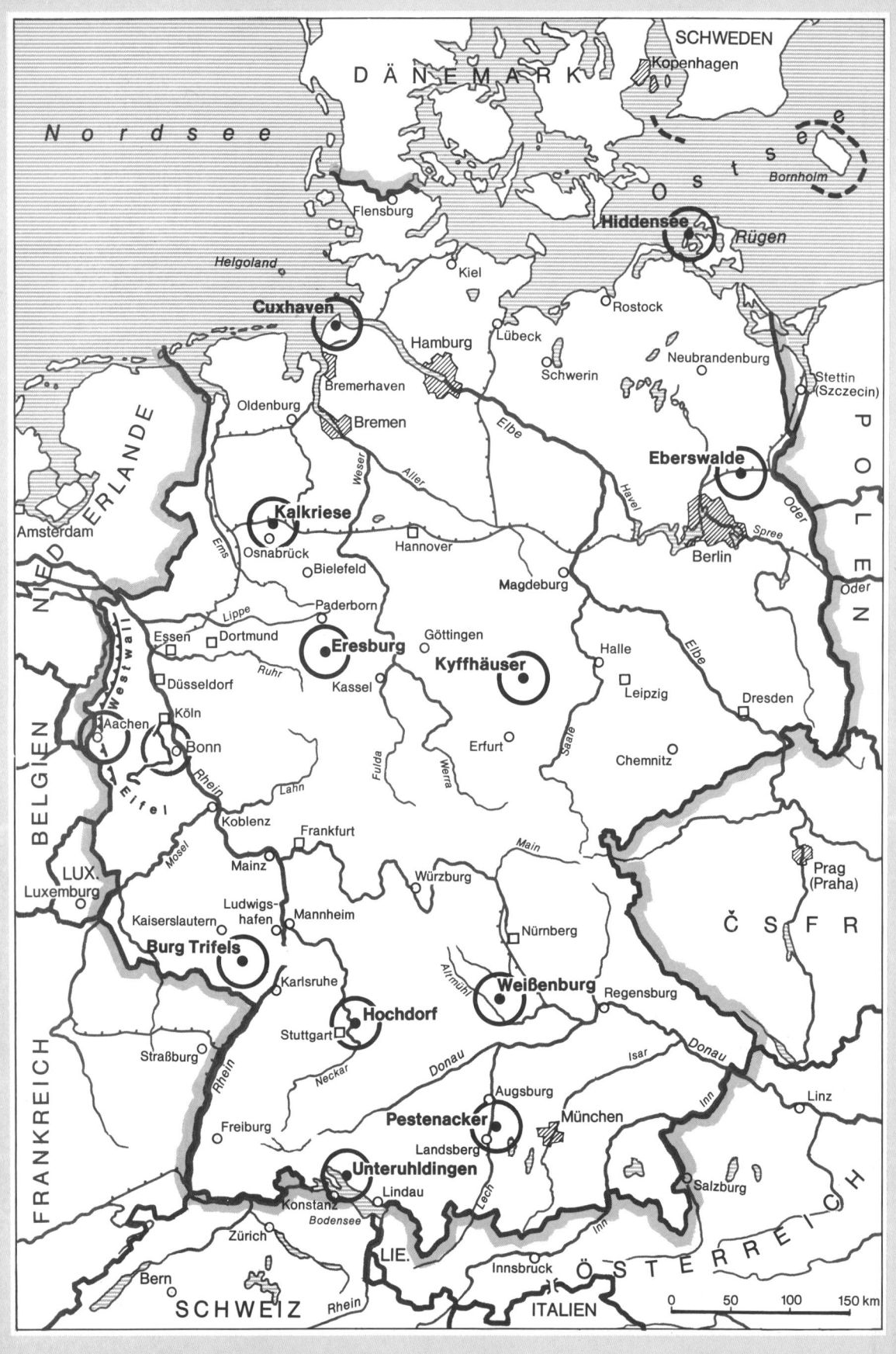

SCHWEDEN

Kopenhagen

N o r d s e e

DÄNEMARK

O
s
t
s
e
e

Bornholm

Flensburg

Helgoland

Kiel

Hiddensee

Rügen

Rostock

Cuxhaven

Hamburg

Lübeck

Neubrandenburg

Schwerin

Bremerhaven

Stettin
(Szczecin)

Oldenburg

Bremen

Weser

Aller

Elbe

Havel

Eberswalde

Oder

Amsterdam

NIEDERLANDE

Ems

Kalkriese

Osnabrück

Hannover

Magdeburg

Spree

Berlin

Bielefeld

Paderborn

Lippe

Göttingen

Halle

Elbe

Oder

POLEN

Essen

Dortmund

Ruhr

Eresburg

Kassel

Kyffhäuser

Leipzig

Dresden

Düsseldorf

Westwall

Aachen

Köln

Bonn

Eifel

Rhein

Lahn

Fulda

Werra

Erfurt

Saale

Chemnitz

BELGIEN

Koblenz

Frankfurt

Main

Würzburg

Prag
(Praha)

ČSFR

LUX.
Luxemburg

Mosel

Mainz

Ludwigs-
hafen

Mannheim

Kaiserslautern

Nürnberg

Burg Trifels

Karlsruhe

Weißenburg

Altmühl

Regensburg

FRANKREICH

Hochdorf

Stuttgart

Neckar

Donau

Isar

Donau

Linz

Straßburg

Rhein

Freiburg

Donau

Augsburg

München

Inn

Pestenacker

Landsberg

Lech

Salzburg

Unteruhldingen

Lindau

Konstanz

Bodensee

LIE.

ÖSTERREICH

Zürich

Bern

SCHWEIZ

Rhein

Innsbruck

ITALIEN

0   50   100   150 km